market
gardener

이 도서의 국립중앙도서관 출판예정도서목록(CIP)은
서지정보유통지원시스템 홈페이지(http://seoji.nl.go.kr)와
국가자료공동목록시스템(http://www.nl.go.kr/kolisnet)에서
이용하실 수 있습니다.(CIP제어번호: CIP2017035031)

작지만 알차게 키우는

소규모
유기농을
위한
안내서

장-마르탱 포르티에 지음

박나리 옮김

마리 빌로도 그림

목수책방
木水冊房

일러두기

1 본문에 고딕체로 표기한 한자와 원어, 단어 설명은 이해를 돕기 위한 옮긴이 주다.

2 본문에서 언급되는 도서는 한국 번역서가 있을 경우 번역서 제목으로 표기했다.

3 본문에 등장하는 '달러'는 캐나다달러를 의미한다.

4 2015년 개정판에는 저자의 농장에서 사용하는 다양한 농장비와 물품의 상품명, 캐나다 공급업체 주소가 수록되어 있으나 한국에서 구할 수 없는 제품이 대부분이라 수록하지 않았다.

밭을 새와 개구리, 꿀벌, 지렁이가
살기 좋은 장소로 가꾸고 싶은 사람들,
도시에 살지만 유기농 텃밭의 가치를 인정하고
높이 평가하며 장려하는 사람들을 위하여

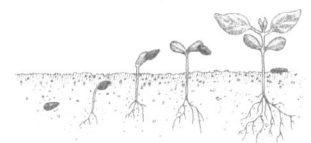

contents

개정판 서문　　009
초판 서문　　015
감사의 말　　019
추천사　'단풍나무의 봄' 이후 '경작의 봄'이
　　　　　찾아올까?　　021

1　작은 것이 아름답다　　033

　1만 제곱미터도 안 되는 땅으로 먹고살 수 있을까?
　잘 먹고살기, 무엇보다 '행복하게' 먹고살기

2　성공적으로 유기농 텃밭 경작하기　　043

　'유기집약적' 방식 ● 초기 최소 투자
　최소 생산비용 ● 생산자 직접 판매
　부가가치를 낼 수 있는 채소 경작 ● 직업 연수

3　좋은 땅 찾기　　069

　기후와 미기후 ● 시장 접근성
　경작할 수 있는 면적 ● 토질 ● 지형 ● 배수
　용수 접근성 ● 인프라 ● 오염 문제에 대처하기

4　텃밭 구상하기　　101

　작업장 구성 ● 경작 공간의 표준화
　온실과 터널 위치 정하기 ● 사슴 쫓아내기
　바람막이 설치 ● 밭에 물 대기

5　토양의 최소 경작과 대체 기계 설비　　121

　영구 두둑 작업 ● 관리기 ● 브로드포크
　방수포로 땅 덮어 주기 ● 최소 경운의 미래

6 유기적 비옥화 147

토양 분석의 중요성 • 작물에 필요한 영양소
비료요소 • 좋은 퇴비
천연비료를 사용하는 이유
윤작 계획 세우기 • 녹비와 퇴비 덮기
토양생태학 이해하기

7 실내 파종 203

포트트레이 파종 • 부엽토의 중요성
포트 채우기 • 육묘장 • 육묘장의 난방과 환기
물 대기 • 재이식 • 밭에 이식하기

8 직접 파종 239

전밀 파종기 • 파종 준비 • 기록하기

9 제초 255

괭이 사용하기 • 제초매트 • 가묘상
화염제초 • 멀치 • 예방적 접근

10 병충해 279

진단 • 예방 • '유기농 살충제'의 사용

11 사계절 재배 295

이랑덮개와 미니터널 • 캐터필러 터널
영구 터널

12 수확과 저장 311

효과적으로 수확하기 • 수확 도우미 • 저온저장고

13 생산 계획하기 329

생산 목표 설정하기 • 생산 계획 세우기
무엇을 생산할 것인가 • 얼마나, 언제 생산할 것인가
경작 달력 만들기 • 텃밭 계획표 만들기
기록의 중요성

맺음말 349

미래로 회귀하라!
- 다시 재래식 친환경 농업으로

부록

채소 경작 노트 358

가지 • 강낭콩 • 당근 • 래디시 • 루콜라 • 마늘
멜론 • 무 • 브로콜리 • 비트 • 상추 • 샐러드채소
시금치 • 아시아 푸른잎채소 • 애호박 • 양파
오이 • 완두콩 • 치커리 • 케일과 근대 • 콜라비
콜리플라워 • 토마토 • 파 • 파프리카 • 제외한 채소들

농기구와 농장비 정보 433

텃밭 계획표 434

용어 해설 446

해설을 곁들인 참고문헌 456

유용한 웹사이트 472

찾아보기 475

개정판 서문

나는 이 책의 내용 대부분을 2011년에 개정했다. 그 후 우리 농장에 많은 변화가 있었는데, 2015년 개정판은 구판을 일부 수정했을 뿐만 아니라 농장에서 일어난 변화를 소개했다. 처음 시도했던 서술 방식을 충실히 따라가며 소규모 땅을 최적화하는 농사기술과 농기구 정보를 더 많이 다양하게 소개하면서 지난 몇 년 간 우리 농장에서 시험해 본 것들을 정리했다. 이는 우리가 일구어 낸 결실에 영감을 받아 자신만의 농사를 시작하려는 텃밭농부들에게 더 설득력 있게 다가갈 것이다.

《소규모 유기농을 위한 안내서》 개정판을 출간하며 생긴 가장 큰 변화는 시야가 한층 더 넓어졌다는 것이다. 나는 전보다 더 자주 여행을 다니며 우리의 경작 방식을 소개했는데, 대부분 다른 농장을 방문할 때마다 새로운 지식을 접할 수 있었다. 특히 미국 서부나 프랑스의 '자르댕 뒤 텅플Jardins du Temple'에서 전동식 괭이를 발견한 덕분에 영구 두둑permanent beds이나 이 책에 소개한 다양한 경작 방식이 우리 농장 같은 소규모 땅 뿐만 아니라 대규모 경작지에도 얼마든지 적용할 수 있다는 사실을 확신했다.

때때로 농기구를 제작하는 중소업체가 우리 농가를 방문해 시제품을 소개하기도 했는데 상당히 인상적인 경우가 많았다. 예를 들어 열여덟 살의 젊은 제작자 조너선 디센저는 전동드릴의 힘으로 작동하는 샐러드채소용 전동수확기를 구상했는데, 수천 시간 걸릴 밭일 노동시간을 줄여 줄 환상적인 발명품이었다. 그 외에도 고

성능 브로드포크broad fork, 비닐 멀치mulch(농작물을 재배할 때 경작지 토양의 표면을 덮어 주는 자재) 까는 기계, 더욱 정밀해진 신형 파종기 등을 접할 수 있었다. 이 사례들은 오늘날 소규모 경작용 농기구를 발명하려는 욕구가 상당하다는 사실을 보여 준다. 물론 만인에게 똑같이 유용할 수는 없겠지만 특정 발명품은 어떤 사용자에게는 실질적인 이득을 안겨 줄 것이다. 텃밭농부에게는 자신에게 적절한 경작 방식을 모색하는 것과 좀 더 능률적인 농기구를 사용하는 것이야말로 생산성, 더 나아가서는 삶의 질을 높이는 최고의 전략이다.

아내 모드엘렌과 내가 마주했던 또 하나의 커다란 변화는 이 책이 우리의 활동에 굉장한 홍보가 되었다는 것이다. 메일로 우리 농장이 사용하고 있는 경작법을 묻거나 직접 방문하는 사람이 매일 있었다. 하지만 안타깝게도 모든 메일에 답신하는 것은 물론 우리 농장에서 연수를 받으려는 사람들을 모두 받아들일 수는 없었다. 그럼에도 불구하고 우리는 이런 요구를 굉장히 중요하게 생각했으며 그중 일부가 보여 주는 배움의 열망에 자주 감동받곤 했다.

마지막으로 한 가지 개인적인 이야기를 하자면 이 책 덕분에 나는 텃밭농부라는 직업의 의미를 새로운 각도에서 바라보게 되었다. 아내와 내가 우리가 추구하는 가치와 조화를 이루는 직업을 찾아야겠다는 열망에 사로잡혔을 때 농부의 삶이야말로 우리가 추구하는 균형 잡힌 삶의 방식으로 보였다. 그리고 그렇게 어린 나이에 그런 바람직한 소명을 찾았다는 것을 행운으로 여겼다. 우리는 농부의 삶을 택했기 때문에 전원에 자리를 잡고, 그곳에 집을 지었으며,

계절의 리듬과 조화를 이루며 자녀를 키울 수 있었다. 하지만 최근에는 농업을 통해 농장과 삶의 질 보다 훨씬 더 위대한 무언가를 접할 수 있었다는 사실을 깨달았다.

농부라는 직업 덕분에 우리는 너무도 파괴적이며 세계화된 경제에 완전히 흡수되지 않고서도 사회에 참여할 수 있었다. 우리 농장에서 판매하는 채소는 씨앗부터 모종에 이르기까지 최소한의 화석연료만을 사용해 재배한다. 우리가 쓰는 농기구는 모두 중소기업 제품이며 우리 농작물을 재배하는데 필요한 생산요소는 산업 공정을 거치지 않은 것이다. 직거래 장터를 이용해 중간 유통과정을 생략할 수 있었고 덕분에 고객들과 좀 더 이로운 관계를 맺을 수 있었다. '가족농(퀘벡의 환경단체 에키테르Équiterre가 만들어 낸 개념으로 '공동체지원농업 CSA, Community Supported Agriculture'의 후원을 받는 농업 네트워크에 참여하며 중간 유통과정 없이 고객들에게 수확물을 직접 판매하는 농업생산자를 가리키는 말이다)'이라는 개념은 지역적 차원에서 '사업을 하는 것'이 얼마든지 가능하다는 것을 입증해 보였으며 우리는 '가족농'으로 일하며 지역공동체 활성화에 기여할 수 있었다.

이 같은 인식이 소규모 농장에서 생산하는 건강한 먹을거리에 대한 시민의 관심과 맞물린 덕분에, 우리는 지역사회 발전에 기여했을 뿐만 아니라 지역사회와 긍정적인 관계를 유지할 수 있었다. 장터에서 만나는 고객 중 우리의 일을 굉장히 존중하고 중요하게 여기는 사람들이 점차 늘고 있으며, CSA 네트워크에 속하는 파트너 소비자 대부분은 식사기도를 할 때 항상 우리 이름을 포함시킨다는 사실을 넌지시 말해 주곤 한다. 이들에게 우리의 채소는 단순한 소비재를 넘어서 삶 속에 특별한 자리를 차지하는 하나의 요소다. 농사라는 어려운 일의 가장 만족스러운 부분이 바로 이러한 소비자의 감사와 격려가 아닐까 싶다.

　흥미로운 것은 이러한 패러다임의 변화를 주도하는 것이 비단 농업생산자와 소비자뿐만이 아니라는 것이다. 나는 아메리카와 유럽의 여러 콘퍼런스에 초청받아 내 이야기를 할 기회가 몇 차례 있었다. 이때 농업을 초석 삼아 더 나은 세상을 만들기 위해 적극적으로 활동하는 사람들을 수없이 만났다. 농학자와 유기농전문가뿐만 아니라 시민단체 활동가, 공동체 조직가, 교사, 보건전문가, 의식이 깨어 있는 시민, 심지어 정치인까지 열심히 노력하고 있었다. 이들은 이렇게 가치 있는 활동을 하면서 농업생산자 착취의 종식과 식품 원산지 확인의 중요성을 알렸고 시민의식 고취에 크게 기여하고 있다.

　나는 이들 모두에게 감사한다. 그리고 그들의 노력이 더 많은 사람에게 영감을 주어 우리 같은 텃밭농부가 더 늘어나길 바란다. 이러한 움직임에 무엇보다 필요한 것은 더 많은 이들이 농업생산자가 하는 일에 높은 가치를 부여하는 것을 넘어서 자신의 직업으로 삼는 것이다. 우리가 사는 세상에는 인간적 차원의 소규모 농장이 더 많아져야 한다.

　안타깝게도 대다수의 젊은이들이 이 직업에서 등을 돌린다. 그들이 농촌생활이라는 삶의 방식을 기피하기 때문이 아니라 농장을 경영할 때 경제적인 시련이 따르기 때문이다. 제아무리 유기농을 한다

해도 텃밭농부로서 첫걸음을 내디디려면 중요한 기계설비와 상당한 면적의 땅을 구입해야 한다. 또한 피고용인을 관리해야 하며 값비싼 인프라를 구매해 유지해야 한다. 그런 식으로 전부 다 구입하고 어느 정도 규모가 있는 농기업을 출범시키는 일은 사실 거의 불가능해 보인다. 나도 그 감정이 어떤 것인지 잘 안다. 왜냐하면 농업에 막 관심을 갖기 시작했을 때 내가 바로 그렇게 느꼈기 때문이다.

하지만 그것만이 농업생산자가 되는 유일한 방법은 아니다. 적절한 기술과 새로운 농업 방식에 기반을 둔 다양한 방법으로 값비싼 인프라와 기계설비를 대체해 접근하는 것도 얼마든지 가능하다. 나는 농업생산자를 꿈꾸는 젊은이들이 이 책에 담긴 경험과 정보를 통해 그런 방법을 이해할 수 있었으면 좋겠다.

가장 고무적인 사실 중 하나는 지속가능한 방식으로 먹을거리를 생산하는 기술을 제대로 배우려 하는, 열정적이고 교육 수준이 높으며 올바른 정치의식을 지닌 젊은이들이 지속적으로 늘어나고 있다는 점이다. 이들은 가까운 미래에 비판적인 대중을 이룰 것이며, 그날이 되면 우리 같은 이들이 당당히 제 목소리를 낼 수 있을 것이다.

저유가시대의 종말을 목전에 둔 오늘날, 친환경적이고 건강한 사회적 농업의 중요성이 강조되고 있다. 뿐만 아니라 그것이 불러일으킬 열망 역시 높아지고 있다. 어쩌면 그런 날은 생각보다 훨씬 더 빨리 다가올지도 모른다. 나는 지역농업이 사회를 변혁시킬 수 있으며 이러한 변화가 현재진행형이라고 생각하는 사람 중 하나다. 그러나 이런 변화가 실현되기 위해서는 우리 모두가 농업생산자라는 고귀한 직업에 새로운 가치를 부여해야 한다.

장-마르탱 포르티에
퀘벡의 생아르망에서

초판 서문

나는 2000년에 몬트리올 맥길대학교McGill University에서 생태학을 전공한 뒤 외국에서 살았다. 결국 이때의 경험이 나를 유기농 텃밭농부의 삶으로 이끈 셈이다. 그 이후 10년 동안 유기농 채소를 기르고 지역 채소를 원하는 소비자와 조합원에게 직접 판매하는 일을 전업으로 삼게 되었다.

내 명의로 땅을 빌려 얼마간 월급쟁이처럼 농사를 지은 후, 2005년에 마침내 퀘벡 남부 지방 생아르망에 위치한 4만 제곱미터 규모의 땅에 자리를 잡았다. 나는 집약적 채소 재배법과 영속농업perma culture(지속 가능한 농업, 자체적으로 유지되는 순환농법)에서 얻은 노하우를 적용해 1만 제곱미터도 채 되지 않는 우리의 작은 농장을 생산성이 매우 높은 곳으로 만들었다. 이 프로젝트와 농장 땅에 '그렐리네트'(영어로는 브로드포크broadfolk라 한다)라는 이름을 붙였는데, 유기농업에 효과적인 도구인 그렐리네트는 사람의 손으로 하는 작업을 상싱하는 농기구다.

농사에 발을 들인 이후 나는 아내인 모드엘렌 데로슈와 이 모험을 함께하고 있다. 둘 다 이 프로젝트에 자기 자신을 완전히 바쳤으니 그렐리네트농장의 존재와 성공은 나와 아내의 공동 성과물이라고 할 수 있다. 그렇기 때문에 이 책에는 나의 의견과 제안이 반영되어 있지만, 책 전체에 걸쳐 '우리'라는 주어를 사용해 농장에서 사용한 원예 기술과 적용 사례를 묘사하고 있다. 관심 있는 독자들은 우리 농장 홈페이지에 실린 우리의 텃밭 이야기를 읽어 보길 바란다.

이 프로젝트를 구현하는 데 걸린 시간만 생각해 봐도 책을 쓰는 것이 보통 일은 아니었다. 가족의 지지와 농장 식구들의 협력 덕분에 이 책이 태어날 수 있었으며, 퀘벡의 기나긴 겨울도 책의 탄생에 한몫을 했다는 점을 밝혀 둔다.

농장 경험을 책으로 펴내야겠다는 생각은 더 많은 사람이 이 일에 뛰어들 수 있도록 초보 유기농 텃밭농부들에게 날개를 달아 주자는 마음에서 비롯되었다. 농사 단계마다 무엇을 해야 하는지를 확실하게 알려 주는 안내서야말로 초보 농부에게 가장 필요한 것이라는 사실을 개인적인 경험으로 잘 알고 있기 때문이다.

또한 이 책은 경험 있는 농부의 손을 통해서만 구체적인 농사 지침서가 탄생할 수 있을 거라는 신념으로 만들어졌다. 농사철을 성공으로 이끌 수 있는 역량을 갖추려면 직업 농부에게 배워야 할 것이 많으며, 경험 있는 농부야말로 그러한 작업 방식을 가장 잘 설명해 줄 수 있는 사람이다.

각 장에서 나는 우리 농장에서 사용한 경작의 실제를 가능한 한 자세히 설명하려고 했다. 어느 분야에 경험이 별로 없을 때에는 따라 할 수 있는 모델이 있는 것이 매우 중요하다. 그러므로 이 책은 '학술적이며 농학을 다루는' 참고서가 아니라, 농사에 실제로 뛰어들기 바라는 사람들을 위한 실질적인 조언을 담은 책이라는 점을 강조하고 싶다.

이 책을 쓰면서 지키려 했던 중요한 원칙 중 하나는 내가 실제로 아는 내용을 공유하고 그렐리네트농장에서 여러 번의 농사철을 보내며 경험했던 농사의 실제를 설명하자는 것이었다. 여기에 나온 정보는 구체적이며 검증된 것이라는 장점을 지니고 있다. 이 밖에도 유기농업을 다루는 책이 여럿 있으니 필요한 경우 독자 여러분이 직접 찾아볼 수 있도록 참고문헌에 몇 가지를 소개해 놓았다.

마지막으로 이 책에 소개되고 우리 농장에서 실행했던 실제 경험은 변하지 않는 것도 고정된 것도 아니라는 점을 강조하고 싶다. 우리는 지금도 여전히 외국의 농장을 방문하고 여러 생산자와 교류하며 다양한 농업 서적을 읽어 나가면서 더 효과적인 방식과 도구를 발견하고 있다. 우리의 생산 시스템은 여전히 변화하고 있으며 작업 기술도 개선되고 있다.

나는 유기농 텃밭을 가꾸려는 사람들이 이 책에서 자신의 프로젝트에 도움이 될 수많은 정보를 찾을 수 있다고 확신한다. 이는 무척 바라는 바다. 농장을 소유하고 지방에 살며 건강한 음식으로 공동체를 먹여 살린다는 멋진 모험에 영감을 받아 젊은 농부들이 만들어 낼 '누벨바그'의 출현에 이 책이 긍정적으로 기여하기를 희망하기 때문이다.

감사의 말

이 프로젝트에 많은 도움을 준 에키테르의 이사벨 존카스, 퀘벡 농식품부MAPAQ의 앙드레 카리에, 로메오 부샤르와 소피 기몽에게 감사의 말을 전한다. 이 책을 바라보는 그들의 시각과 의견 덕분에 내 뜻을 더 명확히 밝힐 수 있었다. 기술 감수를 해 준 다니엘 브리스부아, 프랑수아 앙필드, 프레데릭 뒤아멜, 이안 고르동에게도 감사한다. 모두 다 내가 존경하는 재배전문가들이다. 표현 감수와 편집을 맡은 디안 라모트와 엠마뉘엘 월터스에게도 감사한다. 용어와 여러 단락을 매만지는데 도움을 준 빅토리아빌 Cégep(보통 대학을 가기 전에 다니는 퀘백의 보통직업교육학교) 유기농업학 교수 지슬랭 쥐트라에게도 감사한다. 마지막으로 기꺼이 서문을 써 준 로르 와리델에게 감사의 말을 전한다.

퀘벡 재정부와 브롬미시쿠아 지역개발센터와 지역구, 캐롯 캐시 Carrot Cache 온타리오 재단이 이 책을 위해 아낌없이 지원해 주었다는 사실 역시 강조하고 싶다.

뛰어난 재능을 지닌 일러스트레이터 마리 빌로도와 에코소시에테Écosociété 출판사의 전 직원, 특히 이 책을 시작할 때부터 믿고 지원해 준 담당 편집자 바바라 카레타-드베에게 감사한다. 특히 이 책의 완성도를 높여 준 바바라에게 고맙다.

끝으로 개인적으로 고마운 두 사람의 이름을 거론하고 싶다. 내가 구체적인 행동 계획을 짜고 이를 잘 실천하는 사람이 되도록 어린 시절부터 가르쳐 주신 우리 아버지에게 감사한다. 그 습관이야말로 내가 소유한 최고의 도구다. 그리고 나의 작업동료이자 최고의 친구이며 연인인 모드엘렌 데로슈에게 감사한다.

'단풍나무의 봄' 이후
'경작의 봄'이
찾아올까?

추천사

"경제적 독재를 일소하려면 그에 의존하지 않도록
자기 자신을 바꾸어야 한다. 그 말인즉슨
자급자족 체제로 돌아가라는 것이 아니라
보다 독립적인 사람, 자율적 생활에
열린 사람이 되라는 뜻이다."

피에르 라비, 《**지구와 휴머니즘을 위해 일어서라**
Manifeste pour la terre et l'humanisme》, 2008.

퀘벡과 전 세계에서 무언가가 일어나고 있다. 기후변화 때문만도, 생태다양성이 감소해서만도, 불평등이 심화되어서만도 아니다. 그런 것이 아니다. 무언가 다른 일이 벌어지는 중이다. 어떠한 힘이 우리 마을과 고장에서 꿈틀대고 있다. 우리 시대의 난제를 타개하려면 다 같이 뜻을 모아 경제를 변혁해야만 한다는 사실을 점점 더 많은 시민들이 깨닫고 있다. 인간 생존을 위협하는 탄소 기반 환경·사회 개발 구조를 더 이상 등한시해서는 안 된다.◆ 생태계를 존중하는 진정한 시민경제를 향한 변혁을 시작할 때가 왔다. 사회 전 분야에 걸쳐 사람들이 들고 일어나 자신의 목소리로 외치며 새로운 형태의 시민단체를 만들어 내고 있다.

대체 왜?

왜냐하면 그 누구도 환경적, 인도적 재앙을 바라지 않기 때문이다. 우리가 우리 자신과 후손에게 바라는 행동, 즉 전 세계적인 공조 행동이야말로 개인적 공황 상태와 사회적 무감각을 해결하는 완벽한 치료제가 될 수 있다. 이러한 '행동'은 학

◆ "분에 넘치는 삶 : 자연 자산과 인류의 웰빙을 이야기한다", '유엔 새천년 생태평가위원회 선언문', 2005, 5쪽.

생 시위, '분노하라' 시위, 책임감 있는 소비, 협동조합 조성, 지속가능한 개발과 공공재 보호를 위한 위원회 발족, 사회참여적인 예술과 저널리즘, 농업생태학, 자발적 간소화, 공정무역, 책임감 있는 투자, 에코투어리즘, 노조·지역단체·정치계 차원의 사회참여 등 굉장히 다양한 방식으로 표출된다. 일견 서로 어울리지 않아 보이는 이 시도들은 전부 다 지역에서부터 싹튼 전 세계를 바꾸려는 요구에서 탄생했다. 저항의 한 형태인 셈이다.

이러한 시도는 인간과 생태계, 각 개인을 서로 대립하게 했던 경제체제가 만든 단절된 관계들을 나름의 방식으로 연결해 준다. 우리는 인류가 경쟁보다 협동을 통해 생존하고 행복을 찾을 수 있다는 사실을 역사에서 배우지 않았는가. 게다가 수많은 심리학 연구가 사회·환경 활동에 참여하는 것이 개인의 행복과 정신 건강에 기여한다는 사실을 증명했다. 그런데 함께 행동하지 않을 이유가 어디 있겠는가?

우리 눈앞에 놓인 식탁이야말로 참여와 변혁의 가능성으로 가득한 장소다.◆ 식탁 위에서 변화가 일어나려면 과감히 패러다임을 바꾸고 고정관념에 작별을 고해야 한다. 특히 농업 부문에서는 더욱 그래야 한다. 그리고 이러한 변화에 기여할 수 있는 완벽한 도구가 당신의 손에 들려 있다. 바로 이 책이야말로 작은 농업혁명을 일

◆ 로르 와리델Laure Waridel, 《접시의 뒷면, 그리고 이를 뒤집을 수 있는 몇 가지 생각L'envers de l'assiette et quelques idées pour la remettre à l'endroit》, 몬트리올, Écosociété, 2011.

으키는 데 필요한 전부라 해도 과언이 아니다. 이 책 때문에 전국에 텃밭농부들이 늘어나 앞으로 다가올 미래에 근본적인 변화가 일어날 것이다. 퀘벡의 대학가에서 탄생한 '단풍나무의 봄'(등록금 인상 반대를 외치며 퀘벡 대학생들이 주도한 학생 시위) 운동의 여세를 몰아 '경작의 봄'이 탄생하지 않을 이유가 어디 있겠는가?

허상을 깨라

유기농이 비생산적이라는 이야기를 얼마나 많이 들어왔던가? 엄청난 규모의 땅을 물려받는 경우가 아니라면 농사는 진정 꿈도 꿀 수 없는 일일까? 인간은 정녕 환경적, 사회적, 경제적으로 막다른 길 끝에 몰려 있는 것일까? 출구 없는 산업화 모형에 갇힌 채, GMO Genetically Modified Organism(유전자 변형 농산물)식품과 잔류농약으로 범벅이 된 식탁을 마주한 우리는 전 세계 시장을 좌지우지하는 거대 농산물기업 앞에서 완전히 무력하기 그지없다.

그런데 장-마르탱 포르티에와 모드엘렌 데로슈는 우리에게 정반대의 사실을 입증해 보여 주었다. 이들은 추상적인 이론적·경제적 모형이나 풍부한 정치적 담화와는 거리를 둔 채, 10여 년 농장 경험에서 도출한 구체적 대안을 제시한다. 완전히 색다른 농업을 향해 조심스레 움직이는 새로운 변혁, '경작의 봄'의 살아 있는 본보기라 할 만하다. 이들은 우리에게 '다르게' 할 수 있는 선택과 수단이 있다는 사실을 주지시킨다.

저자는 뉴멕시코부터 쿠바를 거쳐 퀘벡에 이르기까지 직접 농사를 지으며 더 생산적이고 더 수익성 높은 유기농업 기술을 배웠다. 대학에서 지속가능한 개발을 연구하고 졸업한 후에 농사의 길을 택한 이 부부는 실용적인 이상주의에 사로잡혀 있으며, 세계를 그들이 사랑하는 모습, 있는 그대로의 모습으로 변화시키려는 열망으로 가득하다.

현재 두 아이와 함께 몽테레지 생아르망에 정착한 부부는 '자르댕 드 라 그렐리네트Jardins de la Grelinette(브로드포크의 정원이라는 의미)'를 설립했다. 전체 면적이 1만제곱미터(1헥타르)도 되지 않는 이 농장은 CSA와 협력하면서 150가구를 먹여 살리고 있으며, 락브롬의 농산물시장과 근처 레스토랑, 옆 마을인 프렐리스버그의 식료품점에 채소를 공급한다. 전체 생산량 중 40퍼센트 이상이 그들의 밭과 온실로부터 30킬로미터도 채 떨어지지 않은 곳에 판매되며, 나머지는 차로 1시간 이내 거리인 몬트리올 CSA에 직접 공급한다.

공동체지원농업CSA

15년 전부터 퀘벡 환경단체 에키테르의 지원을 받아온 CSA는 생산자뿐만 아니라 농가의 파트너로 여겨지는 소비자에게도 여러 이점을 제공한다. 단순한 소비자가 아닌 '소비주체consommacteur'인 이들은 미래에 수확될 일부 생산물을 미리 구입해서 봄철에 농가가 막대한 빚더미에 시달리는 일을 예방하고, 수확 철에는 근방에서 생산된 가장 신선한 유기농채소 한 바구니를 받는다. 그렐리네트농장 직원들이 소비자와 농가가 만날 수 있는 장소를 결정하면 누군가의 집 근처 골목길 혹은 직장 근처 등 특정 장소에서 일주일에 한 번씩 한 시간 동안 만남이 이루어진다.

파트너 소비자들은 자신이 선택한 유기농가에서 어떤 작물이 생산될지 미리 알고 있지만 바구니에 들어갈 작물을 미리 완벽하게 골라 두지 않는다. 인공적 요소가 배제된 생산 방식의 위험과 이점을 소비자와 생산자가 함께 나누는 셈이다. 수확 결과가 좋을수록 바구니는 더 풍성해진다. 예컨대 그해 여름이 십자화과 작물(브로콜리, 배추, 콜리플라워 등)이 제대로 성장하기에 너무 더웠다면 바구니에는 가지과 작물(파프리카, 토마토, 가지 등)이 더 많아진다. 감자가 감자잎벌레의 습격을 받은 경우, 그해 바구니에는 감자가 들어가지 않는다. 자신의 취향대로 농작물을 바꾸고 싶어 하는 사람들을 위한 교환 상자도 있다.

또한 CSA의 또 다른 이점은 규격화로 인한 낭비를 줄인다는 것이다. 식료품점에 가 보면 같은 칸에 놓인 과일과 채소가 모두 똑같이 생겼다는 사실을 발견할 텐데, 살짝 구부러진 당근, 작은 얼룩이 있는 사과, 너무 크거나 작은 토마토 따위는 가게에 도착하기 전 철저하게 선별된다. 그러나 이러한 채소의 생김새는 식품의 맛이나 영양학적 가치에는 아무런 영향을 끼치지 않는다. 유엔 식량농업기구

FAO는 전 세계적으로 전체 작물의 최소 30퍼센트가 여러 가지 이유로 버려진다고 지적했다.✦ 어느 연구에 따르면 미국에서 일어나는 이러한 손실은 약 40퍼센트에서 50퍼센트에 달한다.✦✦ 농식품산업 시스템의 세계화와 그것이 강요하는 규격화는 아무 이유도 없이 더 많은 생산을 부추기는데 크게 기여하는 셈이다.

수익성과 생산성이 높은 유기농업

장-마르탱과 모드엘렌은 전통적인 농가 출신이 아니다. 두 사람은 맨손으로 시작했지만 결단력과 지혜라는 커다란 자산을 소유하고 있었다. 그리하여 양보다 질에 승부를 걸었고, 남이 아니라 자기 자신에게 도움이 되는, 수익성과 생산성이 높은 소기업을 설립했다. '자율'을 택한 것이다.

대부분의 퀘벡 농업생산자들과는 반대로 이들은 근교를 대상으로 한 인간적인 유기농업으로만 살아가고 있다. 부부는 파트너 소비자들과 서로의 생활을 보장해 주는 관계를 유지하는데, 그 관계

✦ 〈국제적 식량 손실과 식량 낭비〉, 유엔 식량농업기구, 2011.
✦✦ 티모시 W. 존스Timothy W. Jones, '식량 손실의 맹점The corner of food loss', 〈Biocycle〉, vol. 46, no 7, 2005, 25쪽.

의 성격을 고려한다면 이러한 생산 모델을 공정무역으로 규정할 수도 있을 것이다. 이들의 기업이 신뢰관계를 기반으로 설립될 수 있었던 것은 자기 자신의 건강을 염려하는 동시에 유기농가의 운명을 걱정하는 사람들이 있었기 때문이다. 경제사가 칼 폴라니Karl Polanyi의 의견에 공명하자면 이는 사회에 '정착된' 경제 이니셔티브에 관한 우려라고 할 수 있다. 폴라니의 주요 저서인 《거대한 전환-우리 시대의 정치 경제적 기원》은 경제를 현재의 단절 상태로 몰아간 과정을 사회적, 환경적 관점에서 이해하게 해 준다. 자르댕 드 라 그렐리네트(이하 그렐리네트농장)의 역사와 CSA의 참여는 이와는 반대의 길을 쉬지 않고 달려가는 예라고 할 수 있다.

금융시장은 '선물先物, futures'을 최고 입찰자에게 팔아치우며 투기하고 빈자를 굶주리게 하며 종이 위의 부를 창출하지만 CSA는 그와 정반대다. 실물 경제에 뿌리를 두는 CSA는 생산자나 소비자 모두를 먹여 살리는 역할을 한다. 생산자와 소비자는 공급과 수요의 법칙에 좌우되지 않는다. 이들은 스스로 나름의 규칙을 정립한다. 규칙에 순응하기보다 하나의 시장을 새로이 만든 셈이다. 그 덕분에 전통적 경제 현실에서 흔히 발생하는, 그리고 공공의 이익에 심각한 손해를 입히는 환경적, 사회적 비용이 발생하는 아웃소싱을 피할 수 있었다.

사회학자의 관점으로 볼 때 그렐리네트농장 그리고 특히 CSA는 미래지향적인 후기자본주의 경제를 구현하고 있다. 후기자본주의 경제는 전형적인 자본주의 모형이 실패해 그 대안으로 생겨났으며,

생태계를 존중하며 사람들의 수요에 직접 부응하는 사회적 경제이자 환경적 경제다. 이러한 경제의 으뜸가는 자산은 자연의 힘에 의지하고 자연적 수단을 남용하기보다 존중하며 이용하는 인간의 지성과 협력이다. 후기자본주의 경제는 자본주의의 다양한 경제적 이점은 그대로 보존한 채 인간적이고 환경적인 측면에서 높은 효율을 제공한다.

일례로 그렐리네트농장은 작년에 45퍼센트 이상의 이윤을 남겼다. 이는 규모를 막론하고 퀘벡주 전체와 캐나다 농가 평균 이윤의 2배 이상이다. 그러나 그렐리네트농장은 정부 지원금을 받지 않는다. 농사만이 유일한 수익원이다.

작은 것이 아름답다

대부분의 퀘벡 농가와는 달리 그렐리네트농장은 과도한 빚 때문에 무너지지 않았다. 농지 면적이나 기계 설비 규모, 화석에너지, 화학적 생산 요소 등 이 생산모형에 필요한 투자 규모가 매우 작기 때문이다. 봄철 투자 시기가 되면 소규모 유기농가들은 6월부터 11월까지 받을 돈을 파트너인 CSA에게서 미리 받아 대부분을 충당한다. 은행에 담보로 잡히는 것도 없다. 저자 역시 그것이 그렐리네트농장의 성공 키워드 중 하나라고 단언한다.

(심지어 모두에게 속한 것이라 할지라도) 가능한 모든 것을 특허 등록하

는 몬산토Monsanto(미국의 다국적 농업생물공학 기업)나 신젠타Syngenta(식물 종자와 농약 등을 판매하는 농업 전문 기업으로 2016년 중국화공그룹이 인수했다) 같은 기업과는 달리 장-마르탱은 다른 이들도 유기농업을 충분히 시도할 수 있도록 유기농 생산에 관한 모든 노하우를 투명하게 공개했다. 그는 유기농을 하는 전업 농부가 되어 살아가려고 하는 모든 이에게 현명한 조언을 건넨다. 유기농 텃밭 프로젝트는 필요한 면적이 크지 않기 때문에 도시나 교외에서 충분히 실행할 수 있다.

유기농의 필수 동반자인 이 가이드북은 유기농업의 모든 것을 단계별로 상세히 가르쳐 준다. 어떻게 이상적인 입지 조건을 만족하는 땅을 고르고, 올바른 경제 계획을 세우며, 농기구를 고르고, 파종을 하는지, 풀 제거와 병충해는 어떻게 진단하고 예방하는지, 근면한 노동과 엄격한 계획이 얼마나 중요한지 말이다. 이 책에서 장-마르탱은 자신이 했던 선택을 상세히 설명하는데, 가능한 한 친환경적인 방식을 택하려 하지만 늘 그런 방법만 고집하지는 않는다. 그는 근면하고 성실한 사람이지만 옛날 방식만 고집하는 보수주의자는 아니다.

앞으로 이어질 내용을 통해 독자들은 유기농업을 하려면 땅속 생태계에 필요한 상호작용의 복합성을 잘 이해해야 한다는 사실을 깨닫게 될 것이다. 유기농업이란 자연을 모방하려는 것이지 자연에 맞서 싸우려는 것이 아니다. 그러므로 흙에서 태어나고 흙으로 돌아가는 것들 간의 균형을 유지하면서 장단기적으로 모두 생산적인 생태계를 만들어야 한다. 화학을 생물학으로 대체하려면 산업공정을 거쳐 생산된 '기적의 제품'을 사용하는 것보다 훨씬 복잡한 지식이 필요하다. 다음 장에서 장-마르탱은 화학적 살충제 대신 친환경 살충제를, 화학적 비료 대신 천연비료를 쓰는 것만으로 만족해서는 안 되는 이유를 설명한다. 또한 유기농업이 까다로운 만큼이나 생산성이 높을 수 있다는 사실을 주지시킨다.

이 책은 워낙 설득력 있는 설명으로 채워져 있기 때문에 다 읽고 나서 유기농 텃밭농부로 살아볼까, 하는 생각이 들게 한다. 유기농 텃밭농부의 삶이 쉬워 보여서가 아니라, 쉬운 것과는 거리가 멀지만 굉장한 의미를 지닌 삶처럼 보이기 때문이다. 유기농 텃밭농부라는 직업은 건강하고 친환경적인 삶의 방식을 가능케 하며, 자연과의 공조를 장려하고, 더 나아가 세계의 미래에 반드시 필요한 친환경적이고 사회적인 경제의 출현에 크게 기여한다.

나는 농업과 농식품산업을 전공하는 모든 학생, 퀘벡과 오타와를 넘어 전 세계의 농수산식품부 공무원이 이 책을 읽기를 바란다. 그렐리네트농장의 경험은 다른 방식의 농업이 가능하다는 사실뿐만 아니라 이러한 농업이 제대로 시행되고 있다는 증거이기 때문이다.

이제 모두 '경작의 봄'에 참여할 시간이다.

로르 와리델

작은 것이 아름답다

1

"우리는 여기저기에서 작은 혁명이 이루어지고 있는
모습을 볼 수 있다. 오늘날 다른 방식의 농사짓기가
시작되고 있다는 사실은 명백해 보인다.
이는 근거지가 도시 가까운 곳에 있으며,
환경 문제에 관심이 있고, 시민 공동체에 무게중심을
두고 있는 농업적 저항의 증거다."

엘렌 레몽, 자크 마테, 《색다른 맛의 농업 : 북미에서 유럽까지, 지역 생산 이야기
Une agriculture qui goûte autrement : Histoires de productions locales,
de l'Amérique du nord à l'Europe》, 2011.

전 세계 여기저기에서 살충제, GMO 식품, 암, 농산물가공업 등 산업적 농업의 심각한 악영향을 우려하는 목소리가 높아지고 있다. 이러한 상황은 친환경적이고 건강하며 지역에 기반한 농업을 향한 열망으로 나타난다. 퀘벡 지역공동체가 후원하는 농산물시장인 CSA나 프랑스의 자영농 유지를 위한 협회AMAP, Association pour le Maintien d'une Agriculture Paysanne처럼 생산자 직거래 장터를 부활시키고 다양한 형식의 사회적 마케팅을 시도하는 일은 이처럼 심각한 일부 문제를 개선하고자 하는 바람뿐만 아니라 생산자와 소비자를 연결하려는 소망에도 부응하고 있다.

　　이러한 아이디어는 에키테르가 만들어 낸 '가족농'이라는 개념 덕분에 특히 퀘벡에서 발전했다. 에키테르는 대규모 친환경 유기농업자와 책임 있는 시민단체를 감독하는 기구다. 요즘은 다양한 대안적 마케팅 방식 덕분에 소규모 농가를 위한 틈새시장이 존재하게 되었으며, 시골에 정착해 농업을 생업으로 삼으려는 수많은 젊은이(와 젊은이가 아닌 이들)에게도 가능성이 생겼다.

　　아내와 나는 소규모 텃밭에서 생산한 채소를 생산자 직거래 장터와 CSA 프로젝트에 판매하면서 본격적으로 농사를 시작했다. 우리는 약 1000제곱미터 규모의 작은 경작지를 임대해 여름 동안 임시 거처에서 지냈다. 처음에는 우리의 일이 커다란 텃밭을 가꾸는 정도였기 때문에 농사를 시작하는 데 필요한 농기구나 장비 구입에 많은 돈을 들일 필요가 없었다. 또한 땅을 빌려 농사를 지었기 때문에 지출이 적었고 임대료를 지불한 후에도 추가 투자비용과 겨울을 보내고 여행할 비용이 남아 있을 정도였다. 당시 우리는 단지 농장을 가꾸고 그것으로 먹고 산다는 사실에 무척 행복했다.

이윽고 농사꾼으로서 제대로 자리를 잡아야 할 때가 찾아왔다. 현재 삶을 확신할 필요가 있었으며 집을 짓고 공동체에 뿌리를 내리고 싶다는 욕망을 느꼈다. 이처럼 새로운 출발을 하기 위해서는 토지 임대료, 생활비, 주택 건설비용을 충당할 수 있는 충분한 수입을 농장에서 낼 수 있어야 했다.

농사짓는 방식을 기계화하고 관행적인 재배 방식을 따르기보다 생산 자체를 강화하고 수작업 비중을 늘리는 것이 가능하다, 심지어 더 낫다는 가설을 세웠다. 우리는 '더 많이'보다 '더 나은'을 신조로 삼았다. 이런 생각을 하면서 수없이 조사하고 외국 농가를 방문했으며 소규모 채소 재배에 효과적이면서도 수익성을 높여 줄 원예 기술이나 도구를 탐구했다.

마침내 우리는 조사와 발견을 거듭하면서 생산성과 수익성이 모두 높은 소규모 채소 농장을 발전시킬 수 있었다.

그렐리네트농장은 매주 200가구 이상의 소비자들에게 채소를 공급하면서 우리 가족이 먹고살기에 충분한 수입을 창출한다. '저기술' 시스템으로 자리 잡으려는 초기 전략 덕분에 투자비용을 현저하게 줄일 수 있었고, 농사를 시작한 지 몇 년 만에 수익을 낼 수 있었다. 오늘날에도 여전히 그 어떠한 재정적 압박도 없는 상태이며, 저비용 농사를 유지하고 있다. 처음과 마찬가지로 우리의 주요 활동은 텃밭 가꾸기다. 농장에서 여러 가지 발전이 이루어졌지만 우리의 생활방식은 애초 우리가 시도했던 것과 여전히 동일하다. 농장이 우리를 위해 존재하는 것이지 그 반대가 아니기 때문이다.

농사를 지으면서 우리는 자신을 '유기농 텃밭농부'라 부르게 되었다. 무동력 농기구로 작업하며 동시대 다른 농부들과는 달리 아주 미량의 화석연료를 사용해 대규모가 아니라 소규모 밭을 경작한다는 사실을 강조하기 위해서다. 이러한 경작 방식-소규모 땅에서 추구할 수 있는 높은 생산성, 집약적 생산 방식의 사용, 사계절 재배 기술, 소비자 대상 직접 판매-은 프랑스 채소 농가의 전통에 속하지만, 구체적인 실행 방식은 옆 나라 미국의 소규모 농가 방식에 많은 영향을 받았다. 우리에게 가장 큰 영향을 준 이는 수차례 직접 만난 바 있는 미국인 엘리어트 콜먼Eliot Coleman이며, 그의 저서 《새로운 유기농부The new organic grower》(1989)는 농사 초기에 우리의 교과서였다. 이 책 덕분에 1만 제곱미터도 안 되는 작은 땅에서 높은 수익성을 올릴 수 있었다. 당시 콜먼은 고령에도 불구하고 소규모 집약 농업을 하려는 사람들에게 경험과 혁신 면에서 본보기가 되어 주었다. 그에게 많은 빚을 진 셈이다.

물론 이미 자리 잡은 대부분의 농부들은 트랙터 없이 농사짓는 것이 너무나 고통스럽고 벅찬 일이며 그런 일은 우리가 젊었을 때나 가능하다고 말한다. 당연히 기계화된 작업 방식이 일을 훨씬 쉽게 해 준다고 생각한다. 나는 이런 생각에 동의하지 않는다. 이 책에 적힌 경운 방식은 농사 준비에 필요한 시간과 에너지를 줄여 준다. 집약경작은 풀 제거에 들어가는 수고를 덜어 주며, 우리 농장에서 사용하는 농기구는 무동력 방식이지만 굉장히 복합적이고 작업 효율성과 편의성을 높일 수 있도록 고안되었다. 이 모든 것을 고려하면 책의 큰 부분을 차지하는 수확은 둘째 치고, 우리가 하는 노동의 생산성과 효율성은 매우 높은 셈이다. 손으로 하는 작업은 즐거울 뿐만 아니라 생산성이 높으며 모터 소음 대신 새들의 노랫소리를 들을 수 있는 건강한 생활방식과 완벽한 조화를 이룬다.

그렇지만 기계화 방식을 완전히 거부하지는 않는다. 내가 방문했던 최고의 채소 농가는 콜먼의 농가를 제외하고는 대부분 기계화되어 있는 경우가 많았다. 나는 오히려 이렇게 생각한다. 반드시 농업 트랙터와 기타 김매기(작물 생육에 지장을 주는 풀을 없애는 일)용 농기계, 경운용 농기구를 사용해야만 수익성 높은 농사를 지을 수 있는 것은 아니라고. 기계를 사용하지 않거나 농경관리기tiller 같은 대안적 기계를 사용하면 특히 초기에 고려해 볼 만한 다양한 이점이 분명히 존재한다.

1만 제곱미터도 안 되는 땅으로
먹고살 수 있을까?

농업관계자 대부분은 소규모 채소농가 혹은 우리가 텃밭농가라 부르는 곳의 수익성에 분명 회의적이다. 어쩌면 우리와 비슷한 프로젝트를 시작하고 싶은 독자들에게 반론을 제기할 지도 모른다. 하지만 너무 염려할 필요는 없다. 미국과 일본, 그리고 세계 여러 나라에서 짧은 기간 동안 이루어진 수작업 생산의 결과로 소규모 농업이 지닌 무한한 가능성을 입증했고, 덕분에 인식이 변하고 있기 때문이다. 퀘벡에서는 바로 그렐리네트농장이 대표적인 성공 사례이며 초기에 회의적이었던 여러 농업관계자가 이를 받아들였다. 경작 첫 해에 그렐리네트농장은 2500제곱미터 남짓한 땅에서 2만 달러의 판매수익을 창출했다. 다음 해 동일한 경작지에서 창출된 판매수익은 배로 뛰어올라 5만5000달러를 돌파했다. 세 번째 해에 우리는 새 농기구에 투자했으며 생아르망에 위치한 현재 농장 자리에 정착했다. 경작 면적을 7500제곱미터로 늘렸기 때문에 판매수익은 8만 달러에 육박했으며, 네 번째 해에는 10만 달러로 뛰어올랐다. 바로 이때 우리 농장은 농업관계자 대부분이 불가능하다고 믿었던 상당한 수준의 생산과 재정적 성공을 이루어 낼 수 있었다. 총매출액을 공개한 이후, 우리는 어느 농업경진대회에서 높은 경제적 수익성을 기념하는 중요한 상을 받았다.

10년이 넘는 세월 동안, 아내와 나의 수입은 1만 제곱미터도 채 되지 않는 텃밭에서 나오는 것뿐이었다. 나는 집약농업을 시도해 작은 텃밭에서 상당히 괜찮은 수익을 올리는 데 성공한 다른 소규모 농업생산자를 여럿 알고 있다. 이 모델은 수익성이 높으며 이미 여러 농가를 통해 입증되었다. 알고 보면 작은 텃밭으로 꽤 높은 수익을 올릴 수 있다는 생각은 굉장히 현실적이기까지 하다. 생산 계획을 잘 짜고 좋은 판매처를 확보한다면, 1만 제곱미터도 안 되는 채소밭에서 집약경작을 시행해 연간 6만 달러에서 12만 달러를 벌 수 있고, 40퍼센트 이상의 이익률에 도달할 수 있다는 사실을 농사를 지으며 확신하게 되었다. 다른 농업 활동에 비해 상당히 높은 수익률이다.

잘 먹고살기, 무엇보다 '행복하게'
먹고살기

대부분의 사람은 보통 농부가 매우 억척스러우며 1주일 내내 쉼 없이 일해도 어렵게 산다고 생각한다. 아마 현대적 농업의 덫에 빠진 관행농 농부 대부분이 겪는 현실에서 비롯된 이미지일 것이다. 사실 농부의 삶은 언제나 쉽지 않다. 날씨가 좋으나 나쁘나 예측하기 어려운 기후 불확실성을 감내해야 한다. 풍년과 풍작은 늘 보장되지 않으며, 특히 고객 확보도 제대로 되어 있지 않고 인프라가 제대로 갖추어지지 않은 초기에는 용기와 열정까지 갖추어야 한다.

그럼에도 불구하고 농부는 매우 멋진 직업이다. 일에 소요되는 시간과 창출되는 수입보다 일의 결과로 나타나는 삶의 질에서 그 특징이 드러난다. 상상하기 어렵겠지만 농사짓는 일은 워낙 노동 강도가 센 일이긴 해도 다른 일을 할 시간이 많은 편이다. 농사는 보통 3월에 천천히 시작되어 12월에 끝난다. 즉, 9개월을 일하고 3개월은 쉴 수 있다는 이야기다. 겨울은 휴식을 취하고 여행을 하거나 다른 활동을 할 수 있는 귀중한 시간이다. 농부는 근근이 먹고사는 직업이라고 생각하는 사람들에게 나는 이렇게 강조하곤 한다. 이 직업은 시골의 자연환경 속에서 일과 가정을 양립시킬 수 있으며 언제 해고될지 모르는 대기업과 비교해 안정성이 확보되는 직종이라고 말이다. 이는 상당한 이점이 아닌가.

또한 책을 쓰며 많은 시간을 들여 보니, 농사일에 요구되는 신체 능력을 우려하는 사람 모두에게 전업 농부의 삶은 매일 몇 시간씩 컴퓨터 화면 앞에서 보내는 삶보다 건강과 몸에 덜 '치명적'이라고 분명히 이야기할 수 있게 되었다. 그러니 안심해도 좋다.

사실 이는 나이의 문제라기보다 의지의 문제다. 농업 지식이 있든 없든, 일에 임하는 자세가 진지하고 동기 부여가 되어 있다면 모두에게 열려 있는 이 전통적인 일을 배울 수 있다. 그저 시간과 열정만 투자하면 된다.

나는 농사로 먹고살려는 농장 연수생 대부분이 굉장히 근본적인 이유로 농사를 지으려 한다는 사실을 발견했다. 그들은 경영자가 되어 야외 생활을 최대한 즐기면서 자신의 일에 어떠한 의미를 부여한다는 생각에 강하게 이끌렸다. 나는 이들이 왜 이런 선택을 하는지 이해한다. 가족농은 굉장히 가치 있는 일이기 때문이다. 우리가 텃밭에 쏟아 붓는 노동은 매주 우리가 생산한 채소를 먹는 가족들이 표하는 감사를 통해 보상받는다. 대안적 삶의 방식을 찾아 다르게 살고자 하는 모든 이에게 나는 이러한 삶이 그저 먹고사는 것뿐만 아니라 잘 먹고사는 것이 가능하다는 점을 확실하게 알려야 한다고 생각한다.

> 우리의 일과는 계절의 리듬과 우리가 택한 삶의 방식과 조화를 이룬다. 텃밭농부의 일은 고되지만 만족스럽고 유쾌하기까지 하다.

성공적으로 유기농 텃밭 경작하기

2

"현명한 경작 방식을 선택하고
적절한 작업을 수행해서 지나친 지출 없이
땅에서 최상의 수익을 창출할 줄 아는 것.
이것이 바로 유기농 텃밭농부의 목표다."

J.G. 모로, J.J. 다베른, 《파리에서 해 보는 채소 재배 안내서
Manuel pratique de la culture maraîchère de Paris》, 1845.

2

여러 언론에 노출되어 농장 인지도가 높아졌기 때문에 몇 년 전부터 많은 농업관계자가 농장을 찾아온다. 관행농업 기준에 익숙하며 규모의 경제가 추구되는 현실 속에서 소규모 농장이 살아남을 수 없다고 생각했던 많은 농업관계자에게 그렐리네트농장의 성공은 불가사의 그 자체였다. 생각이 열린 사람들이었지만 우리는 대규모 투자 계획이 없으며 소규모 사업을 유지하면서 무동력 농기구로 계속 경작하겠다는 사업 방향을 그들에게 이해시키기 어려웠다. 때문에 만남은 친근한 분위기 속에서 이루어졌지만 상대방을 설득시키지는 못했다. 심지어 어느 은행업계 종사자는 "여러분은 진정한 의미의 사업을 하는 게 아니며 당신의 농장도 마찬가지"라고 단언하며 떠났다.

젊은 농부가 농사일에 뛰어들 때 경험할 수 있는 장애물이 무엇인지 잘 모른다면 우리가 내린 선택의 논리를 파악하기 어려울지도 모르겠다. 저렴한 소규모 농지를 이용하고 초기 투자비용을 한정하는 것은 예산을 줄이고 빚을 만들지 않겠다는 의지의 문제였다. 당시 20대 초반이었던 우리의 자금은 한정되어 있었기 때문에 부채를 최소화해야 한다고 굳게 마음먹었다. 중단기적으로 보았을 때도 그렇고 현재에도 여전히 질 좋은 채소를 생산해 직접 판매하고 최소한의 자본으로 농장을 운영하는 방식은 훌륭한 '고수익' 전략이다. 우리의 작은 농장은 대규모 지출 '없이' 고수익을 낼 수 있다고 입증해 보였다.

농장 규모와 상관없이 경작 방식을 잘 선택하고 그 영향을 제대로 파악하는 일이 가장 중요하다. 초기에만 '작게' 시작해야 이득이 많은 것처럼 보이는데, 사실 소규모 생산을 유지하면 다양한 이득을 얻을 수 있다. 우리 농장이 성공할 수 있었던 핵심 이유가 바로 여기에 있다고 생각한다. 소규모 생산의 다양한 이점이 모이면 굉장히 큰 힘을 발휘할 수 있다.

'유기집약적' 방식

'유기집약적'이라는 용어는 일반적으로 토양을 보존하거나 개선시키는 동시에 농사를 짓는 땅의 생산성을 극대화하는 원예 방식을 가리킨다. 19세기 프랑스 농부들의 경험과 루돌프 슈타이너Rudolph Steiner가 창시한 생명역동농법bio-dynamic agriculture(유기농업이면서 자연과 우주의 리듬을 따르는 농사)에서 영감을 얻은 이 방식은 캘리포니아 북부에서 1960년대부터 시행되었으며 오늘날 이 주제를 다룬 수많은 문헌과 학파가 존재한다. 물론 텃밭 경작 혹은 자급자족 경작 관련 이야기가 대부분이지

일부 분야에서는 '유기집약'이 일련의 농법을 뜻하는 동시에 구체적인 농사 전문 기술을 뜻하는데, 이러한 접근법에 특허 등록을 하려는 움직임도 있었다. 나는 일반적으로 '유기적으로 집약적인'이라는 표현을 선호하며, 이 책 전체에 걸쳐 이런 표현을 자주 사용하겠지만 이 표현과 '유기집약'이라는 표현은 동일한 원칙을 가리키는 말이다.

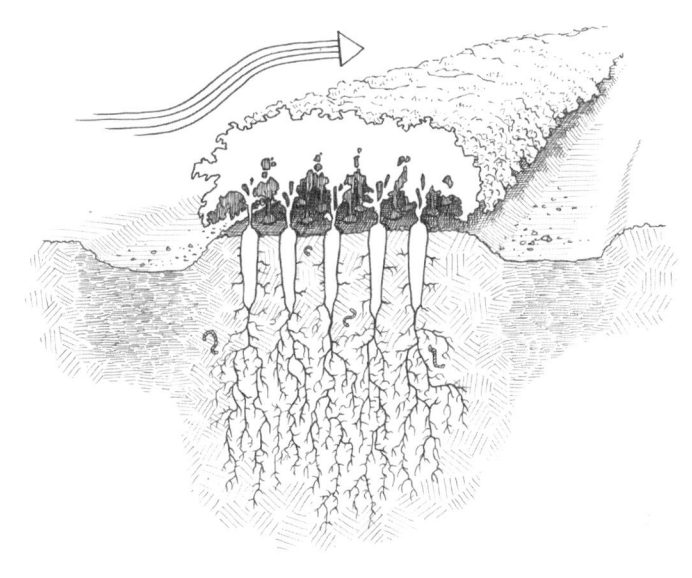

작물의 밀식密植(촘촘하게 심기)은 채소에 이로운 미기후-microclimate(지표면에서 지상 1.5~2미터 정도 높이까지 해당되는 기후. 지표의 상태, 토질, 토양의 함수율, 표면의 색 등에 큰 영향을 미치기 때문에 농작물의 생장과 밀접한 관계가 있다)를 만드는 효과가 있다. 식물이 다 자랐을 때에 형성되는 임관林冠. canopy(식물 윗부분에 잎이 지붕처럼 모여 있는 층)은 상품으로 판매될 때 식물의 저항력을 높여 주며 지표면의 수분 증발을 줄여 주고 풀 증식을 억제하는 그늘을 만든다.

만 유기집약적 접근법 중 몇몇은 상업적 차원의 생산에도 얼마든지 유효하다. 그것이 바로 우리의 농장 경작 시스템에 도입한 기술이다.

게다가 우리가 경작할 수 있는 공간은 기계적 경작 고유의 전통적인 열列 형태가 아니라 우리가 '두둑'이라 부르는 올림텃밭 형태로 정비했다. 이 영구적 형태의 두둑에는 단기간에 풍요롭고 비옥한 토양을 만들기 위해 대량의 유기물질이 함유된 퇴비를 넣었다. 우리는 이런 식으로 토양을 문자 그대로 '만들어 낸' 셈이었다. 이후 땅을 휘젓지 않고 브로드포크를 이용해 경작하기 쉽게 만들어 주면서 퇴비를 넣어 계속 땅을 비옥하게 만든다. 다양한 농기구와 기술 덕분에 토양이 최대한 타격을 받지 않도록 그 상태를 유지하며 경운하면 된다. 이런 경작 방식은 채소 뿌리가 옆이 아니라 아래로 자랄 수 있게 해 주는, 비옥하고 풍요로운 부식토 활성화가 목적이다. 그렇게 하면 뿌리 부분이 불편하게 자라지 않게 하면서도 밀식(47쪽 그림 참조)을 계획할 수 있다.

식물이 전체의 4분의 3 정도 자랐을 때 잎의 말단이 서로 살짝 스치는 정도로만 경작하는 것이 우리의 목표다. 다 자라고 나면 잎이 성장 영역을 완전히 덮어, 풀이 자라는 것을 막아 주면서도 토양이 수분을 더 많이 머금을 수 있게 해서 진정 살아 있는 '멀치mulch(뿌리 덮개)'가 된다. 이러한 전략은 1제곱미터당 땅의 생산성을 상당히 높여 줄 뿐만 아니라 다른 중요한 이점도 제공한다. 제초 작업 부담을 상당히 덜어 줄 뿐만 아니라 지난한 채소 재배 과정의 효율성을 증

기계식 재배 방식을 적용하는 경작 공간은 트랙터와 기계설비의 크기에 따라 결정된다. 우리는 수작업으로 풀이 자라는 것을 억제하기 때문에 이런 제약이 없었다.

대시킨다. 이런 이점에 관해서는 추후 책 전체에 걸쳐 상세하게 설명하겠다.

결국 이 아이디어 대부분은 유기농업이 목표하는 바와 그리 크게 다르지 않다. 두 경우 모두 목표는 비옥하고 경작하기 쉬우며 풍요로운 토양 조성이지만, 경운(논밭을 갈고 김을 매는 작업)과 상당량의 유기물질 투입을 피하면서 이를 실현시키기란 쉽지 않다. 지금 말하는 방식 역시 새로운 아이디어가 아니며 우리 스스로 고안해 냈다고 주장하지 않겠다. 우리가 세운 공로가 있다면 그것은 토양의 가치를 유지하는 동시에 퀘벡 같은 북유럽풍 기후에서도 높은 생산성을 유지하는 시스템을 실현해 줄 훌륭한 경작 방식을 찾았다는 점이다.

초기 최소 투자

농기구와 농장비를 구입해야 농사일이 시작되지만 넓지 않은 땅에 집약적으로 경작한다면 초기 투자비용을 현저하게 줄일 수 있다. 55쪽의 표는 1만 제곱미터(1헥타르) 미만의 채소 텃밭을 최적화된 방식으로 경작하기 위해 필요한 투자 물품 목록이다. 금액(캐나다달러 기준)은 추정치이며 상당 기간 동안 사용할 수 있는 재료와 새 장비를 사는 것을 전제로 했다.

총 투자 물품 구입비용은 3만9000달러다. 작은 텃밭을 시작하려는 사람에게 굉장히 큰돈처럼 느껴지지만 이 금액의 규모를 제대로 판단하려면 몇 가지 요소를 염두에 두어야 한다.

먼저 은행에서 3만9000달러를 5년 동안 8퍼센트 금리로 대출받는다면 연간 투자비용이 약 9500달러 정도 된다. 이는 텃밭에서 나올 잠정적 수입에 비하면 받

> 유기집약적 방식은 경작 공간의 수익을 3배로(어쩌면 4배로) 늘려 주었으며, 비기계적 경작 방식이 지닌 이점을 유지한 채 소규모 경작지에 자리 잡게 해 주었다.

아들일 수 있는 수준의 지출이다. 물론 대출이자만 유일한 지출 항목은 아니다. 여기에는 운송비나 토지 임대료 혹은 저당권 설정비용, 그 밖의 모든 다양한 비용(생산 요소, 관리비용, 공급비용 등)이 제외되었다. 그럼에도 불구하고 초기 투자비용이 상대적으로 적은 편이며, 특히 기계식 농업에 필요한 장비 구입비용과 비교하면 더욱 그렇다.

사실 목록에 나와 있는 물품 중 일부는 중고로 구입해도 되며 필요할 때마다 순차적으로 구비해도 무방하다. 우리는 중고 터널을 새 제품에 비해 얼마 안 되는 가격에 운 좋게 구했다. 회전쇄도기rotary harrow(갈아 놓은 땅의 흙을 고르는 데 쓰는 농기구인 써레가 회전하는 형태)나 화염제초기(화염으로 풀과 벌레를 없애기 위한 기계) 같은 일부 농기구는 농사를 시작한 지 몇 년 후에 구입했다. 처음 농사를 시작한 이후 우리는 두 번의 농사철을 보내며 CSA에서 30~50바구니 정도 예약 주문을 받았다. 배달하는 날 아침에 수확을 했기 때문에 채소를 저온저장할 필요가 없었다. 그러다 바구니 개수가 100개 이상으로 늘어나 수확하는 시간이 온종일 걸리게 되자 저온저장고가 필요해졌다.

이 목록의 몇몇 물품은 농사를 시작할 때 반드시 필요하지 않

만 작업에 정말 효율적이기 때문에 금방 제값을 한다. 바로 이런 이유로 우리는 새로운 농기구를 찾아보게 되었다. 초기에는 당근이나 래디시, 샐러드채소 등 옮겨심기에 적합하지 않은 작물을 손으로 직파했다. 시간이 굉장히 오래 걸리는 작업이었다. 이 책에서 언급한 파종기를 도입하자 손으로 파종할 때에 비해 5배 이상 시간을 절약하면서 2~3배 더 길게 파종할 수 있었다. 농사를 시작하는 시기에 해야 할 작업이 많다는 사실을 고려하면 작업의 최적화는 최우선 과제가 되어야 하며 좋은 농기구 역시 제때에 구입해야 한다.

대부분의 나라에는 농사를 시작할 때 필요한 농장비와 농기구 구입비용 일부를 지원해 주는 정부 지원 제도가 여러 형태로 존재한다. 그렐리네트농장에서 농사를 시작했을 때 운 좋게도 퀘벡 정부의 재정지원 제도를 이용할 수 있었다. 제도적 지원을 받으면 소규모 경작지에서 채소를 재배해서 성공할 가능성이 훨씬 더 높아진다. 그러나 지원금이 있든 없든 사업 프로젝트를 소규모 투자로 시작해야 재정 부담이 줄어들고 단기 수익이 보장된다는 사실은 여전히 변하지 않는다. 이는 사업을 성공적으로 이끌기 위한 필수 공식이다.

농작물을 5배 더 조밀하게 심어서 이랑덮개로 덮으면 작업시간과 재료 구입 비용이 5배 더 절약된다. 이는 관개작업이나 멀치작업, 제초의 경우도 마찬가지다.

최소 생산비용

'수익 - 지출 = 이윤'. 이는 머릿속에 항상 넣어 두어야 하는 단순한 공식이다. 사람들은 보통 농업으로 자리 잡고자 할 때 부자 되기를 우선 목표로 삼지 않는다. 하지만 농사 계획의 생산성을 무시해서는 안 된다. 결국 이 생산성이야말로 농사의 영속성을 보장하기 때문이다. 생산성이 높으면 재정 부담을 우려하지 않아도 되며, 은퇴 자금을 마련할 수 있고, 겨울 동안 농사 외 활동으로 수익을 낼 필요가 없다. 텃밭농사라는 아이디어는 특정한 이념이나 삶의 의미를 찾는 행위에 부합하지만, 무엇보다 하나의 사업이기 때문에 제대로 해야 한다.

농업 분야에서 사업 수익을 높이려면 보통 총매출을 늘리고 생산량을 늘려 농업장비 비용을 충당하라고 권유한다. 하지만 소규모 경작일 경우 다른 관점으로 보아야 한다. 사실 경작 공간을 최대화하려고 그 어떤 수단을 사용하더라도 수익은 생산 모델에 좌우된다. 그러므로 처음의 공식으로 되돌아가 소득이 제한적일 경우 이윤을 많이 내려면 지출이 적어야 한다. 바로 이런 논리야말로 텃밭농부가 반드시 준수해야 하는 사항이다. 최소한의 경작 비용으로 농장을 운영하라는 말이다.

그러려면 초기 투자비용 감축이 가장 현명한 첫 걸음이다. 기계적 방식 도입과 기계 설비 구입, 연료 보급, 유지 등에 비용을 들이지 않는 것은 별개의 문제다. 하지만 외부 노동력 의존도를 낮추는 일은 매우 중요하다. 일반적으로 이것이 집약적 채소 농장에서 생산비용

채소 텃밭을 시작하기 위한 구입 물품 목록

단위: 캐나다달러

온실 1동(8×30m)	1만1000
농경관리기와 부속품	8000
터널* 2개(5×30m)	7000
저온저장고	4000
관개설비 일체	3000
난방기	1150
화염제초기	600
파종 장비	600
괭이와 바퀴괭이 wheel hoe	600
사일리지 silage** 에 사용할 방수포	500
브로드포크	200
파종기	300
갈퀴, 삽, 가래, 외바퀴 손수레 등	200
수확용 손수레	350
이랑덮개, 방충망과 아치형 구조물	600
살포기	100
수확 바구니, 저울, 기타	300
전기 울타리	500
합계	3만9000

*사람이 안에 들어가 작업할 수 있을 정도인 비닐하우스와 달리 터널은 이른 봄 추위와 서리 피해 등을 막기 위해 만든 반원형 미니 비닐하우스다.

**수분 함량이 높은 목초류 같은 사료작물을 사일로 silo 용기에 진공 저장해 유산균 발효시킨 다즙질사료의 50퍼센트를 차지하기 때문이다.◆ 채소 텃밭을 경작할 때는 토지 면적과 온실 개수에 따라 경영자 본인이 대부분의 작업을 진행하며 농번기에만 외부 인력 1~2명의 도움을 받는다. 그래서 주요 농사비용이 구입비용(개량, 종자, 살충제 등)으로 사용되며 금액도 상당히 적어진다.

미국의 농사 전문지 〈상업 재배Growing for Market〉의 편집자 린 빅진스키Lynn Byczynski는 지난 15년 간 소규모 경작지에서 농사를 짓는 여러 텃밭농부를 만날 기회가 있었다. 빅진스키는 그의 저서 《상업농의 성공Market farming success》에서 이러한 농장 모델의 잠정적인 수입을 거론하며 대부분의 순이익률이 50퍼센트 정도에 머무른다고 지적한다. 이는 총 판매수익 8만 달러 중 약 절반이 외부 노동력과 고정 비용을 포함한 경작 비용에 사용된다는 사실을 의미한다. 저자는 이 비율이 상황에 따라 조금씩 다르긴 하지만 총매출액과 관계없이 굉장히 흔한 수치라고 말한다. 우리 농장의 순이익률 역시 이와 비슷한데 이 비율은 텃밭농부의 수익성과 관련해 많은 것을 시사한다. 적은 비용으로 많이 생산할 수 있다는 가능성을 증명하는 셈이다.

◆ 애키테르는 2005년에 CSA 방식으로 운영되는 다양한 농가의 생산비용을 주제로 연구를 진행했다. 이 자료는 사업계획을 세울 때 매우 유용하다.

CSA 방식의 이점

보장된 판매
CSA 방식의 가장 큰 이점은 씨앗을 땅에 심기도 전에 생산될 농작물에 들어갈 비용을 농사철 초기에 미리 받을 수 있다는 점이다. 이 방식은 어느 정도 확신을 가지고 예산 계획을 할 수 있게 해 주기 때문에 견고한 사업 계획을 구상하는 데 매우 도움이 된다.

단순화된 생산 계획
파트너 고객이 사전 등록을 하기 때문에 판매량을 미리 예측해 생산 계획을 짤 수 있다. 고객 수가 결정되면 (농가에서 수확을 하는 동안에 결정하는) 바구니 내용물을 상당히 정확하게 계획할 수 있다. 참고할 수 있는 사례가 없는 농장의 경우 생산 계획을 미리 세울 수 있다는 점은 매우 중요하다.

위험요소의 공동 부담
CSA는 농업에 내재된 위험요소를 농가와 파트너가 공동 부담하는 것을 전제로 한다. 농가와 파트너는 CSA에 등록할 때 우박이나 가뭄 같은 천재지변이 닥칠 경우 관용을 베풀자는 내용을 서류에 명시하고 서명한다. 즉, 파트너는 풍년일 경우 예상보다 더 많은 수확물을 받지만 흉년의 경우 덜 받는다. 내가 경험한 바로는 이러한 개념이 더욱 보강되어야 하지만, 현재로서는 위험요소의 공동부담은 일종의 수확 보험처럼 작동하는 무시할 수 없는 장치다.

고객의 단골화
CSA는 고객을 단골로 만들 뿐만 아니라 소비자와 농가 간에 실질적인 애착 관계를 형성한다. 그렐리네트농장의 파트너 중 일부는 몇 년 전부터 계속 우리 채소를 구입하며 우리 가족과 알고 지내고 있고, 농장을 직접 방문해 이 일을 높이 평가하며 격려해 주기도 한다. '공동체지원농업'이라는 명칭이 알려 주듯

CSA는 실제로 일종의 공동체를 만드는 힘을 지니고 있다.

네트워크의 힘
CSA는 제3의 기구와 공조할 때 더욱 유리하다. 대표적인 사례가 바로 퀘벡의 경우다. 에키테르는 이 프로젝트의 파트너를 찾고 회원 농가의 판매장을 관리하는 동시에 광고를 하며 CSA 프로젝트를 홍보한다. 또한 멘토 프로젝트 차원에서 경험 많은 농가와 생산 계획 연수를 시작하는 농가를 연결시켜 주며, 다른 농장의 방문을 주선해 주기도 한다. 한마디로 이 직업에 새로이 뛰어든 텃밭농부에게 매우 적합하고 유용한 서비스인 셈이다.

생산자 직접 판매

지역 생산품의 직접 판매는 인간적인 농업을 부흥시키기 위한 핵심 요소다. 바로 이러한 방식 덕분에 생산자는 농산물이 판매될 때 유통업자와 도매상에 통상 지급되는 이윤의 일부를 회수할 수 있다. 대부분의 식료품점은 판매가의 35퍼센트에서 50퍼센트 정도를 가져가는데 운송과 운반을 책임지는 유통업자에게 돈을 지불하려면 이 금액에서 15~25퍼센트를 제해야 한다. 예를 들어 일반 유통망을 이용하는 생산자가 샐러드채소를 2달러에 팔았다면 최종 약 0.65달러를 회수하는 셈이다. 생산자가 판매에 참여하지 않는 경우, 자신이 생산한 제품 가치의 3분의 2를 잃게 되며 이는 상당한 수준의 손실이다. 이와 대조적으로 직접 판매로 농장을 운영하는 텃밭농부는 판매액 전부를 회수한다. 그렇기 때문에 어떻게 보면 직접 판매하는 텃밭농부는 동일한 수준의 수입에 도달하기 위해 그렇지 않은 사람에 비해 2배나 덜 생산해도 된다는 결론이 나온다.

농산물의 세계화가 성행하는 오늘날 농부들이 시민-소비자에게 직접 판매하는 일의 이점은 매우 크다. 시민-소비자들은 생산자에게 직접 농산물을 사면서 자신이 소비하는 상품을 다시금 신뢰할 수 있게 되었다. 몇 년 전부터 '지역 농산물 공급망 circuits courts'이라 불리는 다양한 형태의 직접 판매가 존재해 왔다. CSA, 농부의 시장 farmer's market, 연대시장, 농가 가두판매점 등이 그 몇 가지 사례다. 이는 텃밭농부가 지속가능한 농사를 원한다면 고려해야 하는 틈새 시장들이다. 텃밭농부라는 직업의 본질은 지역농업을 지원하고 건강한 음식을 먹으며 농업과 연결되고자 하는 사람들의 열망에 부응하는 것이다.

그런데 여기서 한 가지 질문이 제기된다. 텃밭농부에게는 이 지역 농산물 공급망 중 어떠한 것이 다른 것보다 더 이득이 될까? 이 질문에 명확하게 대답하기는 어렵다. 공급망의 형태마다 장단점이 있으며 농가마다 요구사항이 다를 수 있기 때문이다. 그러니 한 가지 이상에 기대를 걸어 보는 것이 나을지도 모르겠다. 하지만 CSA는 판매액이 보장되고 우리의 생산 계획을 단순화시켜 주기 때문에 그렐리네트농장이 언제나 선호하는 공급 형태였다. 다양한 이점을 지닌 CSA는 시작 단계에 있는 농가를 돕기 위해 만들어진 시장 그 자체다.

  그러나 어떤 형태를 택하든 간에 고객을 단골로 만들고 고객과 상호 의존 관계를 형성하는 일은 중요하다. 이 계획대로 할 때 성공을 보장할 수 있는 최선의 방법은 생산품의 질로 승부하는 것이다. 하지만 상품 진열의 중요성을 간과해서는 안 된다. 채소를 깨끗이 씻어 놓고, 눈에 띄는 로고를 붙여 차별화를 꾀해야 할 뿐만 아니라, 가두판매점이나 판매처에서 본인이 직접 판매할 수 있다면 더욱 좋다. 또한 자신이 먹는 음식이 어디서 나왔는지 태어나 처음 관심을 가진 사람들에게 친절하고 열려 있으며 더 나아가서는 교육적이기까지 한 자세로 다가가 지역 농산물 공급망이 잘 운영될 수 있도록 독려해야 한다. 그래서 우리는 늘 장터와 판매처에 우리가 직접 나가는 일이 중요하다고 생각한다. 농업생산자들은 소규모 텃밭 농사가 생산자-장인에 호의적인 소비자의 참여 덕분에 가능하다는 사실을 절대 잊으면 안 된다.

지역 농산물 공급망은 진정한 의미에서 농업경제를 시민의 손 안으로 되돌려 주고 있다. 우리의 건강과 환경에 식품이 차지하는 중요성 덕분에 이러한 운동의 규모는 점차 커지고 있다.

부가가치를 낼 수 있는
채소 경작

2012년 유기농 당근 2.2킬로그램이 들은 자루 하나가 식료품점에서 약 6달러에 팔렸다. 반면 동일한 양이지만 단으로 묶은 당근은 킬로당 5.5달러에 팔렸다. 단순히 말해 당근의 가치가 2배로 뛴 셈인데, 이는 단으로 묶은 상품이 당근의 줄기 잎이 신선하다는 것을 보여 주기 때문이다. 바로 이것이 내가 말하는 '부가가치'의 문제다. 더 많은 수입을 가져다주는 채소에 에너지를 집중해야 한다. 하지만 이를 위해서는 먼저 수익성이 가장 높은 작물이 무엇인지 알아야 한다.

이러한 아이디어를 연구한 집약적 채소 재배법 관련 저서는 매우 다양하다. 퀘벡의 젊은 농업생산자 다니엘 브리즈부아와 프레데릭 테리올트가 저술한 《유기농 채소 재배업자를 위한 경작 계획Crop planning for organic vegetable growers》은 그중 하나로 강력하게 추천하는 책이다. 우리는 농장에서 여러 종류 채소의 매출액뿐만 아니라 재배에 필요한 공간과 시간까지 고려해 생산물의 가치를 계량화했다. 한정된 공간이라 이를 최적화해야 했으며 동일한 면적에 순차적으로 경작을 계획해야 했기 때문에 시간도 측정했다. 64~65쪽에 나온 표는 우리가 시행한 작업의 결과를 보여 준다. 이를 참조하면 하우스 오이는 무보다 수익성이 4배 더 높다는 사실을 발견할 수 있다. 상추 두둑 하나는 배 두둑 하나만큼 수익을 가져다주지만 농사짓는 데 소요되는 시간은 2배나 덜 든다는 사실을 알 수 있다. 이 같은 자료는 농장에 어떠한 작물이 더 이득이 될지를 명확히 살펴보는 데 매우 유용하다.

가장 수익이 많이 나는 작물을 우선시하는 것 외에도 소규모 밭이 지닌 잠재 가능성을 최대화할 수 있는 또 다른 수단이 존재한다. 높은 가격을 요구하려면 상상력을 발휘해 전략을 짜야 한다. 다른 모든 기업 분야와 마찬가지로 여기서도 '마케팅' 문제가 발생한다. 즉, 농식품기업에서 생산해 식료품점에 진열되는 저렴한 채소나 같은 판매처에 나와 있는 다른 채소 재배업자의 고품질 채소과 비교했을 때 경쟁할 수 있는 이점을 만들어 내야 한다는 것이다. 66쪽 박스에 적힌 내용은 우리가 그렐리네트농장에서 도입했던 몇몇 전략을 보여 준다. 이 전략은 그리 독창적이지도 그 자체로 성공을 보장하지도 않지만 우리 농장을 차별화해 주었다.

품질에 가격이 좌우되는 만큼 양질의 채소 생산이야말로 초보 농부에게 가장 큰 도전과제다. 그러나 일단 이 목표를 이루고 나면 특정 작물을 우선시하고 자신의 상품을 차별화하는 창조적인 방법을 찾아내야 텃밭농사를 수익성 높은 사업으로 만드는 데 크게 일조할 수 있다.

그렐리네트농장에서 기르는 채소의 수익성 계산

채소	총매출액 (달러)	가격 (달러/단위)	계절별 두둑수 *	차지 공간 (%)	두둑당 수입 (달러)	재배 일수	순위 (판매)	순위 (수입/두둑)	수익성 **
하우스 토마토	3만5250	6.05/kg	4	3	8800	180	1	1	상
샐러드채소	1만5750	13.20/kg	35	18	450	45	2	9	상
상추	9000	2/개당	18	9	500	50	3	15	상
하우스 오이	8280	2/개당	6	2	1380	90	4	2	상
마늘	6600	1.50/개당	8	4	825	90	5	5	상
당근 한 단	6515	2.50/개당	14	7	465	85	6	18	중
양파	6075	3.30/kg	9	4	675	110	7	10	중
파프리카	4400	8.80/kg	8	4	550	120	8	13	중
브로콜리	3900	2.50/개당	13	7	300	65	9	28	하
완두콩	3840	13.20/kg	8	4	480	85	10	16	중
애호박	3690	3.30/kg	6	3	615	70	11	11	중
골파	3360	2/개당	4	2	840	50	12	4	상
강낭콩	3280	8.25/kg	8	4	410	70	13	24	하
시금치	3000	13.20/kg	5	3	600	50	14	12	중
비트	2900	2.50/개당	7	4	415	70	15	23	중
무	2100	2.50/개당	4	2	525	50	16	14	중
여름 래디시	2000	1.50/개당	5	3	450	45	17	20	중
방울토마토	1930	11/kg	2	1	965	120	18	3	상
꽈리	1650	13.20/kg	2	1	825	120	19	6	중

작물									
근대	1600	2/개당	2	1	800	90	20	7	중
케일	1600	2/개당	2	1	800	90	22	8	중
콜리플라워	1600	3/개당	4	2	400	80	21	25	하
바질	1400	44/kg	2	1	700	120	23	9	중
가지	1350	6.60/kg	3	2	450	120	24	21	하
멜론	1225	8.80/kg	5	3	245	85	25	29	하
파	1200	4/개당	3	2	400	150	26	26	하
콜라비	940	1.25/개당	2	1	470	55	27	17	중
릭	840	3/개당	2	1	420	135	28	22	중
로켓 한 단	800	2/개당	2	1	400	45	29	27	중
합계	13만6025				193	100			

* 정원의 두둑은 모두 30미터 길이다.
** 수이선은 총매출액과 두둑당 수익 재배일수를 고려한 비율을 기반으로 한다.

주의사항

이 표의 수치는 여러 해 동안 실행한 경작 결과를 기반으로 도출했으며, 우리의 연간 생산목표를 반영한다. 물론 이 수익성은 우리 시장의 구성(CSA 65퍼센트, 일반 시장 35퍼센트)과 소매 시장에서 대규모로 판매하는 샐러드채소 등을 모두 고려해 계산한 것이다. 이 표는 경작을 할 때 수익성이 가장 높고 낮은 채소가 어떤 것인지 보여 주는 단서가 될 것이다.

높은 가격으로 팔기 위한 전략

채소의 품질과 신선도를 높이기 위해 전력을 다한다. 품질과 신선도야말로 우리의 상표다.

신선도를 눈으로 확인할 수 있도록 잎과 함께 판매하는 뿌리채소를 선호한다.

농장에 오랫동안 남아 신선한 상태로 팔 수 없는 저장용 채소(감자, 파스닙 parsnip, 겨울 호박, 스웨덴순무 등)는 대부분 피한다. 우리는 가장 고수익 채소라 판단되는 작물인 샐러드채소와 하우스 토마토 농사 경험을 쌓았으며 이를 지역농산물 공급망 이외에도 레스토랑과 지역 식료품점에 납품하고 있다.

고객과 파트너가 다양한 맛을 발견할 수 있도록 가장 맛이 좋은 품종을 선택해 기른다.

직접 생산하지 않는 작물은 그 작물에 특화된 생산자에게서 구입해 우리 생산물을 보완한다.

시장과 가두판매점에 우리 채소를 제일 먼저 공급하기 위해 봄에 '촉성재배 forcing culture(작물의 수확시기를 앞당길 수 있는 방법을 사용해 재배하는 것)'를 한다.

작물 가격의 변동 폭을 최소화시키고 식료품점의 가격 폭락 원인이 되는 덤핑의 악영향을 고객과 파트너에게 설명한다.

채소는 늘 흙을 씻은 상태로 보기 좋게 진열한다.

우리의 상품이 반론의 여지가 없는, 언제나 만족스러운 상품이 되도록 한다.

우리 채소의 차별화 포인트가 될 예쁜 로고를 찾는 데에 심혈을 기울다. 이렇게 해야 고객들이 지역 식료품점에서 우리 채소를 쉽게 알아볼 수 있으며 자신이 지역의 작은 농가에 힘을 보탤 수 있다는 사실을 알게 된다.

직업 연수

이 책을 읽으면 텃밭농부라는 직업에 여러 모로 관심을 갖게 될 것이다. 시골에 살 수 있어서, 계절 주기에 따라 일할 수 있어서, 혹은 친환경적인 살 수 있어서 등 이유는 다양해도 텃밭농부라는 직업은 실제로 아주 매력적이다. 뿐만 아니라 나는 이 책에 실린 기술과 방식, 정보 등이 독자들이 이 프로젝트를 시작하도록, 아니면 적어도 이 직업을 한번 시도해 볼 만한 것으로 여길 수 있게 해 주길 바란다. 물론 40여 종의 채소를 기르는 일은 다른 직업에 비할 수 없을 정도로 많은 경험과 엄격한 노동 규율을 필요로 한다. 그렇기 때문에 제대로 된 연수를 받아야 한다.

집약적 채소 재배로 자리 잡고자 하는 사람에게 내가 해 줄 수 있는 최선의 충고는 몇 계절 동안 다른 농장에 가서 일해 보라는 것이다. 농사 경험을 얻을 수 있을 뿐만 아니라 자신의 노동력을 경험 많은 생산자의 귀중한 노하우(이는 밭의 크기와 무관하다)와 교환하는 기회가 되기 때문이다. 또한 다른 농장에서 일을 해 보면 텃밭농부라는 직업에 내재된 즐거움과 어려움을 깨닫게 된다. 한 계절을 온전히 보내며 경험을 얻고, 농부가 잘할 수 있고 할 수 없는 일들을 무의식적으로 흡수해 체화하는 것은 그 어떤 연수나 책으로도 대체할 수 없는 귀중한 배움이다. 그러한 관점으로 볼 때 지식을 전수해 줄 준비된 좋은 농부를 선택하는 일은 중요하다. 텃밭농사를 시작할 때 많이 기댈 사람이 필요하기 때문이다. 나는 적어도 한 계절 이상 일을 해 봐야 자신이 농사일을 할 준비가 되었는지 이런 생활방식으로 살아갈 수 있을지 확신할 수 있다고 본다.

그렇지만 자기 자신의 경험만큼 가치 있는 것은 없다. 다른 이의 농장에서 한두 계절을 보내고 나면 나 자신의 프로젝트에 뛰어드는 데 두려움을 가질 필요가 없다. 소규모 면적 재배라는 공식을 따르면 농사일을 무리 없이 시작할 수 있다. 대단한 재정적 투자 없이 시작해 당신의 믿음과 능력에 따라 텃밭을 키워 나갈 수 있다. CSA의 고객 대부분이 친한 사이거나 아는 사이라는 점을 고려하면 CSA에서 바구니 30개 정도를 만들어 내는 작은 프로젝트로 시작하는 일은 그리 어렵지 않다. 또한 근처 장터에서 채소를 팔 수도 있다. 파트타임 농사일은 제약이 적은 반면 수익이 꽤 짭짤한 편이다. 60년 전에는 대부분의 사람들이 자기 집에서 채소를 길렀으며 남은 채소는 장터에 내다 팔았다는 사실을 잊어서는 안 된다.

일반적인 통념과는 달리 텃밭농부의 일은 예기치 못한 사건의 연속인 동시에 즐거운 만남을 가져다준다. 여러 차례 반복해 강조했지만 텃밭농부는 배우는 데 시간을 투자할 준비가 되었다면 누구나 할 수 있는 직업이다.

좋은 땅 찾기

3

"진실은 문제 없는 땅이 굉장히 드물다는 점이다.
그러나 팔리는 땅 중에 지혜롭게 일한다면
많은 가족을 편안하게 먹여 살리지 못하는 땅은
절대 없다는 것 또한 역시 진실이다.
땅의 가치는 그것을 경작하는 이의 가치에
달려 있다."

작자 미상, 《소작인의 책 Le livre du colon》, 1902.

3

텃밭농사를 시작하기에 좋은 땅을 찾는 일은 농사 계획의 가장 중요한 단계다. 이 선택에 내재된 다양한 요소가 일상적인 작업과 생산에 영향을 미치기 때문이다. 토양의 비옥도, 기후, 방향, 잠재 고객, 인프라 등은 전부 특정 토지에 투자하기 전에 고려해야 하는 요소다. 여러분이 방문할 땅은 모두 각각 다른 특성을 지니고 있으며 이상적인 땅이란 존재하지 않기 때문에 부지의 특성을 이해하고 우선순위를 매기는 일은 매우 중요하다. 농지 선택을 잘못하면 텃밭농사가 상당히 복잡해질 수 있다. 예컨대 목가적 풍경의 매력에 빠져 정작 경작에 좋지 않은 땅을 고르는 경우도 허다하며, 잠재 시장으로부터 차도로 3시간 이내에 위치해야 한다는 전제 조건을 충족시키지 못하는 농장을 저렴한 가격 때문에 사들이는 경우도 생긴다. 농사 고유의 특성보다 땅이 자리한 곳의 아름다움과 가격을 우선시하는 일은 반드시 피해야 하는 함정이다. 물론 농업에 관련되지 않은 다양한 요소도 결정 과정에 영향을 미칠 수 있다. 가족이 지닌 땅과 가까운지, 아예 고향에서 살면 어떨지, 가족이 사는 집과 가까운지, 혹은 근처 마을이 활기찬지 같은 요소 말이다. 그러나 이러한 개인적인 고려사항을 넘어서 작물의 성장과 작업에 어떤 조건이 최선인지를 최우선으로 추구해야 한다.

땅의 잠재 가능성을 제대로 이해하기 위한 최선의 방법은 74~75쪽에 소개한 농지 평가표를 가지고 평가해 보는 것이다. 이는 할 만한 가치가 있는 작업이며 감정적 선택에 이성적 요소를 더해 준다.

또한 결정을 내리기에 앞서 시간을 들여 여러 토지를 방문해 보아야 하며 너무 섣부른 결정을 하면 안 된다. 게다가 먼 미래에 직접 농장을 경영할 예정이라면 다른 농장에서 일하는 중에도 얼마든지 농사지을 땅을 방문할 수 있다. 농장 부지를 탐사하는 데 들이는 시간은 절대 시간 낭비가 아니다. 그렇게 시간을 들여야만 제대로 된 땅을 고를 수 있기 때문이다.

자료 출처
로제 두세, 《농업학 : 퀘벡의 기후, 토양, 채소 생산
La science agricole : climat, sols et production végétale
du Québec》, 오스틴, 베르제출판사, 1994.

퀘벡의 생물기상학적 지대 구분도에서는 기후대 1이 가장 따뜻한 지역, 기후대 6이 가장 추운 지역을 가리키는데, 이 구분도를 잠시 살펴보면 우리가 일반적으로 생각하는 바와 달리 기후대 2가 전부 다 남부지방에만 있지는 않다는 사실을 알 수 있다. 특히 북부지방인 오를레앙섬과 보스 일부 지역, 심지어 아비티비-테미스카밍그에서도 채소 재배에 이로운 기후를 찾아볼 수 있다. 이 구분도를 내한성耐寒性(생물이 추위에 견디며 생존할 수 있는 성질) 구역 지도와 혼동해서는 안 된다.

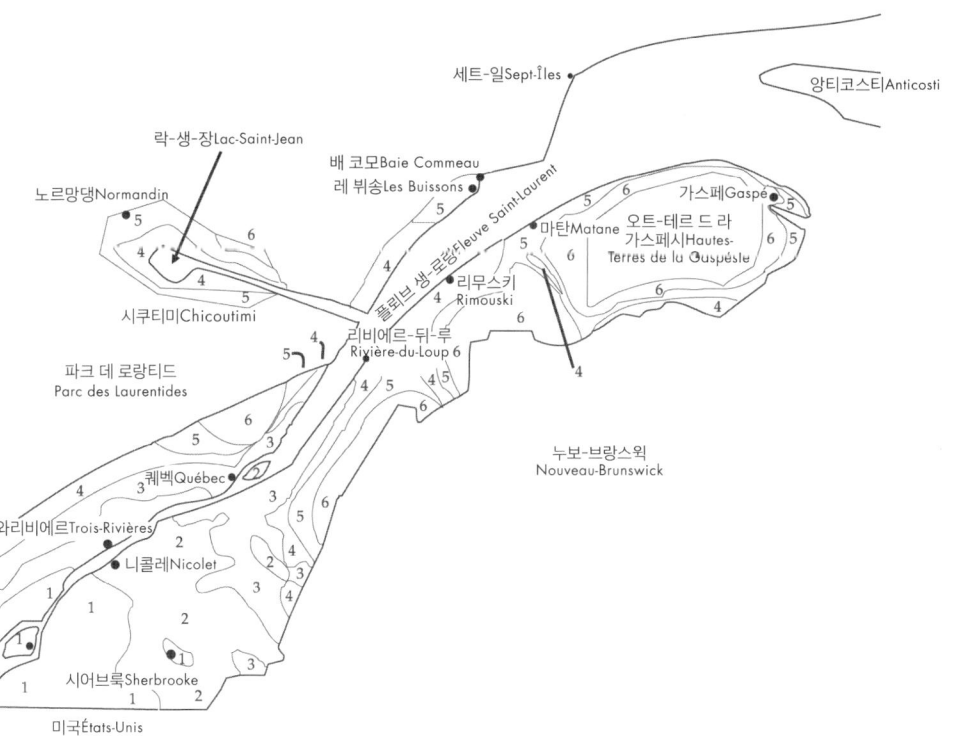

농지 평가표

땅이 속한 지역의 기후대를 살펴보라. 기후대 1 혹은 기후대 2에 속해 있는가? 기후대 3이나 기후대 4에 있다면 채소 생산에 미칠 영향을 평가하라(72~73쪽 그림 참조).

최근에 있었던 봄의 늦서리 혹은 가을의 이른 서리 날짜를 알아보라.

CSA 판매 기간을 결정하기 위해 땅이 자리한 지역의 무상기일無霜期日(서리가 내리지 않는 기간으로 마지막 서리와 첫 서리 사이의 기간을 말한다)을 계산하라(몬트리올 남부의 경우 보통 150일).

조기 재배를 시작하는 잠정적 날짜와 첫 장이 서는 날짜를 알아보라.

땅이 속한 지역에 지역 유기농산물 소비 고객층(레스토랑, CSA 바구니, 농부의 시장 등)이 존재하는가? 시장이 있다면 이미 다른 소규모 생산자들로 포화 상태인가 혹은 그 반대인가?

주요 시장으로부터 농지가 얼마나 떨어져 있는가? 이동하는데 매주 몇 시간이나 소요되는가?

토지 구획 면적이 채소 재배 필요 면적으로 적합한가? 너무 작은 구획은 제한적이며 너무 큰 구획은 시간과 돈을 지나치게 투자해야 한다.

토양의 종류가 어떠한가? 점토질인가, 사질沙質인가, 진흙질인가?

농사지을 땅의 방향과 경사가 괜찮은지 살펴보라.

농지가 함몰지를 포함하는지, 필요한 경우 메울 수 있는지 확인하라.

지하수 높이가 토양의 물빠짐에 문제가 될지, 지하수 배수가 필요한지 알아보라. 그 경우 비용을 추산하라.

저장수를 파내야 한다면 허가나 인가가 필요하다는 사실을 염두에 두라. 지역 건축업자와 정비사업을 할 경우 그 비용과 영향을 살펴보라.

농장이 들어설 땅에 사용할 수 있는 건축물이 있는지도 중요하다. 쉽게 정비할 수 있는 건물인가? 위치가 좋은가? 필요에 맞는 건물을 새로이 짓는 것에 비해 더 나은 투자인지 판단하라.

농장 부지에 전기 설비와 식수, 차가 다닐 수 있는 도로가 갖추어져 있는가?

농사지을 땅이 관행농업 경작지에 인접해 있는가? 그럴 경우 농장 오염을 막기 위해 어떤 대책을 취할 수 있는가?

농사지을 땅에 오염 물질이 당연히 있다고 생각하는가? 어쩔 수 없다고 받아들일 것인가, 아니면 조사를 해 볼 것인가?

기후와 미기후

봄철에 촉성재배를 하고 가을철을 연장하기 위해 이랑덮개나 터널 같은 가능한 한 모든 전략을 사용한다 해도 식물의 성장에 가장 결정적인 요소는 식물이 자랄 땅의 지역적 기후라는 사실을 잊어서는 안 된다. 무상기일 수와 평균기온은 계절의 길이와 생산의 잠재 가능성을 결정한다. 그렇기 때문에 내가 경작할 텃밭에 최적의 기후 조건이 무엇인지 연구하는 일이 가장 중요하다.

퀘벡에는 기후와 그것이 경작에 미치는 영향에 따라 토지 경계를 설정한 농업기후도가 여러 개 존재한다. 일반적으로 이는 텃밭농부가 가장 성공할 수 있는 지역을 찾는 데 이용되는 옥수수의 열단위도UTM, Unités Thermiques Maïs (옥수수 같은 작물의 성장에는 길고 따뜻한 계절이 필요한데 이 옥수수의 열단위 축적 계산은 성장계절의 특징을 알려 준다) 혹은 내한성 구역 지도다. 생물계절학적 관찰을 토대로 만든 경작에 가장 이로운 땅의 특징을 묘사한 지도도 있는데, 이것이 72~73쪽의 생물기상학적 지대 구분도다. 이런 종류의 지도는 토양, 산, 주요 하천, 특정 지형 기복의 존재 유무 등 다양한 조건에 따라 이로운 지대를 발견할 수 있게 해 준다. 결국 이 지도는 작물의 성장에 영향을 미치는 서로 다른 미기후를 가리키는 셈이다.

시장 접근성

농장 부지를 선택할 때는 텃밭농사가 단지 채소를 재배하는 일뿐만 아니라 채소 판매도 포함된다는 사실을 고려해야 한다. 일반적으로는 유기농업에 호의적이며 '지역에서 난 생산물을 먹는 일'이 지닌 중요성에 민감한 고객들이 신선한 채소에 더 많은 돈을 지불할 준비가 되어 있다. 이러한 고객층은 도심 지역에 더 많기는 하지만 전원 지역에도 존재한다. 경우에 따라 다른데, 어떤 유기농 농부는 수요를 충족시키는 일이 너무 어렵다고 느끼는 반면 또 다른 생산업자는 농산물 판매가 쉽지 않아 절망하기도 한다. 그래서 농산물 판매에 좋은 농장 부지를 찾는 일은 매우 중요하다.

또한 목표로 하는 시장이 여타 유기농 생산자들로 포화 상태인지 아닌지를 확인하는 일도 중요하다. 시장조사를 할 때는 수요가 얼마나 빨리 증가할지 파악해야 하지만 비슷한 농작물의 일반적인 가격과 이미 공급되는 채소 종류도 알아보아야 한다. 파고들어 갈 틈새가 있는지, 이 시장에 아예 공급되지 않는 제품이 있는지 확인해야 한다. 농장 만들 곳을 탐방하고 질문을 던지며 자신의 생산물이 파고들어 갈 틈새를 찾아내는 데 사용한 시간은 그만큼의 보람을 가져다준다.

또 다른 중요한 측면은 농장과 시장 사이의 거리다. 생산품을 쉽게 유통시키기 위해 좋은 시장을 확보하는 일은 매우 중요하지만 이 시장과 인접한 곳에 농장을 세우는 것이 더 중요하다고 덧붙이고 싶다. 농장 일에 비해 채소 운반은 그 어떤 전문능력이나 특별한 관심이 필요 없다. 도로에서 보내는 시간은 수확을 잘 하기 위해 필요한 작업을 완수하는 데 방해가 될 뿐이다. 공공시장 판매를 고려한다면 이 점은 더욱 중요하다. 새벽 4시에 출발해 가두판매점에 아침 일찍 도착하는 스케줄을 반복하다 보면 농사철이 끝날 무렵에는 틀림없이 지쳐 나가떨어진다. 이러한 합당한 이유 때문에 더 많은 비용을 지불하더라도 농장을 주요 시장에 가깝게 배치해야 한다.

그렐리네트농장은 몬트리올 도로에서 1시간 거리에 있지만 우리가 생산한 농작물 중 40퍼센트가 역내 식료품점이나 레스토랑, 농부의 시장에 판매된다. 이 같은 근교 판매는 농장 바깥에서 보내는 시간을 절약해 줄 뿐만 아니라 공동체 사람들을 더 잘 알고 존중할 수 있게 해 준다.

경작할 수 있는 땅의 면적

텃밭농부는 어느 정도 면적의 땅을 경작해야 할까? 이 책에서는 트랙터 없이 경작하기에 최적의 면적인 1만 제곱미터(1헥타르) 미만의 땅에서 이루어지는 집약농업을 다룬다. 더욱 구체적으로 땅의 면적을 이야기하려면 농장 경영에 관여할 인력 수와 농장이 목표하는 수입을 정확히 결정해야 한다.

그렐리네트농장의 경우 (집약생산을 하는 온실 하나와 터널 2개를 포함해)

나와 아내 이외에 8000제곱미터를 경작하는 데 풀타임 근로자 1명과 수확을 도와 줄 파트타임 근로자 1명이 더 필요하다고 판단했다. 그렇지만 농사철에는 농장주인 우리 부부만 풀타임으로 일한다. 경험 많은 농장주는 농업 노동자 1명 이상의 몫을 한다고 생각한다. 여러 가지 조사를 해 보고 다른 채소농장을 방문해 내린 결론에 의하면 혼자 5000제곱미터 면적의 땅에서 집약적 채소 재배를 하는 것은 무리다. 이 면적을 제대로 운영하려면 반드시 추가 인력을 고용해야 한다. 물론 연수생이나 우퍼(전 세계의 유기농 농장에서 봉사하며 숙식을 제공받는 우프World-wide Opportunities on Organic Farms 프로그램 참여자)의 도움을 받을 수도 있지만 그러려면 이들을 수용할 시설이 있어야 한다.

생산물을 담는 바구니 개수를 기준으로 재배 면적을 결정할 수도 있다. CSA의 생산자들은 경작 면적을 종종 이 바구니 개수로 표현하기도 한다. 앞서 나는 우리 채소농장이 200가구 이상을 먹여 살린다고 말한 바 있다. 소규모 채소 재배를 통해 얻은 경험에 따르면 20주의 농사철 동안 2500제곱미터 당 30~70바구니 정도의 수확물이 나온다. 이 수치는 생산자의 경험, 경작 계획의 정도, 생산 시스템의 완성도에 따라 달라진다. 물론 어림잡은 비율이기는 하지만 농부 1명이 경작하는 데 필요한 면적이 어느 정도 될지 감을 잡는 데에는 충분하다.

나는 토지 면적을 제한하는 편이 낫다고 본다. 사람들은 종종 대농장을 소유하길 열망하는데 나는 이에 동의하지 않는다. 텃밭농부가 성공을 거두려면 농장에 많은 에너지와 관심을 쏟아야 한다. 경작할 땅의 규모가 커야 수지맞는 사업을 할 수 있다고 생각할 지도 모른다. 경험 많은 생산자라면 이런 대규모 토지의 경우 휴경지가 더 쉽게 나타나며 이런 농사에는 트랙터 없이 실현할 수 없는 고강도의 노동과 경운 작업이 동반된다는 사실을 알 것이다. 그리고 이런 농사에 사용되는 기계 설비를 구입하게 되면 결국 조방농업(일정 면적의 농경지에 투하되는 노동력과 자본은 물론, 수확량과 판매액도 적은 농업 형태)을 하지 못하게 되는데, 이 경우 비기계적 생산 시스템의 이점이 사라질 수 있다. 땅 추가 구입에 소요되는 비용 역시 감당하기 쉽지 않은 재정적 부담이 될 수 있다.

나는 사람들의 환상을 깨뜨리려는 것도, 10만 제곱미터의 농지를 소유하는 것이 좋지 않은 선택이라고 주장하는 것도 아니다. 단지 농사지을 땅이 넓으면 넓을수록 제대로 유지하기가 어렵다는 점을 강조하는 것뿐이다. 수작업에 의지하는 채소 재배는 작은 면적으로도 얼마든지 자리 잡을 수 있지만, 1만 제곱미터 이상의 면적에서 집약적 채소 재배를 하려 한다면 분명 이 모델의 장점은 사라진다.

무엇보다도 채소텃밭은 전통적인 농가 작업에 통합될 수 있다. 농장 부지에는 과수원과 가축을 사육하는 방목장, 너른 목초지, 심지어 단풍나무 숲도 있을 수 있다. 자급자족 체제를 향해 나아가는 것은 고귀한 소망이지만 단체로 혹은 부모와 함께 자리 잡는 것이 아닌 한 이러한 시도를 너무 쉽게 생각해서는 안 된다. 채소텃밭을 시작해 거기서 수익을 창출하는 것 자체도 만만한 일이 아니다. 너무 많은 것을 바라다 보면 하나씩 제대로 해 나가는 데 필요한 시간이 부족해지기도 한다. 더 큰 욕심이 생기더라도 채소 재배에만 집중하는 것이 성공적인 농장 경영에 이르는 가장 좋은 방법일 수 있다.

10퍼센트에서 30퍼센트의 점토

30퍼센트에서 50퍼센트의 진흙

25퍼센트에서 50퍼센트의 모래

토양은 일반적으로 순수한 점토질이나 사질이 아니라 다양한 크기의 입자가 혼합(점토, 진흙, 모래, 자갈 등)된 형태로 이루어져 있다. 토양의 혼합 비율을 알아보려면 투명한 유리병 안에 흙을 5센티미터 정도 깔고 물을 채워 보라. 설거지 세제를 티스푼으로 한 숟갈 넣은 뒤(세제는 서로 다른 입자들을 분리해 주는 계면활성제처럼 작용한다) 반나절 동안 놓아두면 각 층이 분리되어 토양의 주요 특성을 알아낼 수 있다.

토질

유기농 채소 재배의 생산 수익성은 대부분 작물에 영양을 공급하는 토질이 좌우한다. 이상적인 토양이란 부드럽고 배수가 용이하며 채소의 성장에 필수불가결한 요소를 포함한 토양이다. 그 어떤 토양도 이상적인 비옥화 계획과 비료를 첨가해 비옥하게 만들 수 있다. 하지만 비옥해지기까지 필요한 시간과 노력은 최초의 토질 상태에 따라 결정된다. 그렇기 때문에 경작하려는 토양의 성질을 파악하는 일은 매우 중요하다. 어떤 계절에 이사하고 구조 개선에 기간을 얼마나 투자할지 알고 나서 채소 재배에 뛰어드는 경우라면 더더욱 중요하다.

토질은 점토질이나 사질, 진흙질 같은 특성과 유기물질 함유율에 주로 좌우된다. 유기물질의 경우 증식을 장려해 그 비율을 끌어올릴 수 있으나 토양의 특성은 경작 방식과 제약의 대부분을 결정한다. 실험실에 테스트를 요청하지 않고서도 간단하게 토양의 성질을 확인할 수 있는 방법이 여러 가지 있다(83~84쪽 내용 참조). 하지만 특정 땅을 고르거나 여러 후보 중에 하나를 택할 때에는 해당 지역에 밝은 농업전문가에게 조언을 요청해 토양 샘플을 채취하고 제대로 분석하기를 권한다. 그 결과를 보고 토양의 특성, 함유된 유기물질, pH(산성이나 알칼리성 정도를 나타내는 수치로, 수소 이온 농도 지수라 한다), 화학적 균형상태를 확인할 수 있다. 이러한 정보는 언제가 되었든 반드시 알아내야만 한다.

나는 현재 농장 부지에 자리를 잡기 전에 불모의 모래땅에서, 이후에는 더 단단한 점토질 땅에서 경작을 해 본 적이 있다. 이때의 경험은 그렐리네트농장의 토양처럼 유기질이 풍부한 양토의 수많은 이점을 높이 평가할 수 있게 해 주었다. 최대한 양질의 토양에서 농사를 시작하는 것이야말로 현명한 선택이다.

토양 구조가 경작에 미치는 영향

토양이 점도가 높고 손으로 둥글게 뭉쳐진다면, 단단하고 표면이 굳어지며 균열이 생기고 쇄토기로 땅을 고르기 어렵다면 **점토질의 중토**다. 이러한 종류의 토양은 배수와 건조에 시간이 오래 걸리기 때문에 일반적으로 경작이 어려우며 특히 봄에 더 그렇다. 비옥한 요소를 많이 포함하고 있지만 쉽게 압축되고 통풍이 잘 되지 않는 토양이다. 모종을 옮겨 심을 때는 구멍 안에 함께 넣을 펄라이트pearlite(화산지역에서 나오는 진주암 원석을 분쇄해 고온 과열, 발포 처리해서 만든 백색 다공질체. 비교적 입자가 작은 것은 토양개량재로 이용한다)나 거친 모래 또는 자갈을 준비해야 한다. 또한 토양의 통풍을 위해 파종할 때마다 브로드포크로 사전 작업을 해야 한다. 배수와 빗물 배출이 쉬워지려면 북(식물의 뿌리를 싸고 있는 흙)을 더 높이 올려야 한다. 봄에 첫 파종을 계획한다면 가을에 두둑 작업을 하되 겨울 동안 땅에 아무것도 덮지 않은 채 놓아두어서는 안 된다.

점토질 땅에 대량의 유기물과 무기물을 반복적으로 혼합시켜 구조를 개선할 수 있다. 비료 외에도 이탄泥炭(땅속에 묻힌 시간이 오래되지 않아 완전히 탄화하지 못한 석탄)과 거친 모래는 토질 개량을 위한 좋은 선택이다. 결과가 나오기까지 몇 년이 걸리며 계속 투자해야겠지만 심각한 중토에 맞서 싸우는 경우라면 분명 효과가 있다.

토양이 입상질粒狀質이고 잘 부서진다면, 젖었을 때 공처럼 뭉쳐지지 않는다면, 쉽게 파이고 자갈과 조약돌을 많이 포함하고 있다면, **사질의 경토**다. 이러한 토양은 일반적으로 통풍이 잘 되며 투수성이 있고 배수에 어떠한 문제도 없다. 이처럼 압축되기 어려운 토양은 자갈이 너무 많지 않다면 기계식 제초에 이상적이지만 쉽게 용탈溶脫(토양 속을 유동하는 수분 때문에 용해성 토양성분이 토양층으로부터 유실되는 작용)되는 건조하고 별로 비옥하지 않은 토양이기도 하다. 이 경우 농지 전체의 관개를 빨리 계획해야 한다. 비가 며칠만 오지 않아도 새싹이 죽을 수 있기 때문이다. 용탈을 방지하려면 세분화된 비료 계획을 세워야 하며 비료 외에도 작물의 잔여물을 혼합시킨 녹비綠肥(농경지에서 식물을 일정 기간 자라게 한 후 밭에서 직접 갈아엎어 비료로 이용하는 것)를 계획해 토양 내 유기질 양을 늘려야 한다.

토양이 가루처럼 부서지고 둥글게 뭉쳐도 쉽게 부스러진다면, **양토**라 불리는 양질의 토양이다. 양토는 모래와 진흙, 점토가 거의 동일한 비율로 섞여 있으며 이상적인 성질이 한데 모인 땅이다. 즉, 체수 시간이 적절하며 비옥한 요소를 많이 포함하고 있고 배수와 통풍까지 적당하게 잘 이루어지는 땅이다. 사질의 양토는 채소를 재배하기에 최적의 잠재력을 지녔다고 인정받는다. 적절한 비료 계획을 세워 지력地力을 유지하고 최소 경운으로 좋은 토양 구조를 보존하는 데에만 집중하면 된다.

지형

흔히들 상상하는 것과는 반대로 채소 재배에 이로운 구획은 평평한 땅이 아니다. 지형 기복이 밭의 기온을 올리고 내릴 뿐만 아니라 농지의 배수와 통풍에 영향을 미치기 때문에 오히려 약간의 경사는 굉장한 도움이 된다. 그래서 함몰된 부분 없이 남쪽을 향해 약하고 지속적인 경사를 보유한 땅이 이상적인 농지다.

약간 경사가 있는 땅(침식 문제를 최소화하려면 5퍼센트 미만)과 북을 돋운 두둑에서는 봄철의 빗물을 경작지 바깥으로 쉽게 빼낼 수 있다. 농장에 치명적인 피해를 야기할 수 있는 여름 장마기간에도 마찬가지다. 안타깝게도 기후변화 때문에 돌발홍수가 점점 더 자주 나타난다. 그러니 그런 경우에 대처할 방법을 미리 준비해야 한다.

경사 방향 역시 농지가 받는 직접적인 일조량을 결정하는 요인이다. 남향 혹은 동남향 농지는 아침햇살을 더 많이 받아 땅이 더 금방 데워진다. 빨리 마르는 땅에서는 봄에 더 일찍 수확을 거둘 수 있으며 조기 재배를 할 때 이점이 생긴다. 이와 반대의 경우를 피하려면 분지 형상이나 북향의 농지를 고르지 않도록 유의해야 한다.

경사도와 농사지을 땅의 위치는 농장의 통풍에 주요한 역할을 한다. 찬 공기는 따뜻한 공기보다 훨씬 무거워 아래로 움직이는 경향이 있기 때문에 자연스럽게 환기가 이루어져 여러 작물에 흔히 발생하는 진균병眞菌病의 원인이 되는 정체된 공기가 제거된다. 또한 이러한 대류는 이른 서리가 찾아와도 결정적인 역할을 한다. 그렇기 때문에 농장은 경사지나 언덕의 아래쪽 혹은 계곡의 움푹 팬 곳에 위치해서는 안 된다. 이런 장소에는 경사지 위쪽보다 첫 서리가 훨씬 빨리 온다.

두둑 작업을 위한 조언
텃밭 자리를 잡을 때에는 표면에서 배수가 제대로 되도록 영구 두둑의 방향을 결정해야 한다. 두둑을 경사와 반대 방향으로 만든다면 호우가 쏟아질 경우 몇 년에 걸쳐 공들인 토양 작업이 한순간에 물거품으로 돌아갈 수 있다.

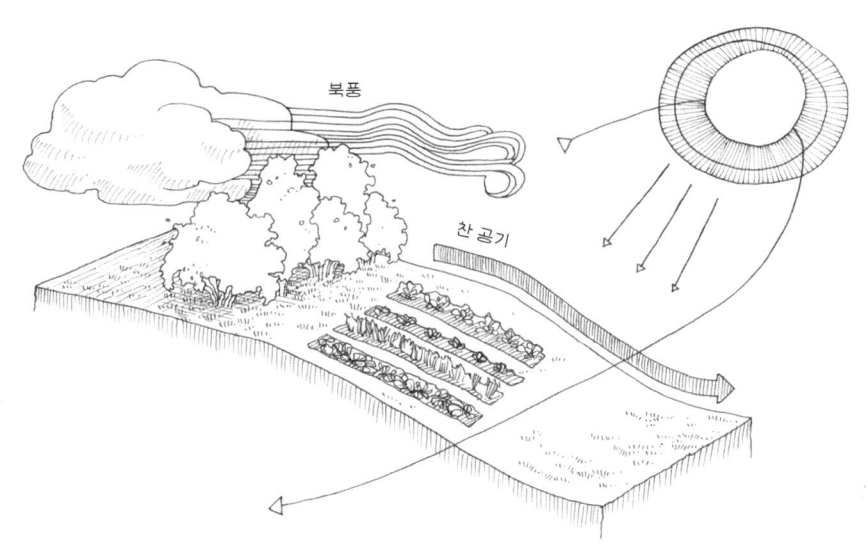

남쪽 혹은 남동쪽을 향해 완만하게 진 경사는 지표면에 가장 직접 닿는 햇빛의 작용으로 봄철의 밭을 빠르게 데운다.

배수

　　　　　　　　퀘벡의 경우 녹은 눈과 봄에 내리는 대량의 비는 과잉수過剰水 문제를 야기하기 때문에 이를 반드시 정기적으로 관리해 주어야 한다. 토양의 잘못된 물빼기는 식물의 성장은 물론 중요한 작업을 해야 할 때 농장에 접근하는 데 문제가 된다. 북을 올린 두둑에서 경작해 이러한 문제를 완화할 수는 있으나 애초에 배수가 적절하게 이루어지는 땅을 선택해야 한다. 그러므로 자연적으로 배수가 잘 이루어지는 땅을 찾고 대규모 배수 공사가 필요한지 여부를 결정하는 일은 중요하다. 여기서도 약간의 경사가 있는 땅이 이상적이다. 농장을 경사의 상류에 위치시키면 간단하게 도랑이나 저수지로 향하는 수로를 파서 땅위를 흐르는 빗물을 빠르게 배출시킬 수 있다.

　반대로 물이 모일 수 있는 커다란 함몰지를 포함한 땅은 피해야 한다. 만약 농지에 물웅덩이가 여러 개 있으면 이를 정비할 수 있는지 비용은 얼마나 드는지 알아보아야 한다. 그렇지만 어떤 땅은 지형이 다양해서 맨눈으로 경사 방향을 알아보기 어렵다. 이상적인 방법은 비가 대량으로 내릴 때 땅을 측량하고 과잉수의 흐름이 어떤지 관찰하는 것이다. 비가 그친 뒤 며칠 후 농사지을 땅에 되돌아가 보면 물이 여전히 고여 있는 곳이 있는지 명확하게 볼 수 있기 때문이다.

　물이 고이는 경향이 있는 곳에는 어디든 전부 특별한 관심을 기울여야 한다. 이상적인 해결책은 그러한 곳을 피해서 경작하는 것이다. 중장비를 이용해 함몰된 곳을 채워 넣어서 지형을 개선할 수는 있으나 상당히 많은 비용이 들며 토양을 훼손하게 된다. 또는 지하 배수관에 연결된 암반우물을 설치할 수도 있다. 우물 설치는 꽤 간단하며 문제를 그럴싸하게 해결해 준다.

또한 물이 고인다는 것은 상당 기간 동안 지하수의 수위가 높아진 채 그대로 머무르고 있다는 의미일 수 있다. 그러한 경우 농업용 배수관을 설치할 필요가 있다. 농사지을 땅이 지하에서 배수될 필요가 있는지 알아보려면 가장 촉촉해 보이는 곳에 구멍을 몇 개 뚫고 지표면 대비 물의 높이를 측정해 보아야 한다. 농사철이 시작되고 끝날 때에 지하수 수위가 지표면에서 1미터 미만에 위치할 경우 지하 배수를 권장한다.

한편 농업용 배수관 설치가 쉬운 작업이 아니라는 사실을 염두에 두어야 한다. 배수관의 간격과 깊이를 결정하려면 경사를 계산해야 하기 때문에 전문업체에 일을 맡기는 것이 좋다. 전문업체는 필요에 최적화된 배수 계획을 세워 주며 무엇보다 성공적인 설치 작업을 보장한다. 토양의 생태와 구조는 여러 계절 동안 만들어지기 때문에 배수관을 다시 파는 행위는 농지에 상당한 악영향을 미친다. 이를 감안하면 비용까지 지불하며 농업용 배수관을 잘못 설치하는 것은 큰 실수다.

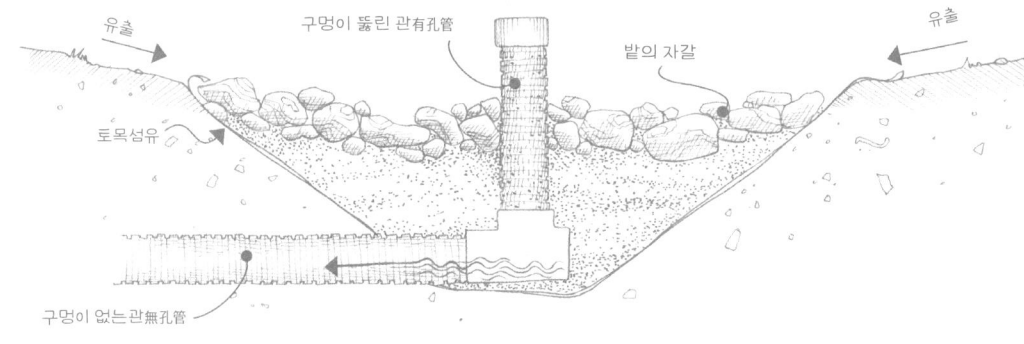

가장 흔히 사용하는 종류의 '배수관'은 물이 빠져나갈 수 있도록 작은 구멍을 뚫은 주름진 플라스틱 튜브다. 물이 경사면을 따라 흘러가 도랑으로 빠져나갈 수 있도록 지표면 아래로 60~120센티미터 깊이에 설치한다.

용수 접근성

채소의 집약적 재배는 적절한 용수 공급에 크게 좌우된다. 미국 북동부에서는 성수기 강수량을 예측할 수 없기도 하고 대체로 강수량이 부족한 편이다. 따라서 텃밭농사에 성공하려면 직접 파종한 씨앗과 모종이 발아하는 데 필요한 물을 상시 공급하는 관개 시스템을 염두에 두어야 한다. 또한 관개灌漑(작물의 생육에 필요한 수분을 인공적으로 농지에 공급하는 일)는 가뭄이 발생하는 동안 작물에 물을 공급하기 위해 반드시 필요하다. 그러므로 농사를 지을 때 물을 충분히 공급할 수 있는 곳을 농장 부지로 선정해야 한다.

작은 농장은 적당한 우물 하나로 충분할 수 있지만 5000제곱미터 이상 규모의 농장은 정기적인 관개 작업을 해 주어야 하기 때문에 연못이나 호수, 강 같은 형태의 저수지를 갖추어야 한다. 고려 중인 땅에 연못이 이미 있다면 관개에 필요한 물의 양에 따라 이 연못에 물이 다시 채워지기까지 얼마나 걸리는지, 전체 용량은 얼마나 되는지를 측정해야 한다. 이 측정 작업은 일반인이 하기 쉽지 않기 때문에 관개 장비를 갖춘 업체와 접촉해 측정 작업을 요청하면서 그곳에서 농기구와 자재를 구입하겠다고 제안해 볼 수 있다.

저수지 물이 충분하지 않거나 농사지을 땅에 연못이나 호수가 전혀 없을 경우 반

> 로베르 라팔므Robert Lapalme의 저서 《어떻게 호수나 연못을 만들까 Comment créer un lac ou un étang》는 '자연적인' 저수지를 만드는 법, 즉 굴착면 바닥에 천을 깔지 않고 호수 혹은 연못을 정비하는 방법을 알려 준다. 농지가 지닌 잠재 가능성을 분석하는 방법 역시 상세히 설명하고 있다.

드시 저수지를 파야 한다. 이 작업은 그리 복잡하지는 않지만 몇 가지 사항을 고려해야 한다. 먼저 해당 당국의 지역 굴착 공사 허가를 얻어야 한다. 퀘벡에서는 시내나 개울 같은 기존의 수원을 건드리지 않는 한 보통 공사 허가가 난다. 반면 땅에 세를 들어 농사를 짓는 경우 공사 진행을 허용한다는 소유주의 증명서를 받아 두면 좋다. 굴착 작업을 할 때 보통 대량의 흙이 발생되는데 소유주가 이 점을 의식하지 못할 수도 있다. 이러한 세세한 점을 명확히 짚어 주어서 애매한 상황이 발생하지 않도록 해야 한다.

물론 굴착 공사비용을 제대로 산정하는 일도 중요하다. 이 비용이 곧 미래 저수지의 규모를 결정하기 때문이다. 굴착 공사에 드는 비용은 상대적으로 보자면 그리 비싼 편은 아니다. 이런 종류의 공사 경험이 있는 유능한 건축업체를 고용하는 것이 현명한 선택이다. 건축 현장을 직접 방문해 제일 큰 동력삽을 갖춘 업체를 고용하길 권한다. 이런 업체는 구덩이의 보수력保水力을 측정하고, 하층토下層土(지표 아래 있는 토양)의 투수성이 너무 높은 경우 공사 감행 여부를 결정하는 데에 큰 도움을 줄 수 있다.

마지막으로 굴착기 작업으로 생겨나는 어마어마한 양의 흙을 어떻게 처리해야 할지 역시 결정해야 한다. 이 흙을 농장 부지 바깥으로 옮기면 작업 비용이 배가 될 수 있으므로 현장에서 유용하게 사용할 방법을 찾아야 한다. 이 남아도는 흙은 농지의 지형적 결함을 개선하는 데, 혹은 온실이나 미래 지어질 건물을 위한 지지구조물을 정비하는 데 사용할 수 있다. 만약 이 흙을 농장으로 가지고 돌아와야 한다면 굴착 공사를 할 때 땅의 표층만 분리하도록 굴착기 기사에게 요청해 경작할 수 있는 표층토만 농장으로 가져오게 한다. 공사가 봄에 이루어진다면 땅을 넓힐 때까지 몇 달을 기다려야 할 수도 있다. 당장 작업에 들어가기에 땅이 너무 젖어 있기 때문이다.

저수지 굴착이 완료되면 수생식물을 심거나 여과용 습지를 만들어 물구덩이를 물놀이용 연못으로 바꿀 수도 있다. 실로 아름다운 프로젝트가 아닌가! 시간을 좀 들여 둑을 쌓는 등 최소한의 정비만 해 주면 새들이 날아와 쉬고 농부들이 휴식을 취할 수 있는 생물다양성의 오아시스를 만들 수 있는 셈이다. 날이 더워지면 이곳에서 잠자리와 개구리를 벗 삼아 한숨 돌리며 재충전의 시간을 가질 수도 있다.

우리는 2009년에 거대한 동력삽을 가지고 굴착 공사를 하는 편을 택했다. 저수지 굴착과 농장 부지 정비 공사에는 18시간(시간당 125달러)이 걸렸다.

인프라

농장 공간은 별도로 하고 소규모 면적으로 채소를 재배하려면 채소를 포장하고 자재 정돈에 사용할 건물이 필요하다. 이 건물은 전기와 식수, 그리고 약간의 단열 기능이 있어야 한다. 이상적인 농장 부지를 찾다 보면 인프라와 관련해 다양한 경우가 발생할 수 있는데 상황에 따라 서로 다른 계획을 전제로 한다. 이러한 인프라를 갖추려면 상당한 투자가 필요하다. 따라서 인프라를 어떻게 구상하느냐가 향후 몇 년 동안 이루어질 일상적 활동에 영향을 미친다는 사실을 고려해야 한다. 그러니 최대한 정성을 들여서 이 같은 인프라 관련 투자 계획을 세워야 한다.

인프라와는 무관하게 농장 부지에는 도로와 포장공간을 잇는 차로가 갖추어져야 한다. 이 길은 농사철 내내 심지어 장마기간에도 접근 가능해야 한다. 물품 배송 직전에 도로가 매몰되는 일이 있어서는 안 된다. 만약 길이 전혀 건설되어 있지 않다면 도로 선설에 필요한 허가를 알아보아야 하는데 단순 도로 정비 사업이더라도 어마어마한 비용이 들 수 있다. 접근 가능한 도로가 없는 농장 부지를 고려할 때에는 이러한 데이터를 분석하는 데 시간을 들여야 한다.

다양한 경우의 수를 고려하라

농장 부지에 이미 건물이 있을 때

농장 부지에 이미 물과 전기가 공급되는 농업용 건물이 있다면 비용도 절약하면서 빠르게 자리를 잡을 수 있는 좋은 기회다. 오래된 축사는 종종 이상적인 장소가 되기도 한다. 반면 건물 위치가 좋지 않으면, 즉 농장에서 너무 멀리 떨어져 있으면 오히려 장애물이 될 수도 있다. 온종일 또는 1개월, 1년, 더 나아가서는 평생토록 세척장과 농장 사이를 이동하는 시간을 따져 보면 결국 엄청난 시간 낭비를 하는 셈이다. 그러한 상황이라면, 특히 이 건물이 상당한 비용 지출을 전제로 한다면 선택을 재고해야만 한다.

농장 부지에 건물은 없지만 그 부지를 소유한 경우

부지에 건물이 전혀 없지만 그곳에 아예 자리를 잡는 경우라면 처음에는 임시용 거처를 만들고 이후 자신이 필요로 하는 조건에 최적화된 새로운 건물을 짓는 것이 현명한 전략이다. 이는 이상적인 시나리오인데, 수요를 명확히 하고 여러 기능을 갖춘 공간을 계획하는 데 필요한 시간을 벌 수 있기 때문이다. 이 건물은 미래의 종업원을 위한 임시 거처가 될 수 있으며 가두판매점, 발아실, 세척장 등이 될 수도 있다. 그런 작업에 뛰어들기 전에 다른 농부들의 시설을 방문하여 아이디어를 얻길 바란다. 또한 건물을 지을 때 미적·철학적인 사항을 고려하기 전에 실용적 측면을 최우선으로 하기를 권한다. 단순한 구조로 계획하되 검증된 기술과 지역 안에서 공수할 수 있는 자재로 지어야 비용과 기간 측면에서 발생할 수도 있는 예상치 못한 악재를 피할 수 있다.

농장 부지에 건물이 없고 세를 든 경우

농장 부지에 어떠한 건물도 없으며 세를 내고 사용하고 있다면 여러 가지 임시 방편을 생각할 수 있다. 단순한 창고나 텐트, 천막집, 혹은 작은 비닐하우스를 이용할 수 있다. 자재를 쉽게 옮길 수 있는 만큼 이러한 해결책은 비용이 적게

> 들고 편리하다. 반면 농장 부지 근방에서 전력도 사용할 수 없고 식수로 쓰거나 채소를 씻을 물이 들어오지 않는다면 농장 부지를 바꾸는 편이 낫다. 식수는 저수지와 다양한 정수 시스템을 이용해 끌어올 수 있지만 동절기에는 이러한 상황이 불편해질 수 있다. 일시적인 설치물이기는 하지만 퀘벡의 여름이 짧다는 점을 고려하면 창의성과 모험심을 가지고 이 땅에서 얼마든지 잘 해 나갈 수 있다. 우리 자신도 그러한 상황에서 첫 농장을 시작했다.

우리는 운 좋게도 오래된 토끼장이 있는 곳에 자리 잡을 수 있었다. 퀘벡 농업용 부지 여기저기에 수백 개씩 있는 매우 커다란 건물이었다. 토끼장 일부는 다양한 기능을 갖춘 창고로 금방 변모했고 다른 하나는 두 차례의 겨울을 나면서 개축해 우리 집으로 바꾸었다.

오염 문제에 대처하기

우리는 모두가 건강한 환경에서 경작을 한다고 생각한다. 하지만 안타깝게도 농업 오염은 전원 지역 어디에서나 찾아볼 수 있으며 당신의 농장 근처에서 이루어지는 합성농약 살포도 전혀 막을 수 없다. 하지만 농사지을 땅에서 중금속이 발견되어 문을 닫은 몬트리올 농장들의 안타까운 이야기를 반면교사로 삼아야 한다. 설령 공업지대와 전혀 관련이 없는 전원 지역의 땅이라 해도 또 다른 오염원이 얼마든지 존재할 수 있다. 1970년대까지만 해도 과수원에서는 대량의 비산납을 살충제로 사용하는 방식이 상당히 권장되었다. 예전에 과수원이었던 땅은 그처럼 생분해가 전혀 되지 않는 발암물질에 오염되어 있기 마련이다. 어떤 땅의 과거를 조사하기란 쉽지 않은데 의심스러운 경우에는 토양 분석을 시행해 화학적 오염원을 검출해 보길 바란다. 뒤늦게 상황을 해결하는 것보다 사전에 예방하는 편이 훨씬 낫다.

게다가 오래 전부터 관행농법으로 경작되었고 특히 옥수수나 콩이 재배되었다면 트랙터 바퀴 아래서 땅이 다져지거나 윤작을 하지 않았다거나 비료, 살충제, 합성제초제 등을 과도하게 사용한 나머지 황폐해졌을 수 있다. 이는 매우 곤란한 땅을 거두어들이는 셈이며, 어떤 땅에 정착한 지 3년 후에야 유기농 인증을 받을 수 있다는 점을 염두에 두어야 한다.

만약 당신이 염두에 둔 농장 부지 근처에 관행농업 방식으로 경작되는 땅이 있다면 우려되는 점이 있다. 유기농법과 관행농법이 공존하는 퀘벡 남부에서는 종자를 개량해 살진균제를 포함시킨다거나 화학비료를 사용하거나 글리포세이트glyphosate 같은 제초제를 사용하는 식의 관행농법이 주변 농장의 수원과 공기에 큰 위협이 되고 있다. 하지만 그보다 더 나쁜 것은 유기농법을 쓰는 농장 주변에서 이러한 합성화학물질 살포를 금지할 만한 법제도가 전혀 존재하지 않는다는 점이다. 제초제나 살충제의 부산물이 주변 농장에서 운 나쁘게 흘러들어와 수확물에 미칠 영향은 친환경 농업생산자의 명성에 가히 치명적이다.

만약 마음에 드는 농장 부지가 관행농법으로 경작되는 농지 근처에 자리하고 있다면 오염 문제 예방책을 준비하는 것이 현명하다. 유기농 인증을 받게 되면 당신의 농장과 이웃의 밭 사이에 8미터 완충지역을 두거나 그 둘을 나누는 바람막이를 설치해야 한다. 이러한 시나리오에 직면하게 된다면 이웃 농부를 만나 당신이 유기농법으로 농사를 지으려 한다는 점을 미리 알리기를 바란다. 그의 관행농법이 당신의 농장에 미칠 여파와 문제를 우려하고 있다는 사실을 (정중하고 예의 바른 태도로) 설명한다면 이웃 농부가 관수할 때 좀 더 신경 쓸 것이다. 물론 양자가 합의를 맺어 이웃 농부가 완충지역을 존중하고 만약의 사태를 위한 보상금을 설정하는 것이 제일 좋다. 이런 방식은 상당히 바람직한 해결책이며 특히 당신의 농장 공간이 제한적일 때는 더더욱 그러하다.

글리포세이트는 채소 대부분에 매우 치명적이다. 안타깝게도 이는 퀘벡의 관행농업에서 가장 흔히 사용되는 제초제다.

텃밭 구상하기

4

"배치에 관한 규칙이 있고,
방향에 관한 규칙이 있으며,
상호작용에 관한 규칙이 있다.
이러한 규칙들이 한데 모여서 앞선 요소들이
왜, 어떻게 배치되어야 하는지,
그것이 왜 효과가 있는지 결정된다."

빌 모리슨Bill Mollison, 《영속농업 입문서Introduction à la permaculture》, 1991.

──────── 4

　　　　　　　농장 부지 정비는 일상적으로 수행되는 작업이 효과적이고 실용적이며 편리할 수 있도록 농장의 여러 공간을 구성하는 일과 관계가 있다. 하지만 농장 부지를 제대로 정비하려면 무엇보다 채소 농장을 이루는 모든 부동산적 요소(창고, 저수지, 온실 등)를 한꺼번에 고려해야 하며 오랫동안 숙고해서 세운 정비 계획을 잘 실행해야 한다.

작업장 구성

　　　　　　　밭일은 여러 인프라와 농장 사이를 정기적으로 오가는 것을 전제로 한다. 볼일을 보러 가고, 놔두고 온 도구를 찾으러 가고, 수확통을 가지러 가는 등의 상황이 하루 동안에도 비일비재하게 일어난다. 이처럼 이동 때문에 작업이 15분 정도 중단된다면 하루, 한 주, 한 계절 동안 낭비하는 시간이 얼마나 될지 상상해 보라. 그렇기 때문에 농장 부지 내 동선을 잘 계획하고 하루 일과 중 제일 많이 가는 장소(세척장, 저온저장고, 도구걸이, 화장실)의 위치를 농장에서 가장 가까운 곳에 선정해야 한다. 이 모든 장소는 농장 한가운데에 위치한 건물 하나 안에 모여 있는 것이 제일 이상적이다. 언제나 그런 식으로 구획을 정비할 수는 없겠지만 그래도 이런 장소가 서로 너무 떨어져 있지 않게 해야 한다.

인프라의 위치가 결정되면 다음 단계는 내부 공간 계획이다. 채소를 씻고 취급하며 보관하는 일은 작업의 중요한 일부이기 때문에 상품 취급 장소에 더 특별히 신경을 써야 한다. 이 장소가 건물 내부에 있든 야외 헛간에 있든 기분 좋고 기능적인 장소로 정비해야 한다. 정비 작업을 시작하기 전에 다른 농장을 꼭 한 번 방문해 보기를 권한다. 농장 크기나 농작물 종류가 아니라 그 농장에서 작업장이 어떤 식으로 구성되어 있는지 잘 관찰해야 한다. 자신의 작업장을 정비할 아이디어를 얻는 최선의 방법은 기존 사례를 살펴보는 것이다. 잘 정비된 작업장은 농장의 크기와 별 상관 없이 효율적이기 마련이다.

세척장 정비를 위한 몇 가지 조언

욕조 2개를 서로 붙여서 설치하기만 하면 단순하고 경제적인 세척장을 만들 수 있다. 각 욕조는 살수용 분무기 노즐(액체나 기체를 내뿜는 대롱형의 작은 구멍) 하나를 갖추어야 하며, 욕조 2개를 동시에 사용할 수 있을 만큼 수압이 세고 배수가 잘 되어야 한다. 작업 공간의 평균 높이는 약 90센티미터지만 신장이 제각각인 종업원들이 사용할 수 있도록 서로 다른 높이의 욕조를 설치하는 편이 좋다. 세척장이 내부에 있다면 곰팡이를 방지하는 방수 자재를 벽에 발라 습기 피해를 예방해야 한다. 세척용 물은 식수로 사용할 수 있어야 하며 배수는 친환경적인 방식으로 이루어져야 한다.

상품 취급 장소에 큰 테이블이 들어갈 수 있도록 공간을 계획해 테이블 위에서 채소를 포대에 넣는 작업을 할 수 있어야 한다. 상품 무게를 재는 저울을 놓을 장소와 바구니를 모아서 배송시킬 장소 또한 있어야 한다. 자루와 고무줄, 가게용 자재 등을 보관할 좋은 선반도 있어야 한다. 이동식 테이블은 날씨가 좋을 때 외부에서 상품 운반 작업을 하는 데 굉장히 유용하다.

손을 씻을 세면대가 있어야 한다. 퀘벡 농업부의 위생 기준은 온수 설비를 권장하고 있다.

어둡고 꽉 막힌 장소가 되지 않도록 채광이 좋아야 하고 창이 여러 개 있어야 한다. 건물 바닥은 방수가 되며 매끈매끈하고 쉽게 청소할 수 있는 재질이어야 한다. 아래에 지하 배수관을 깔고 그 위를 시멘트 포석으로 덮는 것이 이상적이다.

보관 공간을 줄이려면 서로 겹쳐서 쌓아 놓는 수확상자를 구입하는 것이 좋다.

채소 상자를 들어 올리지 않고 짐수레에 적재할 수 있어야 한다. 짐수레 케이스의 높이로 적재용 플랫폼을 만들거나 이동식 적재용 슬로프를 만들 수 있다. 어떤 경우든 쉽게 쌓을 수 있는 상자와 손수레를 가지고 일해야 한다.

경작 공간의 표준화

다양한 작물의 관리를 단순화하기 위해 경험 있는 농부들은 대부분 자신의 밭을 동일한 면적의 여러 구획으로 나눈다. 이처럼 밭을 분할하면 종자 구입, 비료 양 결정, 생산과 수익의 계산과 윤작 등 작물 관리의 다양한 측면, 즉 대부분의 경작 계획이 훨씬 편리해진다.

무척 다행스럽게도 우리는 생아르망에 완전히 정착하기 전에 경작 공간 표준화가 지닌 중요성을 배웠기 때문에 농장 부지를 다음의 방식으로 구성했다. 우리 농장에서는 토마토 온실을 제외한 모든 두둑이 중심에서 중심까지의 폭이 120센티미터이며 올림텃밭은 75센티미터, 이동용 통로는 45센티미터다. 이러한 구조 덕분에 일하는 사람들이 실수로 두둑을 밟지 않고 가볍게 뛰어넘을 수 있으며 외바퀴 손수레도 손쉽게 이동시킬 수 있다. 75센티미터 폭의 올림텃밭을 이용하는 농부들이 대다수이기 때문에, 오늘날 여러 농기구와 농장비가 이 폭에 맞추어서 표준화되고 있다. 그러니 트랙터를 사용하지 않는 경작법을 고려한다면 이러한 치수를 도입해야 한다.

한편 모든 두둑의 길이는 30미터(약 100보)다. 이는 우리의 생산 정도에 맞춘 것이지 표준 치수가 아니다. 다른 채소 텃밭은 두둑의 길이가 10미터나 15미터, 혹은 엄청나게 길기도 하다. 중요한 것은 방수포와 관수라인, 이랑덮개와 기타 장비의 균일화를 위해 각 두둑의 길이가 모두 같아야 한다는 점이다. 다기능 자재는 별로 많이 필요 없는데, 적절한 면적의 이랑덮개를 찾는 데 시산을 투사해 본 적이 있다면 이러한 전략이 어째서 유효한지 쉽게 이해할 수 있다. 이러한 길이의 균일화 덕분에 기존의 '헥타르당 수익률' 대신 이 두둑을 연간 계획을 세울 때 계량단위로 사용할 수 있었다. 또한 비료의 양을 계산하는 데 '헥타르/톤'이 아니라 '두둑/손수레' 단위를 사용한다. 이 계량단위는 영구 두둑 텃밭 면적에 적용할 때 훨씬 더 실용적이다.

마지막으로 우리는 두둑을 '텃밭' 혹은 '구획'이라 부르는 동일한 면적의 구획으로 통합시켰다. 그래서 우리 농장은 20미터×34미터

규모의 구획 10개로 나누었으며 하나의 구획은 동일한 과(科) 혹은 비슷한 비료(6장 유기적 비옥화 참조)를 필요로 하는 채소끼리 모아 놓은 16개 두둑으로 이루어졌다. 텃밭 하나의 길이는 두둑의 길이(30미터)와 동일하며 두둑 양 끝에 수확용 손수레가 지나갈 수 있는 2미터 폭의 통로가 있어 총 길이가 34미터에 이른다. 다시 강조하지만 이러한 분할 방식은 우리의 필요에 잘 들어맞았으며, 이 방식을 이용해 채소 경작 공간을 다른 공간과 구분할 수 있었다. 획일적인 구조야말로 가장 큰 이점인 셈이다.

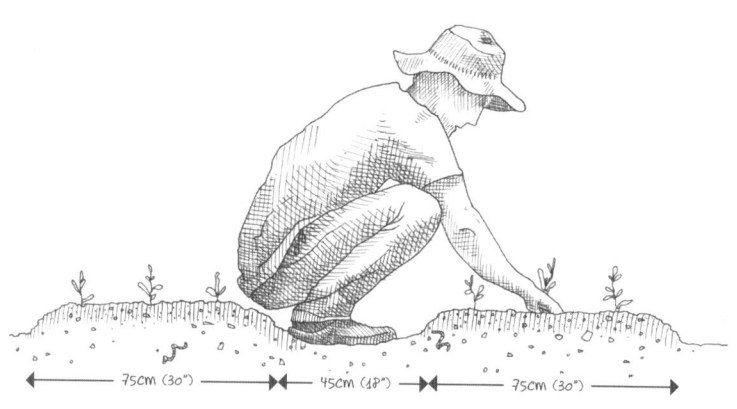

우리 농장 통로는 외바퀴 손수레가 다니기에도 좋고, 웅크리고 앉았을 때 옆 작물에 해를 입히지 않을 만큼 공간이 충분하다. 두둑 방향은 농사지을 땅의 자연적인 경사에 따라 조정되었는데 이는 지표면의 배수를 용이하게 하기 위해서다.

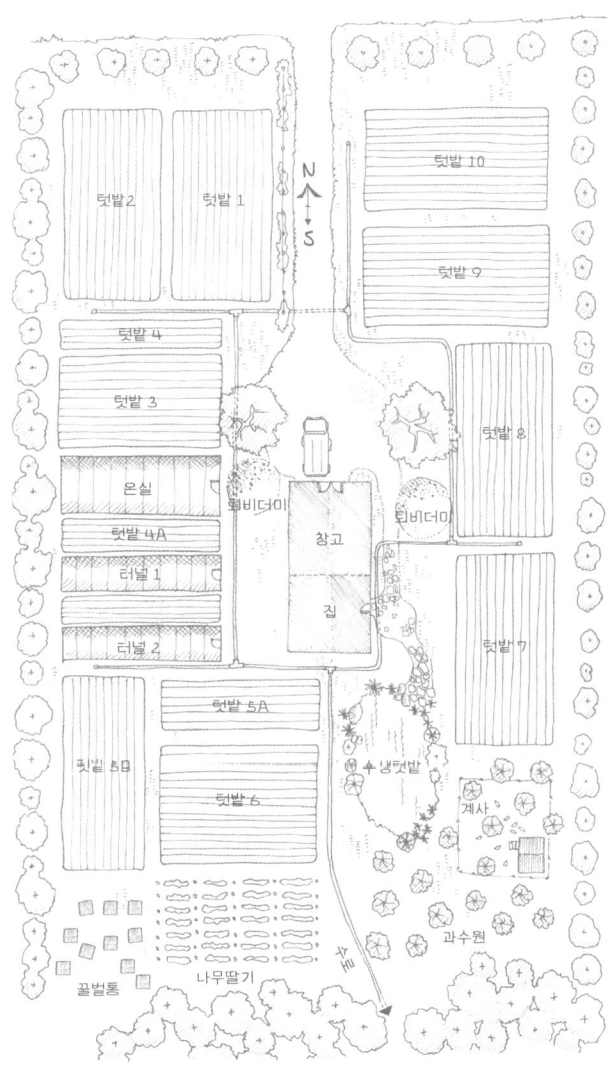

농장 부지 안에서 이루어지는 주요 내부 작업을 수행하는 다기능 건물은 모든 구획으로부터 거의 동일한 거리로 떨어져 있다. 이는 이동에 따른 생산성 저하를 감소시켜 준다.

온실과 터널
위치 정하기

채소 텃밭의 농사 기간을 연장하려면 적어도 1개 이상의 터널과 온실을 사용해야 한다. 터널과 온실은 차이점이 있다. 온실과 달리 터널은 항상 난방이 가능한 장소가 아니며 (혹은 최소한의 난방만 가능) 비닐로 되어 있고 전기 설비가 필요 없다. 온실은 봄에 모판처럼 사용되는 반면 터널은 농사 기간 연장에 사용된다. 온실과 터널 모두 여름 동안 토마토나 파프리카, 오이처럼 수익성 높은 작물을 수용하여 가온재배(태양열, 전열, 연료 혹은 대체에너지를 이용해 온실이나 비닐 시설의 온도를 높여 작물을 재배하는 것)를 하는데 사용된다. 온실과 터널은 다음의 사항들을 고려해 배치해야 한다.

봄가을에는 통풍을 조절하기 위해 하루에도 몇 차례씩 온실과 터널을 방문하게 된다. 그러니 정기적으로 들르는 다른 설비 근처에 이 둘을 배치하는 것이 좋다. 난방을 해 주어야 하는 온실의 경우 연료 공급을 위해 차로 이용할 수 있는 통로를 만들어야 한다.

북남향은 농사를 지을 동안 빛의 분배에 가장 이로운 방향이다. 반면 동서향은 태양이 제일 낮게 떠 있는 9월에서 3월까지 태양광을 최대한 받을 수 있는 방향이다. 터널로 농사 기간을 연장한다는 점을 고려하면 동서향이 가장 이상적인 방향이라 할 수 있다.

여러 구조물을 동시에 만들 때는 해가 짧아졌을 때 한 구조물이 다른 구조물 위로 그림자를 드리우게 해서는 안 된다. 이를 예방하려면 두 구조물 사이에 그 구조물과 동일한 폭의 간격을 두어야 한다. 이 간격은 온실과 터널에 쌓인 눈을 치우고 난 후 그 눈을 모아 두는 데에도 필요하다.

사슴 쫓아내기

텃밭 근처에 있는 사슴은 심각한 위협으로 간주해야 한다. 사슴은 하룻밤 만에 수천 달러어치의 작물을 먹어 치우며 일부 작물을 망칠 수 있다. 자신이 있는 지역에서 사슴이나 그와 비슷한 종류의 동물이 위협이 된다면 농장을 보호하는 최선의 방법은 2미터 높이의 철제 울타리를 텃밭 주변에 둘러치는 것이다. 철제 울타리는 효과가 확실하고 오래 지속되는 해결책이지만 비용이 많이 드는 것이 흠이다.

이제 막 시작 단계이거나 땅을 임대해 농사를 짓는 경우라면 전기 울타리가 최고의 방법이다. 이동식이며 비영구적인 이 전기 울타리는 가격 또한 저렴하다. 사슴을 빨리 내쫓는 방법으로 플라스틱 격자망을 추천하는 농부도 많다. 이 격자망은 자외선 차단이 가능하며 가볍기 때문에 설치하기도 (필요한 경우에 이동시키기도) 쉽다. 하지만 눈이 많이 쌓일 때 이 제품이 얼마나 오래갈 수 있을지는 의문이다. 추후 살펴볼 예정이다.

마지막으로 절대 실패하지 않는 방법이 있다. 농가의 친구인 개를 들여놓는 것이다. 우리 농장에서는 개를 줄에 묶어 놓지 않으며 밖에서 재우기 때문에 농장에서 멀리 떨어진 곳까지 사슴이 다가오지 못하게 하는 효과가 있다. 심지어 이웃의 밭에서 사슴 20마리를 발견한 때도 있었다. 물론 밤중에 가끔 짖어 귀찮을 때도 있지만 개는 이미 우리의 훌륭한 동반자다. 개를 키우는 것은 개집과 사료라는 최소한의 투자만 하면 되는 최고의 해결책이다.

바람막이 설치

작물의 생산성에 매우 부정적인 영향을 미치는 기후 요소 중 하나가 텃밭으로 끝없이 불어오는 바람이다. 식물에 직접 스트레스를 줄 뿐만 아니라 기온을 낮추고 토양의 수분 손실을 야기한다. 대부분의 바람은 거의 매번 동일한 방향에서 불어오기 때문에 농지에 바람막이를 설치해 바람의 부정적 영향을 줄여야 한다.

바람막이의 종류에는 자연적 소재(생울타리, 작은 관목, 나무)와 인공적 소재(판자 울타리, 합성그물망)가 있다. 인공 바람막이는 공간을 많이 차지하지 않고 빨리 만들 수 있다는 장점이 있다. 대신 높이가 2미터에 불과하며 몇 계절 사용한 다음에는 교체해야 한다. 자연 바람막이는 설치하는 데 훨씬 오래 걸리지만 미관상 보기 좋으며 경제적이고 무엇보다도 높이가 높다는 장점이 있다. 뿐만 아니라 농장 부지의 생물다양성을 현저하게 향상시킨다. 바람막이 가장자리에 적절한 나무를 골라 익충益蟲을 끌어들일 수 있는 것처럼 벌레를 잡아먹는 새들이 좋아하는 다양한 나무와 관목을 골라 해충의 수를 줄일 수도 있다. 그 긍정적 효과를 구체적으로 측정하기는 어렵지만 텃밭농장의 환경적 균형 유지에 확실히 이롭다.

   자연 혹은 인공 바람막이 둘 중 무엇을 고를지 선택하기란 쉽지 않다. 아마도 이 모두를 하나씩 설치해 모든 이점을 누리는 것이 가장 이상적이다. 바람이 많이 부는 땅이라면 작물의 생산성이 최적화된 후에는 이러한 투자가 금방 흑자로 전환된다.

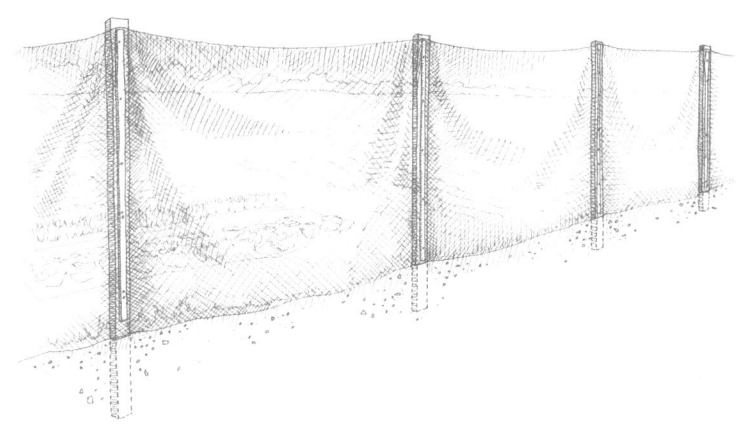

인공 바람막이는 자연 바람막이가 다 성장할 때까지 기다리며 봄의 돌풍에 대비하기 위해 효과적인 해결책이다.

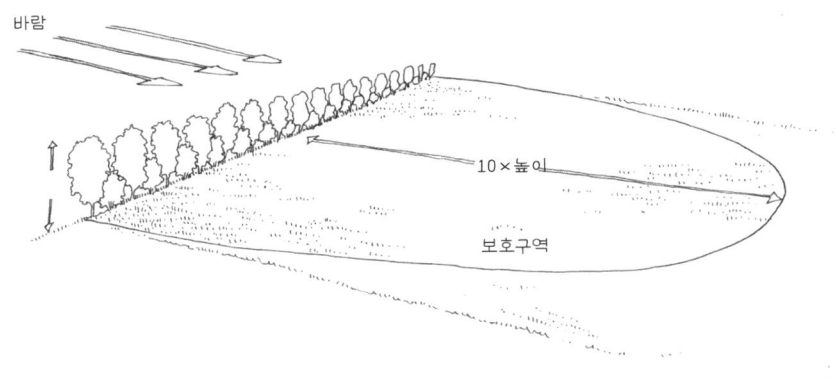

바람막이는 자기 높이의 약 10배 정도 되는 거리 내의 풍속을 낮춘다. 바람막이를 설치해 더 개선된 기후조건을 지닌 보호구역을 만들어 낸다.

밭에 물 대기

관개 시스템은 텃밭농부에게 반드시 필요하다. 강수량이 불안정하기 때문에 파종 달력을 촘촘히 만들고 생산을 정확하게 계산하면 물 부족에 따른 발아 불량이나 수익이 떨어지는 일이 일어나지 않게 할 수 있다. 특히 관개는 옮겨 심은 후에 새싹이 약하고 금방 말라죽을 위험이 있을 때나 모종을 텃밭에서 균일하게 성장시킬 때 이용된다. 또한 물을 지속적으로 공급해야 하는 작물에 사용될 뿐만 아니라 가뭄이 찾아왔을 때도 요긴하게 쓰인다. 제대로 된 관개 시스템은 사용자의 수요에 맞게 만들어진 유연한 시스템이어야 한다. 그렐리네트농장에서 사용하는 관개 시스템을 예로 들어 보자.

우리 농장에서는 살포 시스템을 이용해 텃밭에 물을 대기로 결정했다. 점적點滴관개라는 또 다른 선택지도 있다. 점적관개는 물을 작물의 뿌리에 직접적으로 천천히 주는 방식이라 물을 상당히 효율적으로 사용할 수 있다. 반면 괭이질을 할 때마다 수도관을 들어내야 하기 때문에 상당히 불편하고 손이 더 많이 간다. 그래서 점적관개는 물이 늘 필요한 온실과 비닐 멀치에만 한정하기로 했다.

굉장히 한정된 지역에만 관개가 필요한 경우도 있기 때문에 좁은 지역에 살포할 수 있는 노즐을 찾아보았다. 결국 우리는 저압펌프(약 35psi)(psi. 압력의 단위로 1프사이는 1제곱인치의 넓이에 가해지는 1파운드의 압력)만 있으면 되는 저유량 노즐을 택했다. 이 가벼운 노즐은 녹슬지 않는 강철 막대에 플라스틱 마개로 고정된 채 폴리에틸렌 파이프에 연결되어 있다. 그래서 다른 곳으로 이동시킬 때 송수관을 쉽고 빠르게 분해하고 설치할 수 있다. 우리 시스템은 구획 하나(30미터 길이의 두둑 16개)를 이 송수관 2개로 관개하도록 고안되었는데 하나의 송수관은 6미터씩 간격을 둔 노즐 4개로 이루어져 있다. 노즐의 관은 두둑 8개(10미터 반경)를 한 번에 살포할 수 있도록 조정해 놓았다.

관개할 때에는 저수지에서 물을 끌어와 직경 5센티미터 송수관으로 10개의 텃밭을 도는데 각각의 텃밭에는 볼밸브ball valve(유체의 흐름을 구형의 몸체로 조절하는 밸브)가 2개씩 갖추어져 있어 송수관을 열었다 닫았다 하는 역할을 한다. 커플링(연결 장치) 제품으로는 '캠록'을 쓰는데 물을 재빨리 연결했다가 끊을 수 있게 해 준다. 쉽게 이동하기 위해 각 송수관 말단에 동일한 커플링을 달았다. 특정 방향으로 유도하지 않아도 이 이동식 캡을 이용해 송수관을 쉽게 이동시킬 수 있다.

우리는 기술자의 도움을 받아 (송수관 6개로) 3개의 구획에 동시 관개를 할 수 있도록 했고, 가뭄일 때는 이틀 만에 텃밭 전체에 살포할 수 있도록 펌프와 살수 호스의 굵기를 결정했다. 6개의 송수관에 노즐이 4개씩 달려 있으니 총 24개의 노즐을 갖춘 셈이다. 가뭄일 때는 모든 텃밭에 2일 안에 물을 대야 한다. 우리는 더 작은 노즐이 장착된 2개의 또 다른 송수관 또한 갖추고 있으며 이를 이용해 4개 이하의 두둑(5미터 반경)에 물을 살포한다. 이 송수관 중 하나는 미니 노즐이 24개 장착되어 있어 짧은 시간 안에 대량의 물을 공급한다. 햇살이 좋은 날 두둑 표면을 촉촉하게 유지하기 위해 이 미니노즐을 하루에 서너 차례 10분씩 사용한다.

한편 펌프는 물을 빨아들이기 위해서가 아니라 밀어내기 위해 고안된 장비다. 그러니 펌프는 저수지에서 가장 가까운 곳에 설치해야 좋다. 관개 시스템을 가동하려고 저수지를 들락날락하는 일을 방지하기 위해 장거리 전선 포설에 비용이 막대하게 드는 데도 불구하고 급유펌프 대신 전기펌프를 선택했다. 덕분에 도구걸이에 있는 스위치를 이용해 시간을 낭비하지 않고 텃밭에 자주 물을 공급할 수 있게 되었다. 침전필터 펌프도 갖추어야 한다. 이 펌프를 구비해 두면 작은 조각들 때문에 노즐 마개가 막히는 일을 방지할 수 있다. 마개가 막힐 경우 송수관 작동이 중단될 수 있기 때문이다. 보통 별 이상이 없다고 생각해 주의를 크게 기울이지 않고 오랫동안 관개할 때 그런 일이 종종 일어난다. 또한 사용하기 편리한 리젝트 밸브도 반드시 구비하자. 이 밸브는 송수관 몇 개나 점적관개장치 또는 시스템에 연결된 살수 호스 하나로만 관개할 때 상당히 유용하다. 과도한 압력으로 주요 송수관이 터지는 일을 방지해 주는 역할을 하기 때문이다.

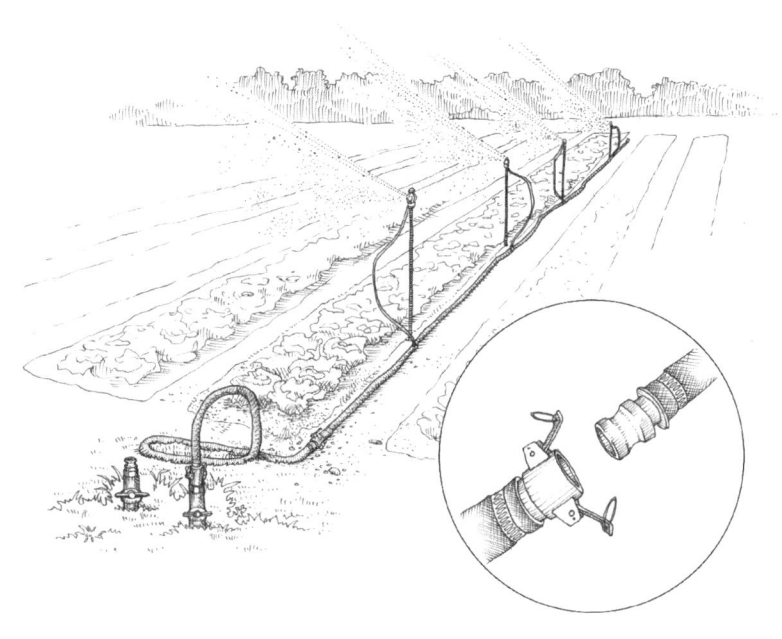

플렉시블 호스(고무호스의 총칭으로, 특히 굽히기 쉽게 만든 주름 호스를 의미한다)와 '캠록' 커플링 덕분에 텃밭의 모든 통로에 관수라인을 이동시킬 수 있다. 이 송수관 중 하나를 이동해 설치하는 일은 2인이 10분 이내에 충분히 할 수 있다.

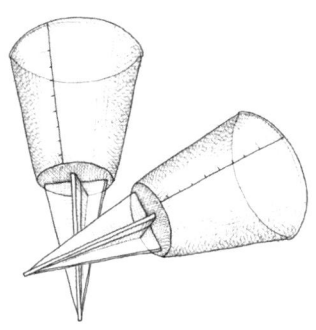

대부분의 작물은 매주 평균 약 30밀리미터의 물이 필요하다. 우량계는 강수량을 측정하는 데도 유용하지만 관개할 때 필요한 물의 양과 살포 시간 계산에도 유용하다.

토양의 최소 경작과 대체 기계 설비

5

"퀘벡의 좋은 토지는 지력이라는 보고寶庫를 품고 있다. 그러니 그저 열심히 일해 수확하기만 하면 된다. 하지만 이 땅이 줄 수 있는 것을 모두 얻으려면 경작하는 사람이 땅을 제대로 다룰 줄 알아야 한다."

아델라르 고부Adélard Godbout, 퀘벡 농업부, 《밭Les champs》, 1933.

5

　　　　　　　　우리가 채소농사를 시작할 때 사용했던 농기구라고는 미니관리기rototiller 하나가 전부였다. 당시에는 미니관리기야말로 희대의 발명품처럼 보였다. 미니관리기로 몇 차례 로터리(경운 쇄토하는 기계) 작업을 하면 풀과 전에 있던 잔여 농작물이 말끔히 제거되어 경작하기 쉬운 묘상苗床(모종을 키우는 자리)을 금세 준비할 수 있었다. 그렇게 작업을 마친 땅은 상당히 부드러워 손을 집어넣으면 쑥 들어갈 정도였다. 하지만 우리는 경험을 쌓고 토양생태학을 배워나가면서 비로소 로터리를 제대로 알게 되었다. 이 미니관리기라는 농기구는 두둑을 빨리 준비할 때는 무척 유용하지만 토양 건강 개선에는 하등 도움이 되지 않는다. 언뜻 보기에는 압축된 토양을 복구하고 배수를 원활히 하는 등 필요한 모든 일을 하는 것처럼 보이지만 실제로는 그 반대다. 사실 우리는 토양을 개선하는 대신 아주 느리긴 하지만 확실하게 망가뜨리고 있었던 셈이다.

　땅을 임대해 농사를 지을 때에는 그 사실에 크게 신경 쓰지 않았다. 장기적인 토양의 건강보다 단기적인 실용성에 더 중점을 두었기 때문이다. 하지만 땅을 구입해 정착하고 나서는 토양의 구조를 더 깊이 연구해야 하고 작업방식을 재고해야 한다는 사실이 분명해졌다. 그런 우리에게 처음으로 길을 제시해 준 사람이 바로 엘리어트 콜먼이다. 당시 열광했던 책 중 하나였던 그의 책《새로운 유기농부》는 다양한 경운방식을 설명하면서 '최소 경운', 더 나아가서는 경운을 전혀 하지 않는 것이야말로 최선의 경작 방식이라고 강조한다. 하지만 콜먼은 유기농부의 가장 큰 난관은 관행농을 시행하는 농부만큼이나 효과적으로 밭을 준비하는 일이라고도 말한다. 우리는 그가 말하는 바를 너무나 잘 이해했는데 채소를 집약적으로 재배하려면 경운작업이 반드시 필요하기 때문이다. 유기물질을 투입해 지력을 유지해야 하고, 묘상을 제대로 준비해 씨앗의 발아를 촉진해야 하며, 땅을 갈아엎어 바람이 통하게 해 모종이 환경에 잘 적응할 수 있게 할 뿐만 아니라, 새로이 파종을 준비하기 이전에 이전 작물의 잔여물을 제거해야 한다. 한마디로 흙을 대량으로 뒤섞어야 한다.

  그렐리네트농장에서는 관행농업의 기계식 노동을 친환경적 노동으로 대체하려고 토양의 경운 작업을 최소화한다는 철학을 운영 초기부터 고집했다. 이러한 접근법에서 가장 중대한 역할을 하는 존재는 토양 건강에 지대한 영향을 미치는 지렁이다. 지렁이가 지나다니며 만든 터널은 땅의 통풍과 배수를 원활히 해 주며, 지렁이의 배설물은 토양의 입자를 서로 긴밀히 연결시킨다. 그렇기 때문에 우리는 토양에 이 지렁이들이 증식하기를 바랐다. 또한 흙을 뒤엎어 지렁이들의 활동을 중단시키지만 않는다면 미생물과 버섯 외에 여러 생물도 부드럽고 비옥한 땅을 유지하는 데 필요한 작업을 상당 부분 해낸다. 물론 이 자체로도 완벽할 수 있겠지만 그래도 어느 정도는 땅을 기계적으로 경운하여 모종을 이식하고 파종을 할 두둑을 준비할 필요가 있다. 우리는 토양 구조와 그 안에 사는 생명체에 해를 입히지 않으면서 효과적으로 경운작업을 하게 해 주는 농기구와 기술을 찾아내는 데에 몇 년이 걸렸다.

여러 가지 실험을 하며 몇 년간 농사철을 보낸 후 이제는 친환경적이면서도 상업적 경작에 적합한 실용적인 방식을 시행하고 있다. 한여름에 두둑을 준비하는 일은 다음과 같이 진행된다.

플레일모어flail mower(수평축에 플레일 예취용 칼을 장착해 고속으로 회전시켜 풀을 앞으로 밀어붙이면서 절단하는 기계)를 이용해 녹비*와 작물 잔여물을 으깬다. 다음에는 검은색 방수포를 두둑 위에 2~3주 정도 덮어 둔다. 오래된 작물의 성장을 막아 일소시키는 효과가 있다.

그다음에는 브로드포크로 지나가면서 토양의 깊은 곳까지 바람이 통하게 해 채소가 쉽게 뿌리내릴 수 있도록 한다.

비료를 두둑에 널리 퍼뜨리고 5센티미터 깊이로 조성한 회선쇄토기를 이용해 흙과 섞는다. 회전쇄토기 후면부에는 두둑의 표면을 다지고 평평하게 하는 롤러가 장착되어 있다.

마지막으로 갈퀴질을 한 번 해 주어 두둑 위의 모든 파편과 자갈을 들어내면 파종 준비가 끝난다.

*이따금 녹비 잔여물이 두껍게 쌓인 경우에는 미니관리기를 이용해 밭을 8~12센티미터 깊이로 빠르게 지나가며 섞어 준 후 검은색 방수포로 덮어 준다. 그러면 녹비가 금세 분해된다.

방수포에 소요되는 시간을 제외하면 두둑 하나를 준비하는 데 약 15분 걸린다. 준비시간을 최적화하기 위해 우리의 모든 농기구는 폭 75센티미터의 면적에서 작업하도록, 그리고 단 한 번에 작업을 끝낼 수 있도록 표준화되어 있다. 우리의 경작 시스템 요소들을 더 상세히 소개해 보겠다.

영구 두둑 작업

영구 두둑은 우리의 집약적 경작 시스템에서 근간을 이루는 요소다. 공간을 최적으로 활용할 수 있으며 작물이 성장할 때 이상적인 환경을 제공한다. 이 두둑이 영구적이라는 사실이 결정적이다. 왜냐하면 바로 영구 두둑이라 가능한 한 최선의 방식으로 땅을 일구고 토양을 유지할 수 있기 때문이다. 이런 방식으로 몇 년간 경작하고 나니 이제는 다른 방식으로 채소를 재배할 수 있다는 사실을 상상조차 하기 어렵게 되었다.

다음은 이처럼 높이 올린 두둑에서 경작할 때 얻을 수 있는 여러 이점이다.

토양의 물빠짐이 좋아진다

묘상을 지표면보다 높이 올리면 빗물이 경작구역 바깥으로 쉽게 배출되며 수분을 필요로 하는 뿌리 근처에서 습기를 유지한다.

퀘벡 같은 북유럽풍 기후에서는 이 점이 중요하다.

봄에 더 일찍 땅이 데워진다

두둑이 지면에서 몇 센티미터 높이로 올라가 있기 때문에 초봄에 더 많은 햇빛을 붙잡아 둘 수 있다. 땅이 더 빨리 마르고 빨리 데워질수록 더 일찍 파종하고 모종을 이식할 수 있다. 게다가 작물도 더 빨리 자란다.

토양 압축 현상이 사라진다

작물이 성장하는 동안 두둑 위를 밟으며 돌아다닐 일이 없으며 특히 중장비류는 더욱 그러하다. 이 영구 두둑을 이용하면 통로만 밟고 돌아다니면 된다. 압축 현상을 피할 수 있기 때문에 부드러운 땅이 그대로 유지되어 채소의 뿌리가 더 깊숙이 뻗어 나간다.

수확을 최대로 거둘 수 있다

심은 작물 사이가 몇 고랑(두둑한 땅과 땅 사이에 길고 좁게 들어간 곳) 정도 단순히 통로로 구분되는 형태와는 달리 영구 두둑 시스템에서는 넓은 두둑의 표면에만 작물을 일정한 간격으로 심기 때문에 더 조밀하게 심을 수 있다. 다시 말하자면 1제곱미터당 생산량이 훨씬 증가하는 셈이다.

토양의 구조를 빨리 확립하게 된다

매년 같은 영구 두둑을 이용한다면 정말 필요한 곳, 즉 두둑 위에만 유기물질을 집중시킬 수가 있다. 집약농업에는 비료가 대단히 많이 필요하기 때문에 이 영구 두둑은 가장 저렴하게 토양의 질을 개선하는 방법이다.

트랙터가 필요 없다

영구 두둑 시스템을 도입하면 매년 두둑을 새롭게 올릴 필요가 없다. 영구 두둑은 트랙터 없이 재배할 수 있는 최선의 방식이다. 매년 넓은 면적을 효과적으로 경운하고 손보려면 트랙터가 반드시 있어야 한다.

바로 이러한 이유 때문에 초심자가 채소밭을 만들 때는 이 영구 두둑 시스템을 도입하라고 권한다. 그렇지만 텃밭에 영구 두둑을 도입하는 일은 상당한 준비작업이 필요하다. 지형적 불완전성을 사전에 개선해야 하며 지하 배수 시스템도 도입해야 한다. 그곳이 황무지든 풀밭이든 빈 땅을 개간할 때 '경운할 수 있는' 땅을 만들려면 쟁기, 끌쟁기chisel, 회전관리기 같은 필요한 농기구 일체를 약정 가격에 계약해야 한다. 농지에서 커다란 돌을 치우는 작업을 할 때도 트랙터가 필요하다. 이런 농기구로 개밀, 민들레, 엉겅퀴 같은 무서운 풀을 제거하는 계획을 짜도 괜찮다. 이런 면에서 보자면 쇄토기 경운작업

> 개밀은 부지에 자리를 잡기 전에 반드시 제거해야 하는 아주 무서운 풀이다. 개밀 제거를 다룬 기술서적이 참고문헌에 소개되어 있다.

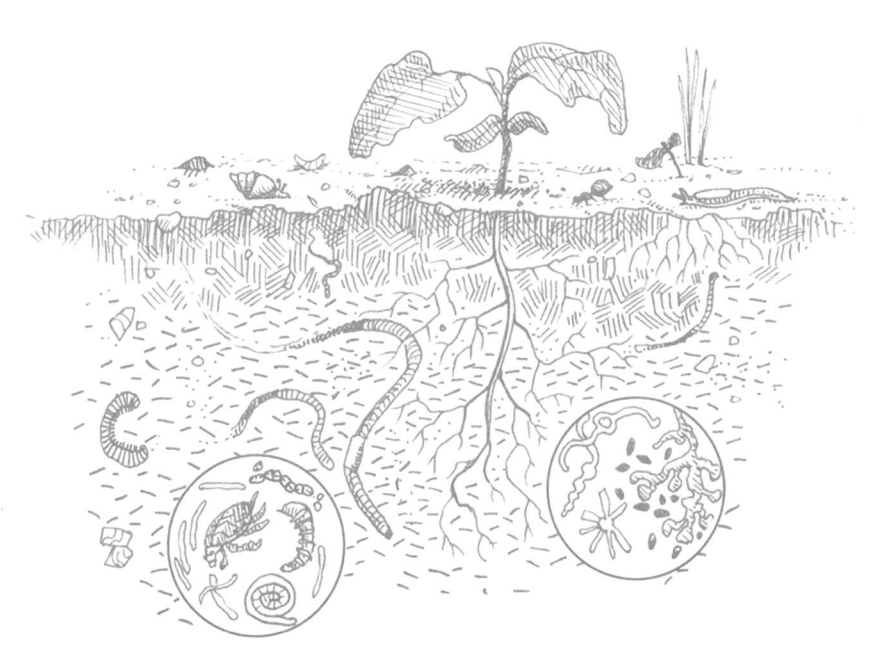

생물체가 살아가기 알맞은 조건에서는 땅속 미생물들이 부드럽고 비옥한 땅을 유지하는 데 필요한 작업을 상당 부분 해낸다.

이 꽤 유용할 수 있다.

토양이 준비되면 이제 진짜 작업이 시작되는 셈이다. 두둑 정비 작업을 하는 데는 텃밭의 크기에 따라 몇 주가 걸릴 수 있다. 우리 농장의 경우 상당히 많은 시간이 걸렸는데, 30미터 길이의 두둑을 180개 만들었다. 일단 각 구획(한 구획은 30미터 길이의 두둑 16개로 이루어진다)의 경계를 표시하는 일부터 시작했다. 그다음 끈을 이용해 구획의 폭을 설정한 후, 통로에서 파낸 흙을 두둑에 올렸다. 고된 작업이 었지만 한 번만 하면 된다는 생각에 의욕적으로 했다.

두둑을 정비하는 동안 대량의 유기물질을 투입해 토질을 개선했다. 우리 농지는 질 좋은 자갈질의 롬loams(모래, 가는 모래, 점토 등을 거의 같은 양으로 포함하는 토양) 토양이긴 했지만 이탄이 풍부한 퇴비를 30미터 두둑 하나당 손수레로 7번 섞어 넣었다. 또한 약간 산성이었던 토양의 pH를 안정시키기 위해 석회를 더했다. 어떤 텃밭농부는 점토질 토양에 모래를, 사질 토양에 점토를 섞어 넣기도 한다. 이런 식의 개량 작업은 토양 구조 개선에 도움이 된다.

북의 높이는 삽을 이용해 땅에서 약 20센티미터 정도 높이길 권한다. 시간이 지나며 땅이 함몰되며 한두 계절 경작한 후에는 높이가 땅에서 약 10~15센티미터 정도로 내려앉기 때문이다. 별 이득도 없는데 더 높이 올리는 일은 무의미하며 오히려 할 일도 많은데 작업 부담만 늘리게 된다. 우리 농장에서는 수많은 텃밭농부와는 달리 통로에 토끼풀을 심지 않는다. 함몰되는 부분을 채울 때 통로의 흙을 사용하기 때문이다. 또한 이 흙은 방수포와 이랑덮개를 덮는

텃밭의 크기에 따라 두둑 정비작업에 며칠에서 몇 주가 걸릴 수 있다.

데도 유용하다.

관리기

관리기는 좁은 땅에 채소를 재배할 때 적절하다. 기능이 많고 견고하며 사용하기 쉬운 관리기를 이용해 채소 재배에 필요한 경운 대부분을 실행할 수 있다. 작은 면적에서 작업할 수 있도록 고안된 기계인 관리기는 이탈리아를 비롯한 전 유럽에서 널리 사용되며, 특히 이탈리아는 가장 질 좋은 관리기가 생산되는 나라 중 하나다.

우리는 어느 철물점에서나 찾아볼 수 있는 농업용 소형관리기를 몇 계절 동안 사용한 후 관리기를 사용하기 시작했다. 소형관리기를 이용해도 경운을 제대로 할 수 있지만, 이 두 장비의 격차는 상당히 크다. 기어변속기, 동력인출장치PTO, Power Take Off(주동력 전달 계통에서 동력의 일부를 분기해 인출하는 장치)◆, 차동잠금장치differential lock system(구동륜의 좌우를 일축으로 접속 고정해 좌우가 동일하게 회전하도록 하는 장치)가 있기 때문에 관리기는 훨씬 더 정확한 작업을 할 수 있는 더 강력한 장비다. 관리기는 여러 장비를 바꿔 가며 연결시킬 수 있기 때문에 트랙터와 더 비슷하다. 그래서 관리기를 영어로 'two-wheel tractor(두 바퀴 트랙터)'라

◆ 트랙터 엔진은 동력인출장치를 이용해 크랭크축의 힘으로 농기구를 작동시킨다.

고도 부른다.

관리기에는 제설기, 발전기, 잔디깎기, 심지어는 건초포장기 등 여러 장비를 빠르게 탈착할 수 있는 커플링을 장착할 수 있다. 다양한 업체에서 생산되는 이런 장비는 생산업체를 통해 기계의 선택, 바퀴의 면적, 장착 가능한 장비 등 관련 정보를 구할 수 있다.

그렐리네트농장에 막 자리를 잡을 때 농업용 트랙터 대신 관리기를 구입하면 생산량을 현저하게 증가시킬 수 있다고 생각했다. 고랑 맨 끝에서 방향을 바꾸기 위해 회전할 때 경작하지 않는 공간이 많이 필요한 트랙터와는 달리 관리기는 그 자리에서 바로 회전할 수 있다. 그래서 우리는 공간을 낭비하지 않고 텃밭을 정비할 수 있었다.

또한 관행농법으로 채소를 재배할 때보다 더 좁은 폭의 두둑에서 작업할 때 선호하는 기계식 경운 농기구들을 관리기에 모두 연결할 수 있다는 사실을 발견했다. 폭이 75센티미터에 해당하는 농기구를 트랙터보다 관리기에서 더 쉽게 찾을 수 있었던 것이다. 하지만 이렇게 하게 된 가장 결정적인 요인은 구입 비용 때문이었다. 플레일모어와 회전쇄토기를 포함해 신품 관리기를 살 때 필요한 비용은 가장 작은 중고 트랙터 가격 일부에도 미치지 못하는 정도였다. 우리는 관리기를 선택한 것을 한 번도 후회한 적이 없다.

관리기에는 보통 로터리 작업기가 달려

우리는 2011년에 관리기에 부착해서 쓰는 베르타Berta 회전쟁기를 구입했다. 이 농기구는 칼날 아래에 있는 흙을 퍼 올려 표면으로 밀어내는 역할을 한다. 새로운 땅을 경운할 때 굉장히 유용할 뿐만 아니라 영구 두둑을 만들 때도 효과적이다.

관리기 핸들은 측면으로 조정할 수 있기 때문에 준비된 표면 흙을 깔아뭉개는 일을 방지할 수 있다. 가볍고 차지하는 면적이 크지 않아 영구 두둑 작업에 안성맞춤인 농기구다.

시간이 지나면 영구 두둑의 북이 평평해지며 높이가 낮아지는 경향을 보인다. 몇 년 동안에는 작은 미니관리기 뒤에 장착한 쟁기를 이용해 두둑 높이를 유지해 왔지만 이제는 소형관리기에 부착된 회전쇄토기로 이 작업을 대신하고 있다. 봄마다 몇몇 텃밭 전체에 다시 두둑을 주면서 유지 보수를 한다. 그런 식으로 모든 두둑의 높이를 2~3년마다 다시 올리고 있다.

있다. 앞서 설명했듯이 로터리 작업을 반복적으로 하면 여러 번 분쇄된 흙이 응집력을 잃고 쉽게 압축되어 토양 구조가 나빠진다. 그렇지만 이 농기구에는 나름의 장점이 있다. 이 농기구는 방수포를 덮거나 작물 잔여물을 손으로 일일이 제거할 시간이 없을 때, 흙에 비료를 섞고 녹비를 심으며 묘상을 준비할 때 상당히 유용하다. 또한 땅이 여전히 차가운 봄에 이른 파종을 할 때에도 사용할 수 있다. 한 차례 재빨리 로터리 작업을 해 주면 토양에 산소를 공급해 땅을 데우고 생산을 촉진시킬 수 있다. 연중 이 시기에는 지렁이나 여타 미생물(이 생명체들은 로터리 작업으로 산산조각 나는 상황을 절대 좋아하지 않을 것이다)이 땅 속에 그리 많지 않다. 그래서 우리는 특정 두둑의 땅을 갈아엎을 때 생길 수 있는 문제에 그다지 연연하지 않는 편이다.

> **토양 구축을 할 때 기억해야 할 사항**
>
> 새로운 텃밭은 모든 부분에 걸쳐 그 토양 구조가 상이하다. 바로 그렇기 때문에 토양을 구축하는 데에 들어가는 비료의 양을 구체적으로 조언하기 어렵다. 하지만 얼마 안 되는 돈을 아끼려고 해서는 안 된다. 영구 두둑이 '영구적인' 시스템임을 잊지 말아야 한다. 양질의 유기물질과 퇴비를 투입해야만 수확률을 높이고 고품질의 상품을 생산할 수 있다. 유기물질과 퇴비는 텃밭농사의 성공과 직결되는 필수 요소다. 토양 구성을 개선해야 한다면 이를 마다해서는 안 된다.

우리 농장에서 경운작업을 할 때 주로 쓰는 농기구는 회전쇄토기다. 이 장비는 수직축 위에서 톱니가 회전하며 경운한다는 이점이 있다. 이로 인해 지층이 역전되지 않으며 땅을 수직으로 내리밟아서 생겨나는 압축현상이 일어날 위험도 없다. 그래서 흙이 분쇄되기보다 더 잘 섞인다. 또한 회전쇄토기에는 두둑의 표면을 다질 수 있는 롤러가 장착되어 있으며, 크랭크를 이용해 원하는 대로 쉽게 깊이를 조절할 수 있다.

회전쇄토기가 한 번 지나가면 모종 이식과 직파를 하는 데 완벽한 조건을 갖춘 두둑이 된다. 회전쇄토기는 전반적으로 꽤 훌륭한 농기구이며 경운이나 가래질에 쓸 여타 농기구를 사용해 보기 전에 한 번 써 보길 권한다. 유일한 단점이라면 무게가 상당히 나가는 편이라 관리기를 움직이는 일이 쉽지는 않다.

미니관리기는 상당히 편리하지만 사용할 때마다 토양 구조를 나쁘게 한다. 토양이 분쇄되면서 한동안은 땅이 '가벼워진' 느낌이 들지만 응집력을 잃게 만들어 장기적으로는 압축 현상을 부추긴다. 또한 미니관리기를 반복적으로 사용하면 경작지 지층이 압축되는 문제가 생긴다. 장비의 톱니가 토양 안쪽의 지층을 계속해서 매끄럽게 만들어 딱딱한 지층이 만들어지는데, 이 때문에 토양의 배수가 나빠지고 뿌리가 땅속 깊은 곳까지 침투할 수 없게 된다.

또한 관리기에는 녹비와 작물의 잔여물을 놀라운 수준으로 쉽게 으깨 버리는 플레일모어가 장착되어 있다. 플레일모어는 그 어떤 작물도 견뎌 낼 수 없는 매우 강력한 장비다. 우리는 농기구에 방해가

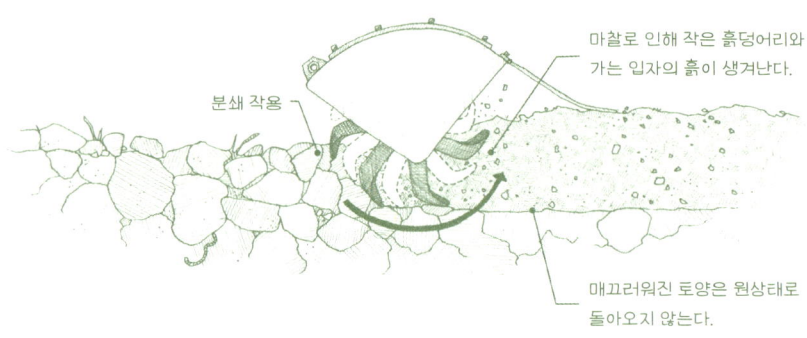

분쇄 작용

마찰로 인해 작은 흙덩어리와 가는 입자의 흙이 생겨난다.

매끄러워진 토양은 원상태로 돌아오지 않는다.

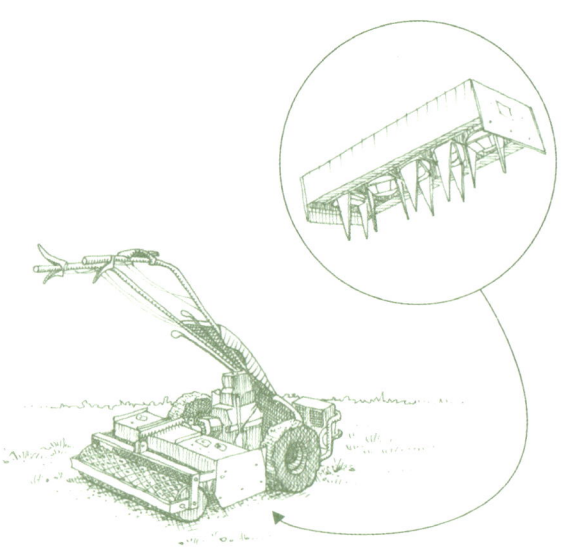

회전쇄토기는 지층의 역전 현상을 없애 주어 휴면종자가 지표면으로 올라오는 일을 방지한다. 회전쇄토기는 파종할 두둑을 준비할 때 미니관리기를 훌륭하게 대신할 수 있는 아주 유용한 농기구다.

되지 않도록 1미터 이상 자라난 녹비를 정기적으로 베어 낸다. 녹비를 묻을 때 생겼던 어려움이 플레일모어를 구입한 이후 해결되었다. 베어 낸 녹비가 미니관리기의 톱니 주변에 휘감기며 관리기 케이스 속에 꽉 차곤 했는데 플레일모어로 작물을 잘게 조각내 이 문제를 해결하고 녹비를 쉽게 묻을 수 있게 되었다. 또한 플레일모어는 예전에 작물이 식재되어 있던 표면 흙을 짧은 시간 안에 치워 준다. 예전에는 이 작업을 일일이 손으로 하곤 했다.

신중하게 농기구를 선택해야 하는 이유

농기구 선택은 경운의 성공 여부를 결정한다. 어느 관리기를 살지 최종 결정하기 전에 그 농기구가 어떤 일에 필요한지 정확하게 판단해야 한다. 그에 따라 관리기 브랜드와 크기, 엔진 마력이 결정되기 때문이다. 관리기의 기능은 제품마다 굉장히 다른데 일부 관리기는 동력인출장치로 작업할 때 핸들을 앞뒤로 젖힐 수가 없다. 이 부분은 매우 중요하다. 회전쇄토기 같은 기구는 뒤쪽에서 작업할 때 더 잘 되는 반면(타이어 자국이 제거되므로) 플레일모어 같은 기구는 앞쪽에서 작업할 때 더 잘 되기 때문이다. 유럽과 아시아, 미국의 일부 소형 트랙터 역시 살펴볼 만하다. 원예용 전동식 소형 트랙터는 아직 수입되지 않고 있지만 앞으로 몇 년 후면 분명히 들어올 것이다. 어떤 기계를 고르든 간에 필요로 하는 농기구를 얼마나 사용할지 그리고 기존의 농기구들과 호환이 되는지를 반드시 확인하길 바란다.

브로드포크는 텃밭농부에게 필수적 농기구다. 토양 구조에 큰 혼란을 야기하지 않고 토양을 부드럽게 만들어 주기 때문이다.

브로드포크

브로드포크는 땅을 갈아엎지 않은 채 30센티미터 깊이로 경운할 수 있는 U자 형태 긴 갈퀴다. 우리 농장에서 이 브로드포크는 표면 흙 작업을 할 때 매우 이상적인 보완적 도구이며, 등을 똑바로 세우고 일할 수 있는 인체공학적 장비이기도 하다. 사용법은 매우 간단하다. 가로로 놓인 막대에 발을 올려놓은 채 손잡이를 뒤로 젖히면 농기구 날이 위로 향하게 된다. 적절한 속도로 일한다면 한 구획 전체(30미터의 두둑 16개)를 이 브로드포크를 이용해 작업하는데 반나절도 걸리지 않는다.

상업적인 면에서 보면 이 장비를 가지고 하는 노동은 너무 고되다고 생각할 수도 있다. 그렇지만 마땅히 대체할 만한 방법이 없다는 사실을 고려한다면 브로드포크는 통풍이 잘 되는 토양을 만드는 간단하면서도 경제적인 해결책이다. 어쨌든 나는 게으름과 싸우다가 포기하기에는 이 장비의 장점이 너무 크다고 생각한다. 그런데 한 가지 말해 두어야 할 것이 있다. 이 장비는 파종할 때마다 사용하지 않고 깊이 있는 경운 작업이 필요할 때만 사용

왜 지층의 역전 현상을 걱정해야 할까? 토양의 생태에 내재한 위태로운 균형을 뒤흔들지 않기 위해서다. 이런 균형이 자리 잡은 데는 다 나름의 이유가 있다. 서로 협력하여 토양 구조를 개선하는 박테리아와 버섯, 지렁이 등은 각자에게 적합한 습도와 통풍 정도에 따라 특정 깊이 이하에서 서식한다. 지층이 역전되면 이 균형이 최소한 한 동안 흔들리게 되며 이에 따라 토양 구조 개선에 줄 수 있는 미생물들의 도움을 기대할 수 없다. 또한 지층의 역전은 땅속 깊은 곳에 휴면하고 있던 풀 종자를 지표면으로 끌어내는 역할도 한다.

한다는 점이다.

　브로드포크, 불어로 '그렐리네트'는 1960년대 프랑스에서 앙드레 그렐랭André Grelin가 발명했다. 우리 농장의 이름은 바로 이 '그렐리네트'라는 장비에서 따온 것인데 그렐리네트가 무동력 농기구이자 친환경적이고 유기농업에 효과적인 작업의 상징이라고 생각했기 때문이다.

방수포로
땅 덮어 주기

　　　　　　　　우리가 지난 몇 년 동안 발견한 가장 중요한 사실 중 하나는 방수포로 땅을 덮어 주어 최소 경운 시스템을 보충해 주어야 한다는 것이다. 미니관리기를 사용하지 않고 두둑에서 작물 잔여물과 풀을 제거하는 일이 가장 큰 문제로 대두되었기 때문이다. 한동안은 작물 잔여물을 퇴비 재료로 활용하자는 생각에서 손으로 두둑을 갈아엎었다. 하지만 작업 시간이 너무나 오래 걸렸다. 우연히 우리는 다른 용도로 사용하려고 구입했던 자외선 차단 기능이 있는 검은색 폴리에틸렌 방수포를 사용하기 시작했고, 이것이 매우 효과적인 방식이라는 사실을 금세 깨달았다. 방수포로 땅을 3주 동안 덮어 두었더니 작물 잔여물이 모두 제거되었고 두둑 표면이 매우 깨끗해졌다.

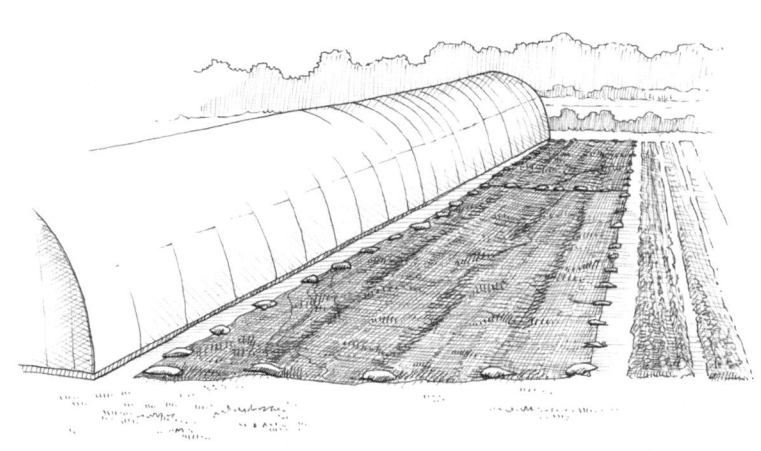

불투명 방수포로 몇 주 동안 땅을 덮어 두면 경운하지 않고도 두둑의 표면을 깨끗하게 할 수 있다. 이러한 기술은 다음 작물에 풀이 미칠 악영향을 줄이는 데도 이롭다.

몇 차례 시도해 본 후 우리는 이 방식이 다음 작물을 기를 때 생길 풀의 양을 현저하게 줄여 준다는 사실 또한 깨달았다. 원리는 간단하다. 방수포가 축축하고 따뜻한 환경을 만들어 주고 빛을 차단하기 때문에 방수포 아래 싹을 틔운 풀은 죽을 수밖에 없다. 작물의 멀칭mulching(농작물을 재배할 때 경지토양의 표면을 덮어 주는 일)과 마찬가지로 나는 이 방식이 토양에도 이롭다고 생각한다. 방수포를 벗길 때마다 발견하는 수많은 지렁이는 청신호 그 자체라고 할 수 있다. 이 문제를 연구하다가 우리는 프랑스의 농업생산자들이 주로 이 제초매트라는 방식을 사용해 밭의 풀을 줄이거나 아예 제거한다는 사실을 알게 되었다.

최소 경운의 미래

농학 전문가 사이에서 최소 경운이라는 주제가 더 많이 논의되고 있고 유기농법에 관한 관심도 계속해서 높아지고 있다. '살아 있는 하층토substrat vivant'와 '취약한 균형équilibre fragile' 같은 용어가 긍정적인 농업기술의 동의어처럼 언급되는 현 상황은 매우 고무적이라고 생각한다. 물론 합성제초제 근절은 전혀 이루어지지 않았지만 현대 농학은 건강한 토양의 중요성을 한층 더 중시하고 있는 듯하다. 이에 따라 전 세계적으로 정보 교환이 이루어져 생명 활동을 하는 미생물과 토양 구조를 더 존중하는 농업기술과 농장비가 더욱 많이 생겨나리라는 희망을 품고 있다. 텃밭농부의 일은 이러한 연구가 지속되고 발전되어 가는 과정 안에 포함될 수 있으며 그래야만 한다.

캐나다에서 표면경운(일반적인 수준 보다 흙을 낮게 가는 것) 기술의 이점을 처음으로 고찰한 사람은 엘리어트 콜먼이다. 우리 농장에서는 콜먼의 일부 제안뿐만 아니라 지난 20년간 콜먼이 개발하는데 직접 도움을 준 여러 농기구도 도입했다. 여러 차례 조정을 한 뒤, 우리는 현재의 토양 준비 방식이 수익성 면에서나 이에 따른 노력(혹은 에너지)을 줄인다는 면에서 만족스러운 결과를 낼 수 있도록 이론과 실제 사이의 균형을 찾았다. 다시 말해 초반에는 쉽지 않았지만 새로운 아이디어와 전략에 주의를 기울이면서 친환경적인 경운법을 어떻게 더 효과적으로 만들 수 있는지 알게 되었다. 이러한 노력은 계속 되어야 한다.

농사일에 처음 뛰어드는 사람에게 분명히 말해 주고 싶은 매우 중요한 사실이 있다. 최소 경운이라는 아이디어에 영감을 받았다 해도 이 아이디어는 불변의 견해라기보다 자신만의 농사법을 찾는 과정의 하나로 포함되어야 한다. 처음 몇 해 동안에는 성공적으로 채소를 생산하는 일이 더 중요하다. 하지만 노련한 농부들이 검증한 해법이 당신의 눈에 '이상적'으로 보이지 않더라도 거기에서 너무 빨리 멀어져서는 안 된다.

2007년에 엘리어트 콜먼과 그의 연구진은 배터리 드릴을 참고해 소형 동력관리기를 개발했다. 이 관리기를 이용하면 지표면 아래 몇 센티미터 정도에서 비료를 섞고 흙을 곱게 다질 수 있다. 텃밭 전체에는 그리 유용하지 않지만 미니관리기를 몰고 다니기 어려운 온실에서는 굉장히 효과적인 농기구다.

유기적
비옥화

6

"자연의 균형은 과장할 수 없는 그 무엇이다.
자연을 공부할 때 책은 굉장히 유용하지만
넓은 안목으로 볼 때 책보다
자연 자체를 공부한 사람이 자연의 균형을
더 잘 다스릴 수 있다."

찰스 월터스Charles Walters, 《에코 팜Eco-farm》, 2003.

―――――― 6

앞 장에서 나는 토양의 생태를 간단히 다루며 그것이 텃밭의 건강에 아주 중요하다고 설명했다. 실제로 유기농업의 근본 원칙에 따르면 토양의 지력은 토양의 (물리적, 생물학적, 화학적) 상태와 이를 구성하는 살아 있는 유기체에 달려 있다. 용해성 합성비료를 이용해 작물에 직접 영양을 공급하면서 수요량을 충족시키려는 관행농업과 달리 유기농업의 접근법은 식물의 성장에 필요한 영양분을 관리하는 데에는 토양의 미생물이 가장 적합하다고 전제한다.

그러므로 유기농 텃밭농부의 일은 유기질 비료라 불리는 퇴비, 거름, 녹비 따위를 첨가해 자연적인 방식으로 토양 비옥화를 유도하는 것이다. 일반 비료와 달리 이 유기질 비료는 미생물에 의해 '소화'된 후 작물이 이용할 수 있는 영양분을 발생시킨다. 토양의 생물 활동과 농부가 첨가한 유기물 간의 관계는 작물의 유기적 비옥화라 부르는 과정의 근간이다.

우리가 상업적으로 농장을 꾸리기 시작했을 때 '식물에 영양을 주기 위해 토양에 영양을 공급한다'는 아이디어는 굉장히 단순했기 때문에 위안이 되는 아이디어였다. 우리의 초반 비료 전략은 모든 작물이 잘 자라길 바라며 최대한의 퇴비를 토양에 공급하는 것이었다. 하지만 유기농에 사용되는 다양한 비료 전략을 배워 가면서 이 일이 생각만큼 그리 간단한 문제가 아니라는 사실을 깨달았다. 또한 퇴비 공급은 언제나 제한되어 있기 때문에 어떠한 방식으로든 할당량을 정해 퇴비를 공급해야 한다는 사실에 직면했다.

시간이 흐르면서 우리는 토양 분석과 퇴비량 분석 같은 기술을 배우게 되었다. 이는 땅이 무엇을 필요로 하는지 더 잘 이해하고 작물의 특정한 수요에 따라 비료양을 조정하기 위한 기술로, 우리는 이런 기술을 배운 후 더 이상 무턱대고 비료를 공급하지 않았다. 우리는 작물에 올바르게 교대로 비료를 공급하는 법이 중요하다는 사실을 알게 되었다. 어느 정도 시간을 들여 교대 공급법을 적용하자 그렇게 어렵지는 않았다. 또한 집약적 생산 방식에 최적화된 사용법을 찾기 위해 다양한 녹비 실험을 실시했다. 이렇게 필요한 지식을 배우면서 구상한 비료 계획은 예상보다 훨씬 만족스러운 결과로 이어졌다. 지금 우리 농장의 토양은 우리가 이 일을 처음 시작했을 때보다 훨씬 더 좋아졌다.

요컨대 작물에 제대로 비료를 공급하는 법을 배우는 일은 그리 간단하지 않다. 기존의 농학적 평가를 이용해야 할 뿐만 아니라 무엇이 토양의 지력을 통제하는지 그 근간을 관찰하고 이해하는 데 시간을 투자해야 한다. 이렇게 배운 덕분에 정기적인 텃밭 관찰이 의미 있는 일이 되었고, 결국 관찰 결과를 가지고 실제 경작 방식을 조정하게 되었다. 우리의 방식이 옳았는지 최종적으로 확인해 주는 것은 생산한 채소의 생산성과 질이라 할 수 있다.

이 장에서 나는 '부식토'라는 단어를 사용하지 않으려고 애썼다. 대신 토양 분석에서 자주 등장하는 용어인 '유기물질'이라는 단어를 더 많이 사용했다. 굉장히 밀접하며 서로 대체해서 사용할 수 있는 두 개념 사이의 혼동을 피하기 위해 이런 선택을 했다는 사실을 밝혀 둔다.

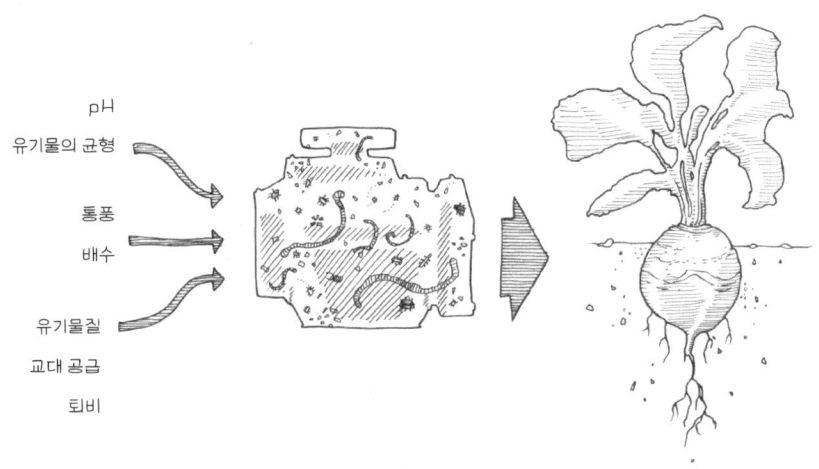

텃밭의 원동력인 토양생태의 작용을 공부해 그 잠재력을 온전히 끌어내는 법을 배우길 바란다.

올바른 비료 전략을 세우기 위해 필요한 요소
● 토양의 영양소 부족과 불균형을 조정해 주는 실험실 토양 분석과 농학적 권고
● 최적의 pH에 도달하기 위해 모든 구획에 석회 비료 섞기
● 녹비 첨가가 포함된 비료 교대 공급 계획
● 지력과 각 채소에 필요한 영양소를 고려해 텃밭에 공급할 비료의 양 결정하기
● 작물과 토양의 변화에 미치는 비료의 영향을 일정한 시간에 걸쳐 분석하기

그렐리네트농장의 비료 계획

다음은 우리가 그렐리네트농장에 도입했던 비료 계획이다. pH가 균형 잡혀 있으며 유기물 비율이 적당한 토양이라는 전제 하에 여러 채소의 영양분 수요를 고려했다. 시간이 흐르면서 토양이 상당히 비옥해졌기 때문에 최근에는 비료 적용 양을 현저히 줄였으며 영양을 별로 필요로 하지 않는 채소에는 더 이상 비료를 주지 않았다. 농장의 두둑이 폭 75센티미터, 길이 30미터로 규격화되어 있다는 사실을 염두에 두어야 하며 이 방식을 다른 면적에 적용하려면 그에 맞춰 비율을 조정해야 한다.

영양이 많이 필요한 채소(가지과, 박과, 몇몇 배추속과)
펠렛pellet(흔히 부드러운 것을 단단하게 뭉친 알갱이) 계분(닭똥)거름 1만 제곱미터당 1.5톤 또는 두둑당 6리터
해양비료 1만 제곱미터당 80톤 또는 두둑당 5손수레

양파(그중 파와 락교의 재료가 되는 쪽파 같은 식물인 염교 형태의 골파류)
펠렛 계분거름 1만 제곱미터당 2.4톤 또는 두둑당 10리터

영양이 별로 필요없는 채소(뿌리채소, 샐러드채소, 상추, 푸른잎채소)
펠렛 계분거름 1만 제곱미터당 2톤 또는 두둑당 8리터

콩과 **강낭콩**은 비료를 주지 않았다.

마늘은 영양이 많이 필요한 채소로 해양비료를 1만 제곱미터당 80톤(두둑당 5 손수레)씩 가을에 공급해 주었다.

비료 계획은 매년 영양 공급이 많이 필요한 채소와 그렇지 않은 채소를 대상으로 돌아가면서 시행해야 한다. 이러한 교대 공급 계획에 따라 텃밭의 각 두둑은 2년에 1회씩 비료를 공급받는다.
영양이 많이 필요한 작물을 심기 전에 콩과 녹비가 땅에 묻혀 있으면 펠렛 계분거름의 양을 설반으로 줄인다.

주의해야 할 점
하우스 토마토와 하우스 오이는 다른 방식의 비료 계획을 세워야 한다. 우리가 사용하는 손수레는 용량이 65리터이며 비료로 꽉 채우면 약 45킬로그램 정도 나간다.

토양 분석의 중요성

　　　　　　　　　151쪽 그림에서 볼 수 있듯이 작물에 유기적으로 비료를 주는 데 성공하려면 토양의 생물활동 촉진이 전제되어야 한다. 바로 이 미생물들이 비료를 식물이 흡수할 수 있는 영양소로 바꾸어 놓기 때문이다. 농학 용어로 '무기물화' 과정이라 부른다. 그러나 최적화를 위해서는 이 과정이 제대로 된 조건 아래서 이루어져야 한다. 예컨대 토양의 pH가 적절하고, 유기물질을 어느 정도 보유하고 있으며, 무기물이 균형 잡혀 있고◆ 미생물이 번식할 만한 적당한 습도와 열이 유지되어야 한다. 그리고 이러한 환경 조건은 맨눈으로 볼 수 없기 때문에 실험실에서 토양 분석을 실시해야 한다. 비료를 잘 공급한 농장의 토양에는 어떠한 문제도 없으며 토양 분석을 하지 않고도 얼마든지 제대로 된 경작을 할 수 있다. 하지만 토양에 과하게 영양을 공급할 수도 있으며 이 경우 생산 손실과 오염 문제가 일어날 수 있다. 그래서 나는 텃밭의 규모와 상관없이 실험실 토양 분석이 반드시 필요하다고 생각한다.

　실험실에서 토양 분석을 하는 일은 어렵지 않다. 텃밭의 각 두둑을 대표하는 토양을 식별할 수 있도록 약 15~20센티미터 정도의 두께로 샘플을 채취한다. 그리고 이 샘플을 우편으로 실험실에 보낸다. 분석 결과가 나오면 생물학을 전공한 농학자에게 우편으로 보내

◆ 토양에 따라 특정 요소가 다른 요소보다 너무 많은 경우(칼슘에 비해 마그네슘이 너무 많다거나)를 흔히 찾아 볼 수 있다. 이러한 불균형이 바로 이 토양의 자연적인 비옥도가 그리 좋지 않은 이유일 수 있다. 농학자라면 불균형을 감지해 정확한 해결책을 제시해 줄 것이다.

결과 해석을 요청한다. 완벽하게 분석하려면 해당 농학자가 농장에 적어도 한 번 이상 방문해야 한다. 실험실 선택은 크게 중요하지 않아도 농학자는 반드시 만나야 한다. 그 결과를 얼마나 정확하게 해석하느냐에 따라 받을 수 있는 조언의 가치가 달라지기 때문이다.

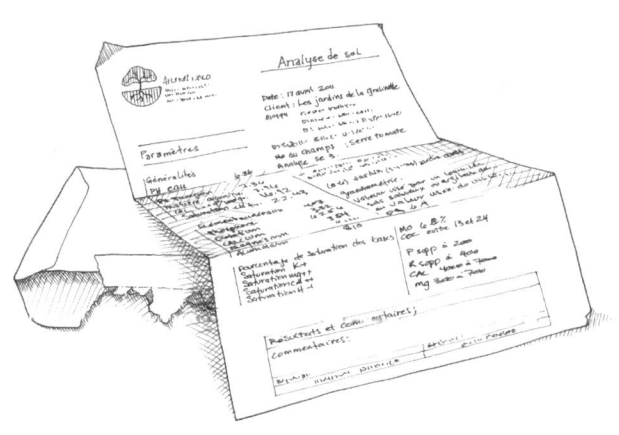

토양 분석은 불완전하기는 하지만 토양의 자연적 비옥도를 어떻게 달성할지 큰 그림을 보여 주는 역할을 한다. 또한 작물에 영향을 미칠 수 있고 토양 변화의 척도나 다름없는 무기물 결핍 증상을 감지하는 데 도움을 준다. 나는 농장의 크기와 상관없이 반드시 이 토양 분석이 필요하다고 생각한다.

작물에 필요한
영양소

관행농법이 이룩한 공적 중 하나는 각 채소가 필요로 하는 영양소를 우리에게 알려 주었다는 점이다. 퀘벡에서 이러한 정보는 대부분의 농학자가 갖고 있는《비료 참고 가이드Guide de référence en fertilisation》에 정리되어 있다. 각 토양 분석 결과에 비료의 N-P-K(질소, 인산, 가리) 분석을 짝 지운 이 데이터를 이용해 농장에 첨가해야 할 비료물질의 양을 구체적으로 계산할 수 있다. 이 계산 과정은 약간 복잡하며 비료 계획을 세울 때 농학자가 기여할 수 있는 부분 중 하나다. 물론 이 일은 굉장히 이론적인 실행 방식일 뿐이고 개인적으로는 어떻게 이런 방정식으로 경작지 토양의 복잡다단한 생태적 상호작용을 나타낼 수 있는지 이해하기 어렵다. 그렇지만 이 계산 방식은 경작에 필요한 비료의 양을 계산할 수 있다는 장점이 있으며 바로 그러한 의미에서 상당히 유용하다.

우리 농장의 비옥화 계획 중 일부는 이 계산법을 이용해 구상했다.

그렇지만 이처럼 계산을 해서 비료 계획을 짜지 않았더라도 우려할 필요는 없다. 더 일반적인 방식을 이용하고 이를 현장조사로 보충할 수 있기 때문이다. 결국 비료 계획 방식의 옳고 그름을 판단하는

《집약적 유기농업 채소 재배 : 전반적 관리 가이드Le guide de gestion globale de la ferme maraîchère biologique et diversifiée》는 비료 계산을 하는 데 사용되는 공식을 자세히 설명하고 있다. 또한 채소가 필요로 하는 영양소를 알기 위해 사용되는 참고표도 함께 실었다.

일은 식물을 관찰하고 경작의 성공 여부를 가늠하면서 할 수 있다. 비료의 양이 과하면 부족한 것만큼이나 해롭다는 사실을 잊지 말아야 한다.

비료 계산을 일종의 도달해야 하는 목표처럼 여길 수 있다. 비록 이 같은 목표를 달성하지 못한다 해도 무턱대고 비료를 주는 일은 막을 수 있다.

비료요소

경작 비옥화를 성취하기 위한 노하우를 얻으려면 토양을 비옥하게 해 주는 요소를 알아야 한다. 그것이 바로 이 장에서 다루는 내용이다. 이 주제를 더 상세하게 분석한 자료를 원한다면 도미니크 솔트너Dominique Soltner의 《채소 재배의 기초Les bases de la production végétale》를 읽기 바란다. 역시 토양과 비옥화를 주제로 한 장을 할애하고 있는 드니 라프랑스Denis Lafrance의 《유기농 채소 재배La culture biologique des légumes》도 매우 도움이 될 것이다.

유기물질MO

유기물질은 지력 향상에 핵심적인 역할을 한다. 유기물질이 생물활동으로 무기물화 되면 식물에 영양을 공급하는 질소와 인산, 가리 그리고 여러 미량원소를 내보낸다. 무기물화 되지 않은 유기물질은 토양 속에 축적되어 토양 구조를 만든다. 토양 속에 살아 있는 모든 생명체에게 유기물질은 연료인 동시에 서식지로 사용된다. 그러니 유기물질과 생물활동은 서로 밀접하게 연결되어 있는 셈이다.

유기물질 비율은 토양 분석으로 얻을 수 있는 가장 중요한 정보 중 하나다. 이 정보를 얻은 후에는 토양의 유기물질을 다음의 세 가지 방식으로 관리해야 한다.

- 토양 만들기

초기에 상당량의 비료를 농장에 투입해 유기물질 비율이 올라가게 해야 한다. 산성을 중화시키기 위한 피트모스peatmoss(습지나 늪 등 에 수생식물류와 그 밖의 것이 다소 부식화되어 쌓인 것. 이탄토라고도 한다) **첨가는 좋은 선택이다.**

- 지력 유지하기

무기물화, 경운작업, 채소 수확과 침식 때문에 생기는 유기물질의 상실을 보상하면서 지력을 유지해야 한다. 토양에 비료와 녹비, 작물의 잔여물을 섞는 이유가 바로 이 때문이다.

- 토양 내 유기물질의 특성 개선하기

토양 유기물질 비율이 높게 나오는 것은 산성화된 혹은 배수가 잘 되지 않는 토양이라 생물활동이 불충분해서가 아니다. 이는 유기물질이 분해되지 않고 축적된다는 사실을 의미한다. 그렇기 때문에 수치상으로는 결과가 좋을지 몰라도 토양 내 유기물질의 물리적 특징을 개선해 그 가용성을 높여야 할 수도 있다.

pH

퀘벡의 토양 대부분은 약산성을 띠고 있다. 6 미만의 pH는 미생물 발달을 억제하고 일반적인 생물활동에 해를 미치기 때문에, 나뭇재나 농업용 석회 같은 석회질 비료를 투입해 산도를 조정해야 한다. 이는 가장 일반적인 방식으로 우리 농장에서도 이렇게 한다. 잘게 부순 바위에서 추출한 무거운 흰색 분말을 농업용 석회로 사용한다.

이 농업용 석회는 천연 성분 분말로 다소 느리게 작용한다는 것이 강점이다.

경작하는 데 최적의 pH는 6과 7 사이이며 일반적으로 이상적인 목표 수치는 6.5다. 석회를 사용해 토양의 pH를 올리려면 소량의 석회를 점진적으로 투입해 토양 구조를 너무 갑자기 바꾸지 않도록 해야 한다. 토양 pH와 관련해서는 농학적 권고를 준수해야 한다. 투입하기 전에 대처가 적절한지 확인하기 위해 매번 pH 변화를 확인하는 일도 중요하다. 여기서 바로 사전 토양 분석을 실시해야 한다. 일단 pH가 목표치에 도달하고 나면 약알칼리성인 비료를 정기적으로 투입해 pH가 그대로 유지될 수 있게 해 준다. 우리 농장에서는 석회를 공중에서 살포한 후 미니관리기를 이용해 지표면으로부터 15센티미터 이내에 섞어 준다.

질소 N

매년 토양 속 유기물질은 무기물화 되면서 일정량의 질소를 생산해 내지만 경작지에 따라서는 질소 양이 불충분하거나 적절한 시기에 사용할 수 없는 경우가 있다. 충분한 양의 질소를 투입해 주는 일은 채소의 성장과 직결되기 때문에 경작할 때 질소가 부족해지지 않도록 주의를 기울여야 한다. 적절하게 땅이 비옥해지려면 농장에 첨가하는 비료와 퇴비에 질소가 풍부해야 하며, 비료마다 함유된 성분과 그 비율이 다르므로 경작지에 맞추어 조절해야 한다.

질소는 특히 채소 잎의 성장을 촉진하는 요소다. 그러므로 채소가 잎을 성장시킬 때는 채소를 옮겨 심은 후 재빨리 질소를 공급해야 한다. 땅에 유기질 비료를 줄 때 따뜻한 토양에서만 무기물화가 이루어질 수 있다는 사실을 기억해야 한다. 보통 (기온이 아니라 토양의 온도) 10도 이하에서 토양의 생물활동은 약해지다 못해 거의 일어나지 못한다. 그렇기 때문에 땅이 여전히 차가운 봄에 경작을 시작한다면 용해성 비료를 첨가해 부족한 질소를 보충하면서 작물이 잘 자라도록 해야 한다. 혈분blood meal(혈액을 가열 응고시켜 말린 후 분말화한 것), 생선액비, 계분거름 등은 퇴비보다 훨씬 빠르게 질소를 공급하는 비료다.

또한 농사철이 끝날 무렵처럼 기온이 너무 낮을 때에는 질소가 풍부한 비료를 첨가해서는 안 된다. 질소가 질산염의 형태로 축적되어 채소에 독성을 만들어 낼 수 있기 때문이다. 빛의 강도가 약한 시기에 겨울시금치나 온실에서 자라는 기타 푸른잎채소 같은 늦작물에 비료를 주면 이런 종류의 문제가 생길 수도 있다.

인산 P

인산은 성장 초기 채소 뿌리 발달에 직접적으로 기여하며 일반적으로는 과일과 덩이줄기(감자, 토란처럼 덩이 모양을 이룬 땅속줄기. 땅속에 있는 줄기의 일부에 양분이 저장되어 비대한 덩이 모양을 이룬다)의 형성과 성숙에 가장 중요한 역할을 한다. 인산은 유기물질이 무기물화 되면서 만들어지며 결과적으로 토양 속 생물활동을 개선시키는 모든 방식은 식물이 인산을 최대한으로 사용할 수 있게 해 준다. 비료와 퇴비를 정기적으로 투입하면 채소가 필요로 하는 인산이 토양에 충분히 전달되는데, 오히려 인의 축적을 우려해야 하는 상황으로 갈 수도 있다.

　인산은 땅속에서 이동성이 낮으며 채소는 질소보다 인산을 덜 필요로 한다. 만약 (질소의 수요량을 충족시키기 위해) 동물성 비료로 토양 비옥화를 시도한다면 인산이 토양 속에 빠르게 축적되었다가 용탈·유출 작용으로 씻겨나갈 수 있다. 이러한 오염은 농업용지 근처 하천 부영양화富營養化(인이나 질소 따위를 함유하는 더러운 물이 호수나 강, 연안 따위에 흘러들어 이를 양분 삼아 플랑크톤이 비정상적으로 번식하여 수질이 오염되는 일)의 원인이 된다. 녹비는 이러한 문제를 일시적으로 호전시킬 수 있는 해결책이다. 작물에 인산을 첨가시키지 않으면서 질소를 제공하기 때문이다.

가리 K

　가리는 그 유명한 비료의 3요소를 구성하는 N-P-K(질소, 인산, 가리)의 마지막 요소다. 가리는 채소 뿌리의 보존에 중요한 역할을 하며 채소와 과일의 성장, 색깔, 심지어는 맛에까지 긍정적인 영향을 미친다. 또한 채소의 생명력에 기여해 병충해와 악천후를 더 잘 견딜 수 있게 한다.

　가리는 질소와 인산과는 달리 유기물질의 무기물화로 생성되지 않는 요소다. 가리는 이미 땅속에 무기물 상태, 주로 점토의 형태로 존재한다. 가리는 토양에 매우 잘 용해되어 작물이 쉽게 흡수할 수 있지만 쉽게 물에 씻겨 나간다. 퇴비 한 더미 혹은 텃밭의 한 구획이 그대로 드러났을 때 가장 먼저 사라지는 요소 중 하나이기도 하다.

전반적으로 볼 때 채소 경작을 할 때 가리는 굉장히 필요한 요소다. 하지만 대부분의 토양은◆ 자연적인 지력을 지니고 있다. 건강하게 윤작을 시행하고 퇴비와 거름을 정기적으로 투입한다면 채소의 수요량을 충족시킬 만큼 가리가 이미 땅속에 있기 마련이다. 하지만 생산이 매우 집약적인 특정 사질 토양이나 온실에는 가리의 양이 충분하지 않을 때가 종종 있다. 이 경우 자주 토양 분석을 시행해서 가리 부족을 발견하면 된다. 작물이 가리 결핍 증세를 나타내는 경우도 가리 부족의 지표로 삼을 수 있다. 이 문제를 단기적으로 해결하려면 유기질 비료(거름과 퇴비)와 섞은 황산가리처럼 용해성 무기질 비료 이용이 최선의 방법이다.

나는 토양의 가리 부족 문제를 점진적으로 해결하는 데 운모나 현무암을 이용하라고 권하는 유기농 관련 책을 여러 권 보았다. 그러나 몇 년간 이 문제를 경험해 온 여러 유기농 온실재배업자들은 이 비료 방식이 너무 느리게 반응하며 상당량을 투입해도 땅속 가리 성분이 현저하게 늘지 않았다고 알려 주었다.

◆ 토양 분석을 통해 사용할 수 있는 땅속 가리의 양이 작물에 충분한지 확인할 수 있다.

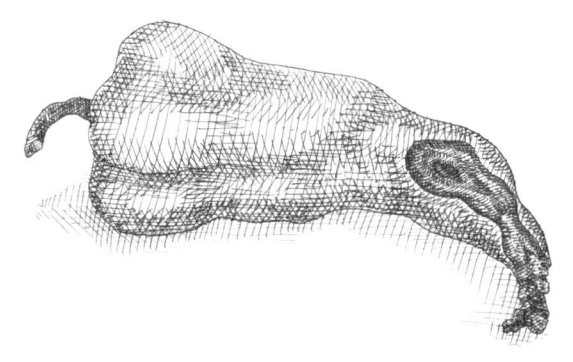

배꼽썩음병은 식용 식물에 나타나 수확에 상당한 피해를 줄 수 있는 생리적인 질병이다. 이 병은 따뜻한 기후조건과 물 부족이 겹쳐져 발생할 수 있는데 착과着果하는 동안 칼슘 결핍을 유발한다. 우리는 이를 예방하기 위해 파프리카가 성장하는 동안 칼슘을 정기적으로 첨가하고 있다.

칼슘Ca과 2차 원소

칼슘, 마그네슘, 황은 '2차 원소'라 불리는 무기물 요소에 포함된다. 이들은 채소의 성장에 중요한 역할을 하며 일반적으로는 작물이 필요로 하는 양이 토양에 충분히 들어가 있다.

그렇지만 특정 사질 토양에는 마그네슘이 부족한 경우가 있는데, 바로 그렇기 때문에 우리 농장에서는 일반 석회보다 (마그네슘이 포함된) 백운석 함유 석회 비료를 이용한다. 또 다른 교과서적인 사례도 종종 발생한다. 토마토와 파프리카에 나타나는 배꼽썩음병 증상은 칼슘 결핍을 알려 주는 지표다. 그러나 대부분의 경우 이런 결핍 증상은 그 요소가 땅속에 부족한 것이 아니라 오히려 작물이 그 요소를 흡수하지 못해 받게 되는 스트레스의 결과라고 할 수 있다. 불규칙한 관개는 종종 그 원인이 되곤 한다.

미량원소

미량원소는 작물의 성장에 필수적이지만 굉장히 적은 양만 필요하다. 각 미량원소의 정확한 역할을 설명할 수 있는 텃밭농부가 있다면 굉장히 유식한 사람임에 틀림없다. 일반적으로는 윤작이 제대로 이루어지고 퇴비를 지속적으로 공급한다면 이 요소의 결핍을 충분히 예방할 수 있다.

하지만 퀘벡의 경우 여러 지역에서 붕소와 몰리브덴이 특정 작물, 특히 십자화과 채소가 필요로 하는 양에 비해 너무 적게 나타나기도 한다. 이런 경우 토양 자체에 영양을 보충하기보다 이 두 요소를 엽면살포(비료나 미량원소 등을 물에 알맞게 타서 식물의 잎에 뿌려 잎으로 양분과 약액을 흡수하게 하는 일) 해서 훨씬 쉽게 문제를 해결할 수 있다.

미량원소가 채소의 영양학적 품질에 굉장히 많은 영향을 미친다는 증거는 다양하게 존재한다. 그 때문인지 광고나 농업박람회 판매업자들은 여러 '기적'의 제품을 추가해 토양을 재무기화再無機化, remineralization시키는 것이 아주 중요하다고 재차 강조한다. 나는 이런 이야기가 얼마나 신빙성 있는지는 잘 모르겠다. 이 모든 첨가물을 구입한다고 해서 채소의 품질이 얼마나 개선될지도 알 수 없다. 분명한 것은 지금까지 이 첨가물을 전혀 넣지 않고도 우리가 아주 훌륭하게 농사를 짓는데 성공했다는 사실이다. 하지만 우리 농장에서는 다양한 미량원소가 풍부하게 함유된 해조류 퇴비를 즐겨 사용한다.

좋은 퇴비

우리 농장에서는 퇴비를 많이 사용한다. 퇴비야말로 살아 있는 토양을 만들고 유지하는데 가장 훌륭한 비료라고 생각하기 때문이다. 특성상 퇴비는 거름으로도, 천연비료(가금류 깃털로 만든 우모분이나 뼛가루 등)로도, 심지어는 녹비로도 대체할 수 없다.

퇴비는 탄화된 유기질 폐기물(밀짚, 나뭇잎, 건초 등)을 거름과 작물의 잔여물 같은 질소화 물질과 혼합해 만든다. 혼합하는 동안 여러 기관들이 일에 착수해 이 유기물질을 재구성한다. 혼합물 구성이 다양하며 분해과정이 최적의 조건에서 이루어질 때 작물에 필요한 거의 모든 요소를 풍부하게 함유한 안정적인 비료가 완성된다. 좋은 퇴비는 토양에 유기물질을 제공하는 동시에 작물을 비옥하게 해 주는 요소를 공급한다. 뿐만 아니라 땅속의 살아 있는 모든 생명체에 활기를 가져다준다. 즉, 좋은 퇴비란 생기 넘치는 건강한 토양과 동의어인 셈이다.

'좋은'이라는 단어가 강조되어야 한다. 왜냐하면 퇴비 제작 과정이 그리 간단하지 않은 만큼 퇴비의 질이 다 같지 않기 때문이다. 수많은 아마추어 농부들은 (심지어는 내가 만났던 텃밭농부들 몇몇도) 분해가 부분적으로만 이루어진, 일부 영양분이 사라진 퇴비, 심지어 이웃이 내다 버린 오래된 거름 더미를 가져다가 비료를 주기 일쑤다. 텃밭 농부는 경작에 성공하려면 무엇이 좋은 퇴비를 만드는지, 그리고 생거름이 왜 이를 대체할 수 없는지를 이해해야 한다. 퇴비화 과정은 다음을 가능하게 한다.

- 질소를 안정시키며 농사철 내내, 심지어는 몇 년 동안 점진적으로 내보내는 비료를 만들어 낸다. 퇴비화는 텃밭에 첨가되는 비료요소를 축적하게 해 준다. 퇴비는 질소가 저장된 창고나 다름없으며 거름이나 여타 천연비료로는 이 역할을 대체할 수 없다.

- 잠재적인 병원균과 거름, 특히 반추동물의 거름 속에 있는 수

많은 풀 씨앗을 파괴한다. 텃밭에 풀 씨앗을 불러들이는 일은 몇 계절 동안 추가 제초를 해야 하는, 대가를 치러야 하는 큰 실수다.

- 흙덩어리를 없애 주고, 쉽게 삽으로 뒤집을 수 있으며, 두둑 표면에 잘 펼쳐지는 균일하고 가벼운 부식토를 만든다.

좋은 퇴비를 만드는 일은 일종의 노하우가 필요한 작업이다. 솔직히 고백하건대 나도 완전히 습득하지는 못했다. 그러므로 이 부분에 관해서는 전문적인 권고를 하지 않을 것이다. 너무 많은 양의 퇴비가 필요하기 때문에 퇴비를 직접 만들면 그 양이 충분하지 않다는 이유도 있다. 우리 농장에는 퇴비 더미를 옮길 만한 트랙터나 적재기가 없으며 30톤 이상의 유기물질을 손으로 휘젓는 작업은 안 그래도 바쁜 농번기에 너무나 비생산적인 일이다. 그렇기 때문에 우리는 기존에 판매되는 퇴비를 구입하는 것이 텃밭에 퇴비를 공급하기 위한 최선의 방법이라고 재빨리 마음먹었다.

우리가 이런 결심을 내린 이유가 하나 더 있다. 퇴비의 품질을 확보하고 싶었기 때문이다. 퇴비화 전문업체는 분해 과정에서 중요한 순간에 이르기까지 언제든 개입할 수 있는 도구와 수단을 보유하고 있다. 온습도를 지속적으로 체크하며 퇴비 더미를 적절한 순간에 휘저을 수 있기 때문에 구조가 잘 짜여 있으며 균일화된 혼합물을 완성할 수 있다. 전문업체가 만든 최종 생산물은 안정적이며 최소한의 N-P-K 함유를 보장하는 분석 결과를 제공한다. 또한 어떤 업체는 특정한 종류의 토양에 적응시키기 위해 제조법을 조정하기도 하며 바람직한 특정 비료 성분을 첨가하기도 한다. 우리 농장의 경우 가리와 미량원소가 풍부하게 들어 있는 해초 혼합물 퇴비를 사용하고 있다.

  물론 좋은 퇴비를 대량으로 구입하는 데는 배송료를 포함해 상당한 비용이 들어간다. 하지만 제품의 품질과 절약할 수 있는 시간을 고려하면 오히려 수익성 높은 투자라 할 수 있다. 우리 농장의 퇴비 관련 지출은 매출총액의 3퍼센트 미만으로 이 생산요소가 경작의 성공에 차지하는 중요성에 비해서는 보잘 것 없는 액수다.

  배송할 때 배송업자에게 농장 양 끝에 각각 퇴비 한 더미씩 총 두 더미로 나누어 옮겨 달라고 요구한다. 퇴비더미를 근처에 가져다 두면 살포하는 데 드는 시간을 훨씬 줄일 수 있다. 우리는 갓 만들어진 퇴비의 따뜻한 온도를 최대한 이용하고자 첫 직파를 하기 직전인 봄철에 퇴비를 받는 것을 선호한다. 퇴비가 아직 따뜻할 때는 아직 차가운 봄철 토양에서 이루어지는 생물활동에 이로울 수 있으며 퇴비에 매우 활동적인 미생물(균류, 미생물, 지렁이 등)이 포함되어 있다. 즉, 퇴비는 굉장히 실용적인 작업방식이며 우리 농장에서는 이 방식을 바꿀 생각이 전혀 없다.

  퇴비를 적용할 때 몇 가지 따라야 할 절차가 있다. 비료요소가 씻겨 나가지 않게 하려면 언제나 퇴비더미를 잘 덮어 놓아야 한다. 퇴비더미는 물이 모이지 않는 텃밭 중심의 한 곳(혹은 두 곳)에 위치해야 한다.

> 구입한 것이든 직접 만든 것이든, 퇴비더미는 영양소의 용탈을 막기 위해 늘 방수포로 덮어 주어야 하며, 물이 고일 수 없는 장소에 두어야 한다.

우리 농장의 경우 손수레를 이용해 퇴비를 각기 다른 구획으로 옮기며 갈퀴를 이용해 두둑에 펼친다. 그리고 질소가 증발되지 않도록 (회전쇄토기를 이용해) 표면으로부터 5센티미터 이내의 흙과 섞는다. 경작달력에 표시된 날짜를 준수하기 위해 작물을 옮겨 심기 1주일 전에 두둑에 퇴비를 첨가한다.

> **"퇴비살포기가 있으면 일이 훨씬 빠르다"**
>
> 나는 이런 말을 일부 연수생에게서 자주 듣곤 한다. 매년 우리 농장에서는 전체 면적의 절반(약 338제곱미터), 즉 30미터 길이의 두둑 16개로 이루어진 구획 10개에 손수레로 퇴비를 주는 데 이런 방식이 비효율적으로 보일 수 있다. 하지만 연수생들은 퇴비살포기로 퇴비를 뿌리려면 트랙터 1대가 아니라 2대가 필요하다는 사실을 잊고 있다. 트랙터 1대는 퇴비살포기를 농장으로 끌고 오는 데에, 다른 1대는 작업속도를 올려 줄 삽을 장착하는 데에 사용된다. 우리 두둑의 크기(120센티미터)에 들어맞는 퇴비살포기를 찾아내는 것도 쉽지 않다. 살포기를 사용하는 데 필요한 비용과 퇴비를 뿌리는 작업이 1주일밖에 걸리지 않는다는 점을 감안한다면 이 '해결책'은 우리 농장에 어울리는 방식이 아니다. 작은 채소텃밭에 퇴비를 뿌리는 일은 손수레와 삽, 약간의 노력이면 충분하니 말이다.

상업용 퇴비를 공급하면서 동시에 작물 잔여물과 또 다른 탄화물질을 이용해 가내 퇴비도 만들어 보충한다. (농사를 짓는 동안 점진적으로 진행되는) 혼합 과정에서 '보카시bokashi, 보카시 비료란 EM 등 미생물을 넣고 발효시킨 유기질 비료를 가리키는 말' 유형의 박테리아 더미를 접종하는데 이 박테리아는 혐기성 조건에도 불구하고 퇴비의 분해 작용을 돕는다. 끊임없이 퇴비를 주고 경험을 계속해 나가기 위해 찾은 해결책 중 하나다.

천연비료를 사용하는 이유

우리 농장에서 사용하는 펠렛 계분거름은 살균된 펠렛 비료이며, 일반 퇴비와 마찬가지로 세균 오염 위험 없이 모종 이식 바로 직전에 토양에 투입할 수 있다. N-P-K 분석 수치는 (업체에 따라) 약 4-4-2에 위치하며 토양에 투입한 후 보통 30일 이내에 식물이 빠르게 영양분을 사용할 수 있다. 퇴비에 포함된 질소는 미생물 활동으로 무기물화가 된 후에야 사용할 수 있지만 계분거름에 포함된 질소의 상당부분은 땅이 아직 차가울 때에도 곧바로 사용될 수 있다.

퇴비로 비료를 줄 때 비옥화 능력은 느리고 점진적이며, (특히 봄에) 완전히 데워지지 않은 땅에서 그 활동이 줄어든다는 점을 반드시 기억해야 한다. 그러므로 계분거름과 퇴비를 결합해서 주는 일은 질소가 가장 필요한 성장 초기에 질소를 공급해 준다는 의미에서 중요하다. 이러한 '시동' 효과가 나타난 이후, 퇴비는 나머지 필요한 영양분을 제공하는 역할을 한다. 이러한 결합은 우리 농장 비료 계획의 근간이다. 이 방식을 이용해 영양분이 배출되는 시기와 작물이 이 영양분을 필요로 하는 시기를 맞출 수 있다.

나는 이 계분거름의 출처를 우려하는 텃밭농부들이 많다는 사실을 알고 있다. 이 거름이 종종 밀폐되고 집약적인 축사에서 나오기 때문이다. 유기질 비료보다 화학적 비료처럼 작용한다는 사실도 우려스러울 수 있다. 당연히 이런 걱정을 할 수 있다. 이에 관한 내 의견은 다음과 같다. 우리 농장에서 펠렛 계분거름은 부차적 비료로 사용되며, 퇴비를 보조할 뿐 대체하지 않는다. 이러한 생각을 하고 사용하는 계분거름은 비용이 적게 들고 쉽게 적용할 수 있으며 토양의 자연적인 비옥화를 방해하는 일 없이 좋은 결과를 가져다준다. 그 때문에 나는 계분거름이 훌륭한 생산요소라고 생각하지만 동일한 장점을 지닌 새로운 비료를 사용할 수 있다면 전혀 망설이지 않고 이 새로운 비료를 사용할 것이다. 알팔파Alfalfa라는 식물로 만든 가루는 계분거름을 대체할 최선의 선택으로 보이지만 어째서인지 퀘백에서는 알팔파 가루를 구할 수가 없다.

윤작 계획 세우기

다양한 채소를 경작하는 이유 중 하나는 안정적으로 건강한 윤작 계획을 세울 수 있기 때문이다. 일모작一毛作(동일한 농장에 한 종류의 농작물을 1년에 한 번만 재배하는 방식)이 보편화되기 전부터 농부들은 이러한 경작 작물 다양성이 토양의 지력 저하를 막고 더 많은 병충해를 제거해 준다는 사실을 인식하고 있었다. 녹색혁명이 일어나기 전, 즉 1950년대 이전에 나온 농업 관련 저서를 보면 당대 농학자들이 너무 짧은 윤작 계획을 굉장히 금기시 했다는 사실을 알 수 있다.

다행히도 오늘날 유기농업은 사람들의 관심을 윤작이라는 중요한 방식에 집중시키는 역할을 했다. 집약적 채소 재배에서 윤작을 할 때 중요한 점이 있다. 특정 간격으로 작물 경작에 변화를 주기 위해 재배할 채소를 그 채소가 속한 과로 분류해야 할지, 혹은 필요로 하는 영양소의 종류에 따라 분류해야 할지 결정해야 한다. 윤작은 양적으로 증명하기는 어렵지만 다양한 이점을 지녔으며 경작 시스템의 전반적인 개선에 다양한 방식으로 기여한다.

판매용 채소 재배를 시작했을 당시에는 윤작에 그다지 큰 중요성을 부여하지 않았다. 윤작의 원리를 알았고 그 작용을 이해했지만, 어느 세미나에 참석해 성공한 농부들로부터 섬세한 장기 계획이 중요하다는 이야기를 듣고 나서야 우리만의 윤작 계획을 세워야겠다고 마음먹었다.

그렇지만 윤작 계획 수립은 쉬운 일이 아니며 그 결과를 가벼이 여겨서는 안 된다. 사실 윤작 계획은 그 무엇보다 더 주의를 기울여 분석해서 세워야 한다. 윤작을 실행에 옮길 준비가 되었다면 책에 나온 방식이나 친한 유기농업생산자가 알려 준 방식 등 여러 방식의 윤작 계획을 연구해 그 논리를 먼저 파악하길 권한다. 자신만의 계획을 세우려면 무엇보다 윤작의 법칙을 이해해야 한다. 다음은 그렐리네트농장에서 우리가 시행하는 방식이다.

윤작의 장점

- 밭에 쉽게 자리 잡을 수 있는, 작물에 해로운 여러 유기체(풀과 벌레)의 생애 주기를 끊어 주는 역할을 한다.
- 뿌리 구조가 서로 다른 작물들의 뿌리가 제각기 다른 깊이까지 내려가게 해 토양 구조를 개선시킨다.
- 서로 다른 영양소를 필요로 하는 작물, 즉 다양한 발달 형태(뿌리채소, 잎채소, 과일채소)를 지닌 작물을 서로 교대로 심으면 토양의 양분이 고갈되는 일을 막을 수 있다.
- 주위에 풀이 잘 자라는 작물과 그렇지 않은 작물, 혹은 최선의 제초 방식(짚으로 싸서 보호하기, 표면 흙을 자주 부드럽게 해 주기, 가묘상假苗床, false plantbed(작물 파종·정식 전에 경지를 정리해 풀 발아를 유도한 다음, 끌개를 이용해 제거하거나 화염제초를 해서 표층의 풀 종자를 줄이는 식으로 일부러 풀의 싹이 나도록 유도하는 것)을 이용하는 작물을 교대로 심어서 구획을 더 깨끗이 유지한다.
- 1~2년에 1회씩 토양을 정비해서 퇴비 사용을 적당한 선으로 제한하고 영양분을 먼저 필요로 하는 작물에 퇴비가 이용된 후 덜 필요로 하는 작물에 그 다음으로 이용되도록 하면 '기초적' 비옥화가 가능해진다.

우리 농장의 행보

윤작을 계획할 때 가장 먼저 우리가 지키려 했던 원칙부터 고려했다. 유기농 생산자 대부분은 자신의 농지 특성에 따라 윤작을 계획한다. 어떤 구획은 관개가 불가능하며, 또 어떤 구획은 특정 작물의 성장에 이로운 토양을 보유하고 있으며, 또 어떤 구획은 언제나 습하다, 하는 식의 특성 말이다.

우리 농장에서는 이런 특성들을 고려해 농지를 정비한 덕분에 이후에는 더 이상 그 부분을 신경 쓸 필요가 없었다. 흔히 사용되는 또 다른 방법은 한 계절 이상 동안 목초지 혹은 휴경지를 정비하는 것인데, 여기에는 다양한 장점이 따른다. 그러나 이러한 접근법은 우리의 집약적 모델에는 적합하지 않았다.

우리는 일련의 충고들을 모두 자세히 살펴본 후 (여러분 또한 면밀히 검토하는 과정을 반드시 거치길 권한다) 계획대로 윤작을 시행하면서 준수하려는 전제들을 정리해 보았다.

- 십자화과, 백합과, 가지과는 두 작물 사이에 4년의 간격을 둔다. 이는 박과 작물에도 지켜야 하는 간격이지만 비교적 덜 엄밀하게 지켜도 된다.

- 영양을 많이 필요로 하는 작물 다음에는 영양을 덜 필요로 하는 작물을 심어야 한다. 그래야 영양을 많이 필요로 하는 작물에 해당되는 구획에만 퇴비를 사용해 퇴비 사용을 최적화할 수 있다.

- 뿌리채소와 잎채소는 번갈아 심어야 한다.

- 제초하기 어려운 작물인 양파를 심기 전에 제초하기 쉬운 작물들을 심어 주어야 한다.

일단 이 전제를 세우고 나면 '규칙'을 정비하고 몇 년 동안 수행할 연속 경작 계획을 짜야 한다. 이를 실천하기 위해 일련의 표로 작물의 성장주기를 그려 보면 좋다. 이 표의 각 칸은 하나의 식물이 해당하는 과科와 해당 작물이 필요로 하는 영양소를 가리킨다. 그 이후 서로 다른 연속적 배합을 만들어 보면서 모든 전제를 준수하는 윤작 방법을 찾으면 된다. 일을 간단히 진행하기 위해 우리는 각 식물 과(칸)를 하나의 구획과 연결 지은 후, 단계별로 일을 진행했다.

아이디어는 영양이 많이 필요한 네 가지 과(십자화과, 백합과, 가지과, 박과)의 채소를 경작하는 일에서 출발했다. 또한 영양이 많이 필요하지 않은 세 가지 과(콩과, 명아주과, 미나리과) 채소도 생산하고 싶었다. 이 세 가지 과는 영양을 덜 필요로 하고 배합할 때 전혀 제한이 없었기 때문에 이것들을 다섯 번째 과에 넣었다. 이 다섯 번째 과에는 영양을 많이 필요로 하는 과에 속해 있지만 실제로는 영양을 덜 필요로 하는 채소들 역시 추가했다. 이러한 채소는 주로 푸른잎채소(케일, 콜라비, 루콜라 등)로 텃밭에 오랫동안 머물러 있으며 기생충과 병충해가 덜 발생하는 경향을 지닌 식물이다. 이 마지막 과를 '푸른잎-뿌리'라고 분류했다. 요컨대 우리는 전부 다해 다섯 개의 과, 즉 서로 다른 다섯 개의 구획(178쪽부터 나오는 윤작 계획표 참조)을 갖게 된 셈이었다.

《집약적 유기농업 채소 재배 : 전반적인 관리 가이드》는 채소 윤작 계획을 세울 때 퀘벡의 유기농 텃밭농부들이 고려해야 하는 주요 사항을 상당히 충실하게 보여 준다. 이 책은 각종 정보로 가득한 강력 추천 도서다.

윤작 계획을 할 때 기억해야 할 것

텃밭을 시작하거나 땅을 임대해 농사를 짓는다면 윤작은 무시할 수도 있는 경작 방식이다. 왜냐하면 윤작을 할 때 생기는 여러 제약이 효과적인 작업에 방해가 될 수 있기 때문이다. 게다가 윤작 구상에 들인 노력에도 불구하고 계획이 지켜지지 않을 가능성도 높다. 사실 초반 몇 년 동안은 어떤 작물이 도중에 버려지거나 추가되는 경우가 왕왕 생긴다. 개인적인 선호도에 따라 특정 작물에 할애한 공간을 조정하기 때문이다. 그러한 상황에서 윤작 계획을 계속 실행해 보아야 소용이 없다. 만약 그 어떤 복잡한 윤작도 한 계절 혹은 두 계절 동안 비료 계획에 포함되지 않는다면 어떠한 결과도 만들어 내지 못한다. 작물의 윤작은 반드시 중장기적인 관점에서 시행해야 한다.

윤작 계획표 1

텃밭 1	텃밭 2	텃밭 3	텃밭 4	텃밭 5
가지과	십자화과	백합과	박과	기타

다음으로는 두 텃밭 중 하나의 텃밭에만 비료를 뿌려서 퇴비 사용을 최적화하고 싶었다. 푸른잎-뿌리채소가 영양을 덜 필요로 하는 채소로 구성되어 있었기 때문에 영양이 많이 필요한 작물 다음에 이 채소들을 심는 것이 당연했다. 이러한 배열을 보충하기 위해 윤작 계획에 푸른잎-뿌리채소 네 구획을 더해야만 했다. 그래서 윤작은 윤작 계획표 2와 비슷해졌다.

윤작 계획표 2

텃밭 1	텃밭 2	텃밭 3	텃밭 4	텃밭 5	텃밭 6	텃밭 7	텃밭 8	텃밭 9	텃밭 10
가지과 퇴비	푸른잎 -뿌리	십자화과	푸른잎 -뿌리	백합과	푸른잎 -뿌리	박과	푸른잎 -뿌리	마늘 퇴비	푸른잎 -뿌리

이 단계에 이르면 영양을 더 필요로 하는 작물과 덜 필요로 하는 작물을 교대로 심는 것은 서로 다른 구획 여덟 개를 전제로 한다는 사실을 발견할 수 있다. 그러나 우리는 마늘을 대량 경작하고 싶었기 때문에 영양을 많이 필요로 하는 이 작물의 전용 경작 구획 하나를 추가했다. 그러므로 교대 순서를 준수하려면 영양을 덜 필요로 하는 작물이 심어질 다섯 번째 구획을 추가해야 했기 때문에 전부 해서 열 개의 구획이 되었다. 퇴비는 이러한 방식으로 우리가 바랐던 것처럼 2년에 1회씩 영양을 많이 필요로 하는 작물의 구획에만 살포된다. 이는 이상적인 비료 시나리오라 할 수 있다. 그래서 전체적인 윤작 계획은 윤작 계획표 3을 닮게 되었다.

윤작 계획표 3

	텃밭 1	텃밭 2	텃밭 3	텃밭 4	텃밭 5	텃밭 6	텃밭 7	텃밭 8	텃밭 9	텃밭 10
1년 차	가지과 퇴비	푸른잎 -뿌리	십자화과 퇴비	푸른잎 -뿌리	백합과 퇴비	푸른잎 -뿌리	박과 퇴비	푸른잎 -뿌리	마늘 퇴비	푸른잎 -뿌리
2년 차	푸른잎 -뿌리	가지과 퇴비	푸른잎 -뿌리	십자화과 퇴비	푸른잎 -뿌리	백합과 퇴비	푸른잎 -뿌리	박과 퇴비	푸른잎 -뿌리	마늘 퇴비

3년차	마늘 퇴비	푸른잎 -뿌리	가지과 퇴비	푸른잎 -뿌리	십자화과 퇴비	푸른잎 -뿌리	백합과 퇴비	푸른잎 -뿌리	박과 퇴비	푸른잎 -뿌리
4년차	푸른잎 -뿌리	마늘 퇴비	푸른잎 -뿌리	가지과 퇴비	계속 반복 (10년에 걸친 윤작)					

 그다음에는 마늘을 심을 구획을 또 다른 백합과 구획과 4년 간격으로 나누었다. 이렇게 만들어진 윤작 계획은 출발점으로 되돌아가는 데 10년이 걸린다.

 마침내 우리 농장의 윤작과 생산 계획을 조정해야 하는 마지막 중요한 단계가 찾아왔다. 여기서 우리는 텃밭 절반이 푸른잎-뿌리 채소로 이루어져 있다는 결정적 사실을 발견했다. 샐러드채소 생산은 상당한 수입을 가져다주기 때문에 전혀 문제가 되지 않았다.◆ 우리의 윤작 계획을 분석해 보니 봄과 가을에는 브로콜리와 꽃양배추를 재배하지만 여름에는 재배를 원하지 않는다는 사실을 깨달았다. 또한 애호박을 대량으로 두 번, 한 번은 굉장히 이르게 한 번은 굉장히 늦게 재배하길 바란다는 사실도 깨달았다. 그래서 우리는 약간의 '트릭'을 써서 이 두 과를 한데 모으고 '조기 재배' 구획과 늦작물 생산 구획을 만들기 위해 고민했다. 박과와 십자화과 작물의 생산을 2배로 늘려 주는 조합임에도 불구하고 윤작이 10년에 걸쳐 이루어지기 때문에 4년의 간격을 영양을 많이 필요로 하는 과

◆ 서로 다른 생산 요구에 부합하기 위해 이 구획들을 녹비나 윤작 규칙을 준수하는 또 다른 작물로 대체할 수 있었다.

에 속하는 두 작물 간에 두는 법칙이 지켜졌다. 최종 윤작 계획표는 대체로 윤작 계획표 4와 비슷하다.

윤작 계획표 4

	텃밭 1	텃밭 2	텃밭 3	텃밭 4	텃밭 5	텃밭 6	텃밭 7	텃밭 8	텃밭 9	텃밭 10
1년 차	가지과 퇴비	푸른잎 -뿌리	박과 십자화과 퇴비	푸른잎 -뿌리	백합과 퇴비	푸른잎 -뿌리	박과 십자화과 퇴비	푸른잎 -뿌리	마늘 퇴비	푸른잎 -뿌리
2년 차	푸른잎 -뿌리	가지과 퇴비	푸른잎 -뿌리	십자화과 퇴비	푸른잎 -뿌리	백합과 퇴비	푸른잎 -뿌리	박과 십자화과 퇴비	푸른잎 -뿌리	마늘 퇴비
3년 차	박과 십자화과 퇴비	푸른잎 -뿌리	가지과 퇴비	푸른잎 -뿌리	십자화과 퇴비	푸른잎 -뿌리	백합과 퇴비	푸른잎 -뿌리	박과 십자화과 퇴비	푸른잎 -뿌리
4년 차	푸른잎 -뿌리	박과 십자화과 퇴비	푸른잎 -뿌리	가지과 퇴비	푸른잎 -뿌리	십자화과 퇴비	푸른잎 -뿌리	백합과 퇴비	푸른잎 -뿌리	박과 십자화과 퇴비
5년 차	박과 십자화과 퇴비	푸른잎 -뿌리	박과 십자화과 퇴비	푸른잎 -뿌리	가지과 퇴비	푸른잎 -뿌리	십자화과 퇴비	푸른잎 -뿌리	백합과 퇴비	푸른잎 -뿌리
6년 차	푸른잎 -뿌리	백합과 퇴비	푸른잎 -뿌리	박과 십자화과 퇴비	푸른잎 -뿌리	가지과 퇴비	푸른잎 -뿌리	십자화과 퇴비	푸른잎 -뿌리	백합과 퇴비
7년 차	박과 십자화과 퇴비	푸른잎 -뿌리	백합과 퇴비	푸른잎 -뿌리	박과 십자화과 퇴비	푸른잎 -뿌리	가지과 퇴비	푸른잎 -뿌리	십자화과 퇴비	푸른잎 -뿌리
8년 차	푸른잎 -뿌리	박과 십자화과 퇴비	푸른잎 -뿌리	백합과 퇴비	푸른잎 -뿌리	박과 십자화과 퇴비	푸른잎 -뿌리	가지과 퇴비	푸른잎 -뿌리	십자화과 퇴비
9년 차	마늘 퇴비	푸른잎 -뿌리	박과 십자화과 퇴비	푸른잎 -뿌리	백합과 퇴비	푸른잎 -뿌리	박과 십자화과 퇴비	푸른잎 -뿌리	가지과 퇴비	푸른잎 -뿌리

10년 차	푸른잎-뿌리	마늘 퇴비	푸른잎-뿌리	박과 십자화과 퇴비	푸른잎-뿌리	백합과 퇴비	푸른잎-뿌리	박과 십자화과 퇴비	푸른잎-뿌리	가지과 퇴비

물론 이 윤작 계획은 우리의 생산 요구에 부합하지만 하나의 사례로도 사용될 수 있다. 문서상 계획이 그에 해당하는 토지 구획 위에 나타나야 하는 것이 가장 중요하다. 우리 텃밭은 작물의 윤작 변수를 정확히 준수하는 10개의 구획으로 나누어져 있다. 이러한 시행 방식은 작업을 단순하게 해 준다는 장점이 있지만 한 가지 제약이 있다. 각 구획을 구성하는 두둑의 개수가 생산을 결정한다는 점이다. 우리의 텃밭에 16개 두둑이 있기 때문에 하나의 '과'에 속하는 다양한 채소를 생산하는 일은 16개 두둑으로 제한된다. 예컨대 백합과 작물 경작 연간 계획을 세울 때는 양파 10두둑, 파프리카 4두둑, 골파 2두둑, 이런 식으로 결정해야 한다. 우리의 윤작 계획을 준수하려면 이러한 공간적 제약에 따라 각 과의 생산량을 조정해야 한다. 구획을 둘로 나눌 수도 있겠지만 총생산량은 늘 두둑의 총 개수에 따라 제한된다.

우리 농장의 윤작 계획을 함께 논의했던 텃밭농부들 대부분은 이 윤작 계획이 매우 제약이 많다고 판단했으며, 나 역시 그들의 판단이 옳다고 생각한다. 하지만 나는 쉽게 지킬 수 있는 명확한 틀을 만들어 냈다는 점에서 우리의 윤작 계획이 큰 장점이 있다고 생각한다. 결국 이 시스템의 영속성이 관건이다. 여전히 수많은 해를 거듭하며 이 땅에서 집약적인 경작을 계속해 나가길 원하기 때문이다.

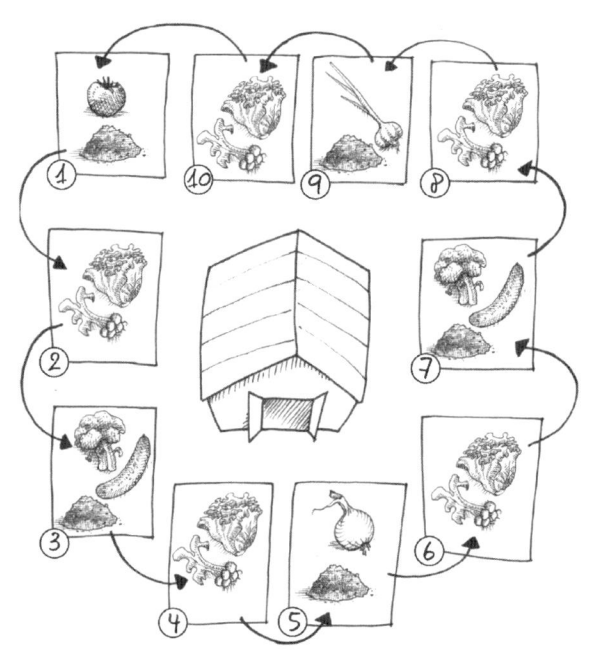

텃밭을 10개의 생산 구획으로 나누는 일은 10년에 걸쳐 시행할 우리 농장 윤작 계획의 근간이다.

녹비와 퇴비 덮기

 녹비는 판매 목적이 아니라 토양을 보호하고 영양을 공급하는 데 이용하려고 키우는 작물이다. 주로 화본과(외떡잎식물 벼목의 한 과)와 콩과 식물을 베어 내 토양에 섞어 땅을 비옥하게 만든다. 녹비가 하는 비옥화 작용의 핵심은 다음과 같다.

 수많은 콩과 식물(강낭콩, 완두콩, 대두, 알팔파, 토끼풀 등)은 공기 중의 질소를 고정해 이를 토양에 공급하는 놀라운 능력을 갖고 있다. 이러한 작물을 텃밭에 심을 때 땅에 새로 첨가되는 질소를 다른 작물도 이용할 수 있다. 곡물류(귀리, 호밀, 밀 등)와 콩과를 섞어 심었을 때 작물의 잔여물은 질소뿐만 아니라 탄화된 유기물질도 가져다준다. 그러므로 녹비를 퇴비나 거름과 동일한 정도의 비료로 여겨도 무방하다.

 녹비는 농사 현장에 비료처럼 작용하는 식물이라는 점에서 중요하다. 씨를 뿌리고 작물을 으깨 토양에 흡수시키는 일 말고는 그 어떤 작업도 필요없다는 것도 장점이다. 단점이라면 녹비가 자라는 동안 다른 판매용 작물이 자랄 공간을 차지한다는 것인데, 그 기간은 선택한 종에 따라 6주에서 한 계절 전체까지 다양하다. 여기에 미생물이 녹비를 분해해 다른 작물이 이용할 질소를 만들어 내는 데 걸리는, 녹비를 묻은 후 2주 정도 소요되는 잠복기간을 추가해야 한다.

 유기적 채소 재배를 할 때 녹비를 이용한 비료 계획 수립은 굉장히 권장할 만한 방법이다. 이는 질소를 밭에 공급할 수 있는 경제적이고 효과적인 방법이며, 특히 넓은 면적에 뿌려야 하는 퇴비와 거름의 막대한 양을 감안하면 더욱더 그러하다. 또한 인산을 첨가하지 않고 작물에 질소를 제공하는 방법이기도 하다. 하지만 땅 면적이 좁은데 비료를 주려고 녹비를 심는 것은 이상적인 방법이 아니다. 작물을 연속으로 심으면 그 사이에 다른 작물을 옮겨 심을 시간이 별로 없으며, 여러 구획을 휴경지로 놓아둔다는 생각은 경작 공간의 효율적 사용과는 거리가 멀다. 분쇄기 없이 미니관리기만 가지고 녹비를 묻는 일 역시 상당히 문제가 된다.

그렇지만 어쨌든 우리 농장에서는 이 화본과와 콩과 식물을 다른 이유로 사용하며 녹비보다는 '피복작물(토양 비료 유출과 침식을 막기 위해 작물 사이에 재배하는 작물)'이라 부른다. 집약적 생산시스템을 구축한 우리 농장에서는 다음과 같은 녹비의 장점을 활용했다.

추가적인 질소 공급원

우리는 퇴비를 이용해 텃밭에 비료를 주는 것을 선호하지만 콩과 식물의 비옥화 작용을 이용하겠다는 생각을 버리지 않고 있다. 우리의 도전과제는 경작 계획에 존재하는 '구멍'을 찾아 어떤 작물을 심기 전에 녹비를 심는 것이었다(우리는 이것을 '몰래 심는 녹비'라 부른다). 녹비 재배에 성공해 추가로 텃밭에 질소가 공급되면, 부차적 비료, 우리의 경우 계분거름의 양을 평소의 절반으로 줄일 수 있다. 우리가 선호하는 녹비용 콩과 식물은 경협종硬莢種豌豆(꼬투리가 단단한 품종) 완두와 살갈퀴다. 이 두 가지 작물을 귀리와 섞어 심어 함께 달라붙어 성장하는 동안 서로 지탱하게 한다.

콩과 녹비의 비옥화 작용을 이용하려면 다음과 같은 측면을 고려해야 한다.

유기농 텃밭농부들이 사용하는 녹비의 다양한 혼합과 배합은 굉장히 흥미로운 주제다. 녹비를 더 자세히 다루는 다양한 책은 책 뒤에 실린 참고문헌을 살펴보길 바란다.

첫째, 녹비를 묻는 최적의 시점은 녹비 식물이 개화하기 직전이다. 바로 이 순간에 식물이 최대한의 질소를 축적하고 있기 때문에 토양에 기여하는 바가 가장 크다. 게다가 이 단계의 녹비는 아직 어리고 부드럽기 때문에 다음 작물을 위해 더 쉽고 빠르게 분해된다.

둘째, 콩과 식물이 공기 중의 질소를 자동적으로 고정하는 것이 아니라는 사실을 알아야 한다. 그 작용은 작물 뿌리에 작은 혹을 만들어 내 질소 교환이 이루어지게 하는 '뿌리혹박테리아根瘤根'라는 박테리아다. 그런데 콩과 식물이 일정 시간 동안 자라지 않은 땅에는 그 박테리아가 존재하지 않을 가능성이 있다. 어떤 경우든 이 종자들에 양질의 뿌리혹박테리아를 접종시키면 좋다. 뿌리혹박테리아가 질소를 가능한 한 최대로 고정할 수 있게 만들려면 콩과 식물의 종자에 각각 접종시켜야 한다. 뿌리혹박테리아를 접종시킬 때는 종자 공급업체에서 구입할 수 있는 접종용 가루를 물에 넣어 종자에 섞기만 하면 된다. 유기농 인증 기준을 준수하는 제품인지 반드시 확인하자.

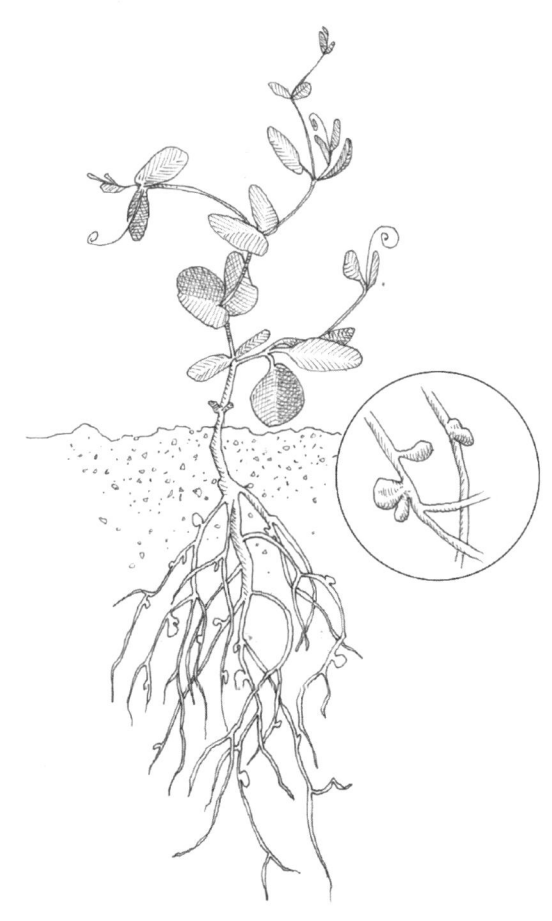

녹비 종자에 뿌리혹박테리아를 접종시킬 필요가 있는지 알아보려면 텃밭에 난 콩이나 강낭콩을 (혹은 콩과 식물 아무거나) 파내서 둥그스름한 분홍색 혹이 뿌리에 붙어 있는지 확인해 보면 된다. 혹이 나 있는지 관찰하기 가장 좋은 시기는 4주가 되어 개화하기 직전이다.

유기물질 첨가

앞서 언급했듯이 녹비가 아직 어리고 파릇파릇할 때 토양에 흡수시켜야 이롭다. 그런데 그렇게 하면 녹비가 분해된 뒤 토양에 유기물질이 별로 남지 않는다.

녹비로부터 상당량의 유기물질을 얻기 위해서는 분해에 어느 정도 저항력이 있는, 다 자라서 질겨진 식물을 땅에 묻어야 한다. 상당히 두꺼운 가을호밀이나 수수-수단그라스 교잡종이 좋은 사례 중 하나다. 이러한 작물은 다량의 생물자원을 생산하며, 작물의 뿌리가 땅을 파고들어 갈 때 하는 작용이 토양 구조에 매우 긍정적인 영향을 미친다. 반면 이러한 녹비를 분해하려면 미생물이 토양 안에서 상당량의 질소를 흡수해야 한다. 그렇기 때문에 대량의 탄화된 잔여물을 흡수시키고자 녹비를 지속적으로 이용하는 전략은 다음번 경작을 할 때 이용할 수 있는 질소 양을 줄어들게 할 수 있다.

우리 농장에서는 주로 피트모스가 풍부한 퇴비를 사용해 토양에 유기물질을 공급한다. 토양에 유기물질을 첨가하려고 질긴 녹비를 기를 때 시행한 유일한 일은 겨울이 오기 전 토양을 덮으려고 농사철이 끝나갈 무렵 씨를 뿌린 것 밖에 없다.

토양 보호

몇 달 동안 아무것도 덮지 않은 채로 토양을 방치하는 일은 하지 말아야 한다. 토양의 구조와 질을 불가피하게 저하시키는 강한 바람과 다량의 비에 노출되기 때문이다. 겨울에는 극심한 침식 요인이 많이 생기고 토양을 보호할 만한 그 무엇도 자라지 않기 때문에 이 점은 매우 중요하다. 퀘벡에서는 겨울 동안 눈이 지표면을 어느 정도 보호해 주지만 이 눈이 녹고 토양이 물로 가득 차는 봄에는 유출로 인해 심각한 용탈 작용이 일어나고 비료요소가 사라질 수 있다. 그래서 겨울이 오기 전 텃밭을 잘 '덮는' 일은 늘 중요하다. 현장에 남은 작물의 잔여물이나 토양을 덮는 방수포, 혹은 지표면을 식물로 덮기 위해 늦게 심은 녹비를 얼마든지 이용할 수 있다. 아무것도 덮지 않는 것보다 얄팍해도 덮개를 덮어 두는 편이 훨씬 낫다. 그렇게 하면 봄에 지면이 딱딱하지 않고 꽤 부드러워진다.

이상적인 시나리오는 첫 번째 큰 서리가 내리기 적어도 6주 전에 아무 곡식이나 씨앗을 뿌리는 것이다. 그러면 가을 추위에도 불구하고 작물이 성장할 수 있을 만큼 뿌리가 충분히 자란다. 11월 전에 보리풀을 파종하면 추운 가을 날씨에도 계속 자라나며 봄철에 다시 성장을 시작한다. 그러나 겨울이 오기 전에 파종할 수 없는 경우가 종종 있으며 그럴 때는 굉장히 이른 봄에 유기물 멀칭을 하는 쪽으로 방향을 돌린다. 예를 들어 콩-귀리 혼합물은 눈이 사라지기 시작하자마자(우리 농장에서는 일반적으로 4월 초에) 파종할 수 있으며, 몇몇 작물의 직파가 시작되는 8주 후에는 토양에 흡수될 수 있다.

어떤 경우에든 피복작물이 지표면을 금세 보호해 줄 수 있도록 굉장히 조밀하게 파종한다.

풀 증식 예방

유기농 텃밭농부는 장기간에 걸쳐 풀을 없애기 위해 목초지(개량된 목초를 집약적으로 재배하는 곳)를 이용한다. 그러나 우리 텃밭은 사용할 수 있는 공간이 부족하기 때문에 이 방식은 그다지 바람직하지 못하다. 그보다 2번 연속 파종을 할 때 그 사이 시간에, 또는 두둑 하나가 오랫동안 비어 있을 때 녹비를 지피작물地被作物(거름이 흘러 내려가거나 토양이 침식되는 것을 막기 위해 심는 작물)처럼 심어 풀이 자라지 못하게 할 수 있다.

농사철 중간에 우리가 선호하는 '구멍 막기'용 작물은 메밀이다. 메밀은 한 달 만에 자라 풀의 성장을 방해하기에 충분할 만큼 빽빽하게 토양을 덮는다. 이 방법은 방수포 설치보다 더 복잡하며 가묘상(제초를 주제로 한 9장 참조)보다 덜 효과적이지만 우리가 종종 선호하는 해결책이다. 벌에게 멋진 꽃을 제공하는 메밀 녹비는 토양의 생물활동을 증진시킨다. 메밀의 여리고 부드러운 조직이 미생물에게 맛 좋은 간식거리가 되어 미생물의 활동을 진작시킨다. 우리는 메밀 다음에 심은 작물에서 이 미생물 활동의 진작 효과를 여러 차례 발견한 바 있다.

제초에 효과적인 녹비가 메밀만은 아니다. 빨리 자라는 몇몇 풀보다 더 빨리 자라 토양을 빽빽하게 덮는 덮개를 만들 수 있다면 그 어떤 종이든, 혹은 종의 혼합물이든 동일한 효과를 낼 수 있다. 이 과정에서 작물의 밀도가 중요한 역할을 하며 그렇기 때문에 녹비식물의 씨는 일반적인 권고보다 5배에서 10배나 더 많이 파종한다. 제초하는 데 시간을 보내는 것보다 녹비의 파종량을 늘리는 데 더 많은 비용을 쓰는 편이 수익 면에서도 훨씬 이롭다.

구획의 휴식(한 계절 동안 심는 녹비)

그런 날이 절대 오지 않을 수도 있겠지만 언젠가는 텃밭 일부에 한 계절 내내 그 어떤 작물도 심지 않겠다는 결정을 내릴 수도 있다(농업생산자라고 안식년을 갖지 못할 이유가 어디에 있겠는가?). 만약 이 선택이 시간 혹은 노동력 부족 때문이라면 작물을 죽이지 않고 베어 낼 수 있는, 그리고 장기간에 걸쳐 성장을 지속할 수 있는 녹비를 택하길 권한다. 나라면 토양에 다량의 질소를 가져다주며 1년에 몇 번 베어 주는 일 말고는 별다른 관리가 필요 없는 흰토끼풀을 고를 것이다. 그렇지만 토끼풀은 굉장히 느리게 자라는 종이기 때문에 풀이 자리 잡을 틈을 주지 않으려면 훨씬 더 빨리 자라는 곡물을 보호식물로 동시에 심어 줄 것이다. 처음 베어 낼 때 이 곡물은 죽겠지만 이후 토끼풀이 지표면을 적절하게 덮어 준다.

녹비를 심는 주요한 동기가 토양에(혹은 농가에) 휴식 시간을 주는 것이 아니라 지력 증진이기 때문에 나는 서로 다른 두 가지 녹비를 중간에 휴경기를 두어서 심는 전략을 택했다. 콩-귀리 혼합물을 이른 봄에 파종해 두면 6월에 토양에 흡수되며, 한참 후 8월 중순에 또 다른 녹비인 귀리-살갈퀴를 파종하면 겨울 동안 일종의 멀치처럼 방치된다. 두 작물 사이의 기간은 가묘상을 하거나 토양에서 휴면종자를 최대한 많이 걷어 내는 데 사용될 수 있다.

녹비의 살포와 혼합

우리 텃밭에서는 앞에서 명시한 파종 비율을 준수해 녹비 씨앗을 공중에서 살포한다. 파종 직후에는 미니관리기나 바퀴괭이를 흙표면에서 빠르게 이동시켜서 씨앗을 토양과 섞어 준다. 대부분의 경우 토양의 습도만으로도 제대로 된 발아가 보장된다. 하지만 아주 덥거나 건조한 경우에는 송수관을 동원할 필요가 있다.

잔여물을 묻을 때는 미니관리기를 이용해 녹비를 가장 아래쪽 지층에 섞어 주는 것이 일반적인 방법이다. 우리는 몇 년간 이 방식을 고수했지만 최소 경운(5장 참조)이라는 접근법 덕분에 녹비를 다른 방식으로 섞었다. 먼저 플레일모어로 녹비를 으깬다. 그다음에는 지표면의 잔여물과 통로에서 나온 흙을 쏟아 내 두둑의 높이를 올린다. 이 방식은 녹비를 땅속에 묻는 방식과 달리 토양 구조를 저해하지 않으면서 녹비를 섞을 수 있다. 이후 검은색 방수포로 밭을 덮어서 작물의 잔여물이 빨리 분해되도록 한다(불투명 멀치는 토양의 여러 미생물에게 이상적인 환경을 제공한다). 몇 주 뒤에 밭을 돌아보면 얼마나 많은 미생물이 잔여물을 분해시키는 중인지를 확인하고 놀라게 된다. 그렇지만 이러한 친환경적 경운 작업을 하려면 두둑을 준비하는 데

> 미니관리기로 녹비를 묻는 경우에는 가장 저속으로 설정해 농기구 날이 토양을 너무 많이 분쇄하지 않도록 조심해야 한다.

시간이 상당히 많이 소요되며 그것이 문제가 되기도 한다. 그래서 우리는 미니관리기 경운을 대안으로 삼았다.

작물을 작게 썰어 주는 플레일모어는 채소텃밭에서 녹비를 이용할 때 필수적인 농기구다.

그렐리네트농장에서 사용하는 녹비의 종류

흰토끼풀

흰토끼풀(우리는 더 저렴하고 더 순한 빨간토끼풀을 선호한다)은 뿌리를 내리는 데 오래 걸리지만 굉장히 생명력이 강하며 제거하기 어렵다. 이 식물은 특히 텃밭 가장자리에 풀이 자라게 하고 싶을 때 사용한다. 또한 흰토끼풀은 토양에 질소를 공급하며 겨울에도 끈질기게 살아남아 있기 때문에 따로 잘라 낼 필요가 없다. 공중에서 종자를 살포하며 종자가 매우 작기 때문에 모래와 50/50으로 섞어 주어 밀도가 너무 높아지는 일을 예방한다.

파종 비율: 30미터 두둑당 1킬로그램(모래 50퍼센트 포함)

귀리와 콩

귀리와 콩의 혼합물은 녹비를 만들 때 우리가 가장 기본으로 삼는 녹비 방식이다. 이 녹비는 눈이 녹자마자 이른 봄에 파종한다. 귀리-콩 혼합물은 토양에 다량의 질소와 생물자원을 공급한다. 가을에는 콩을 살갈퀴로 대체하곤 한다. 귀리와 콩(혹은 살갈퀴) 녹비는 8주가 걸려 성장한 후에 땅에 묻을 수 있다. 우리 농장에서 이 녹비의 최종 파종 시한은 9월 1일이다.

파종 비율: 콩(살갈퀴) 60퍼센트와 귀리 40퍼센트로 구성된 혼합물을 30미터 두둑당 1.5킬로그램

가을호밀

가을호밀은 늦수확이 이루어지는 두둑에 풀을 덮어 줄 때 매우 유용하다. 뿌리를 제대로 내리기까지 4주에서 6주가 필요하며 추운 날씨에도 굉장히 잘 자란다. 반면 가을호밀은 제거하기 매우 어려워 으깬 후에 미니관리기를 한 번 돌려도 이를 완전히 파괴할 수 없다. 이 가을호밀을 제대로 심기에 적절한 최종 시한은 겨울이 오기 전 10월 첫 주다. 이 때에 파종된 가을호밀은 봄에 자라나며 5월 말까지 다량의 생물자원을 공급한다.

파종 비율 : 30미터 두둑당 1.5킬로그램

메밀

메밀은 토양에 퇴비를 빨리 덮을 필요가 있을 때 유용하다. 파종한 후 5~6주가 되면 씨를 맺기 때문에 텃밭 전체에 창궐하기 전에 미리 잘라 내야 한다. 이는 우리가 경작 달력에 늘 적어 놓는 사항이기도 하다. 메밀은 추위에 매우 민감한 식물이기 때문에 우리 농장의 경우 최종 파종 시한이 8월 말이다.

파종 비율 : 30미터 두둑당 1.5킬로그램

녹비의 사이짓기

'사이짓기'는 채소를 경작하는 중간에 녹비를 파종해 빨리 뿌리내리게 하는 방식을 의미한다. 당근 두둑을 예로 들어 보자. 당근을 수확하기 4주 전, 이랑 사이에 토끼풀 씨를 파종해 당근을 수확하자마자 토끼풀이 경작 공간을 차지하게 한다. 주요 작물을 경작한 전후에 경작지에 녹비가 자리할 수 있는 시간 범위를 늘리기 위한 작업이다. 우리 농장처럼 집약적인 시스템을 운영하는 곳에서는 굉장히 흥미로운 이론적 접근법이다.

그러나 우리는 단 한 번도 이 접근법에 열광한 적은 없다. 몇 차례 시도를 해 본 후 녹비를 채소와 함께 심으면 주요 작물이 만드는 그림자 때문에 녹비식물이 제대로 뿌리내리지 못한다는 사실을 발견했기 때문이다. 어쩌면 파종 시기를 잘못 택했거나 우리의 농작물 조합이 좋지 않았을 수도 있다. 피복작물을 텅 빈 두둑 하나에 통째로 파종했을 때 결과가 그다지 만족스럽지 않았다. 그러나 더 결정적 원인은 안 그래도 꽉 차 있는 경작 달력에 새로이 추가되는 일이었기 때문에 녹비의 적절한 파종 시기를 준수하는 일이 쉽지 않았기 때문이다. 그래도 이 녹비의 사이짓기는 집약적 유기농업에 유용할 수 있는 아이디어이기 때문에 언급하고 넘어간다.

녹비 사이짓기는 시공간의 최적화를 가능하게 해 준다는 면에서 굉장히 흥미로운 아이디어다. 하지만 이 녹비를 경작 계획에 체계적으로 통합시키는 일은 그리 간단하지 않다.

피복작물의 비료 계획 통합

녹비는 여러모로 유용하지만 우리의 비료 계획에 이를 포함시키는 일은 언제나 쉽지 않았다. 녹비 경작에 따라오는 시공간의 제약 때문에 반드시 체계적으로 접근해야만 했다. 그래서 우리는 텃밭 계획(13장 참조)을 세울 때 비슷한 시기에 파종되는 작물들을 한데 모아 놓았다. 덕분에 여러 곳에 흩어진 제각각의 두둑보다 여러 두둑이 포함된 하나의 지면에 피복작물을 파종할 수 있었다. 가능하다면 두둑 전체나 절반에 녹비를 파종하는 편을 선호한다. 그러는 편이 훨씬 더 관리하기 쉽다. 사전 계획 과정에 녹비 이용을 포함시키는 것이 중요하다고 생각했기 때문에 이를 윤작 계획에 체계적으로 통합시켰다고 할 수 있다. 이 계획에 따라 농사철 일부 동안 두둑 절반에 피복작물을 파종한다.

농작물을 기르는 텃밭의 절반이 농사철 일부 기간 동안 녹비 생산에 할애되고 있다. 뿌리채소에 할당된 두둑 대부분에는 메밀 녹비를 심을 틈이 있지만 이 부분은 가묘상을 하거나 방수포를 설치하는 편을 선호한다.

녹비를 포함한 윤작 계획표

	텃밭 1	텃밭 2	텃밭 3	텃밭 4	텃밭 5	텃밭 6	텃밭 7	텃밭 8	텃밭 9	텃밭 10
1년차	가지과 퇴비	푸른잎 -뿌리	박과 십자화과 이른 퇴비 / 살갈퀴 귀리	호밀 / 푸른잎 -뿌리	백합과 퇴비	푸른잎 -뿌리	콩 귀리 / 박과 십자화과 늦퇴비	호밀 / 푸른잎 -뿌리	마늘 퇴비	푸른잎 -뿌리
2년차	푸른잎 -뿌리	가지과 퇴비	푸른잎 -뿌리	박과 십자화과 이른 퇴비 / 살갈퀴 귀리	호밀 / 푸른잎 -뿌리	백합과 퇴비 / 호밀	푸른잎 -뿌리	콩 귀리 / 박과 십자화과 늦퇴비	호밀 / 푸른잎 -뿌리	마늘 퇴비
3년차	마늘 퇴비 / 호밀	푸른잎 -뿌리	가지과 퇴비	푸른잎 -뿌리	박과 십자화과 이른 퇴비 / 살갈퀴 귀리	푸른잎 -뿌리 / 호밀	백합과 퇴비 / 호밀	푸른잎 -뿌리	콩 귀리 / 박과 십자화과 늦퇴비	호밀 / 푸른잎 -뿌리
4년차	10년에 걸쳐 계속									

토양생태학
이해하기

　　　　　　　　　이 장에서 내가 전하려는 메시지는 토양을 더 잘 이용하는 법을 배우기 위해 사람들이 토양의 '살아 있는' 측면에 좀 더 많은 관심을 보여 주어야 한다는 사실이다. 나는 농학자의 권고가 어떤 점에서 유용한지, 어떤 방식으로 기존 자연 법칙을 지켜 나가며 토양과 작물에 영양을 공급해야 하는지를 설명하려 했다. 우리 농장에서 현재 시행하는 방식을 설명하는 동시에 체계적인 비옥화 계획을 세울 수만 있다면 복합적인 방식을 택하는 편이 결과적으로 훨씬 더 쉽다는 점 역시 보여 주었다.

　그렇지만 최적의 결과를 얻으려면 작물과 토양을 하나의 생명으로 인식하는 자신만의 감수성 역시 반드시 키워야 한다. 우리는 토양생태학을 주제로 한 많은 책을 읽고 발밑의 생명을 오랫동안 숙고한 끝에 토양이라는 매력적인 세계와 더 구체적인 관계를 맺게 되었다. 밭에서 시간을 보낼수록 식물과 토양 사이의 상호작용을 더 잘 이해할 수 있으며 그 관계를 장려하려면 어떻게 그 사이에 개입해야 하는지 알게 되는 법이다.

　우리 농장의 목표는 언제나 수익과 장기적인 지력 유지, 그리고 작업 효율성 사이에서 균형을 찾는 경작 시스템 만들기였다. 우리가 관찰한 바를 신뢰한다면 우리 농장은 좋은 방향으로 가고 있다. 그러나 비옥화 기술은 여전히 발전하고 있으며 해결책을 찾지 못한 채로 멈추어 버린 문제도 여러 가지 있다. 유기농업의 오래된 격언에 따르면 균형 잡힌 토양에서 식물이 완벽한 영양을 공급받는다면 병충해 피해를 입지 않는다고 한다. 우리 농장의 현실은 이와는 거리가 멀다. 우리 농장에서 작물이 입는 병충해를 줄일 수 있는 생태계를 만들려면 어떻게 해야 할까? 토양에 인산과다 축적 현상이 일어나지 않았는지 역시 살펴보아야 한다.

이러한 질문을 던진 후 우리는 비옥화 계획에 다양한 생물활성제를 통합시키는 쪽으로 방향을 돌렸다. 균질식물상均質植物相을 조장하기 위해 영구 두둑에 균근을 어떻게 접종시킬지 알아냈으며 우드칩 RCW, Ramial Chipped Wood기술을 적용하는 경험을 쌓고 있다. 또한 퇴비차(농사에만 사용하는 일종의 미생물 배양액. 퇴비에서 수용성 양분과 유용 미생물을 우려낸 액체다)와 또 다른 미생물 적용 방법을 이용해 토양에 활력을 주는 방법을 배우길 바라고 있다. 이렇게 쌓인 경험은 결과가 어떻든 우리로 하여금 친환경적인 해결책을 더 발견할 수 있게 해 준다. 농사일 덕분에 생태학을 일상에 접목시키고 있는 셈이다. 그것이야말로 농사를 짓는 사람이 누릴 수 있는 아름다운 특권이다.

> 우드칩은 나뭇가지를 빻거나 잘게 조각 내 만든 잔여물로 토양에 영양을 공급하거나 멀칭 작업에 이용한다. 우드칩 기술은 이로운 균류의 개체수를 늘리기 위해 토양에 리그닌lignin을 포함시키는 일을 한다. 이 주제에 관한 추가 정보가 부록에 실려 있다.

유기적 비옥화를 위한 8가지 조언

토양의 생물활동 촉진을 우선시해야 한다. 언제 어느 때나 부드럽고 통풍이 잘 되며 습기 있고 따뜻한 토양을 만들기 위해 노력한다.

생물활동은 pH 6.2~6.8 사이에서 가장 활발하다. 석회 비료를 뿌려 pH를 6.5로 맞춘다.

유기물질은 살아 있는 토양의 연료이자 서식지다. 처음에는 토양을 형성하고 유기물질 비율을 최대한 빨리 높여야 한다. 그다음에는 작물의 추출물을 유기질 비료로 대체해야 한다. 이것이 퇴비와 거름, 더 잠재적으로는 녹비의 역할이다.

작물이 필요로 하는 영양소와 생산요소의 영양학적 가치, 각 비료요소가 하는 역할(특히 경작 초기에는 질소의 역할)을 고려해 토양뿐만 아니라 작물에도 영양을 공급해야 한다.

토양 분석은 중요한 도구다. 잠재적인 무기물 불균형을 감지할 뿐만 아니라 토양의 자연적인 지력을 측정하고 부차적으로 필요한 비료의 양을 계산하는 데 필요한 단서를 제공한다.

퇴비가 주요 비료라면 양질의 퇴비를 사용해야 한다. 노하우를 가지고 효율적으로 퇴비를 만들 수 없다면 퇴비를 구입하는 것이 좋다. 퇴비는 최대한 다양한 재료로 만들어야 하며 풍부한 미량원소를 첨가해야 한다. 비료요소의 용탈을 방지하기 위해 퇴비 더미를 언제나 잘 덮어 두는 것을 잊지 말자.

적절한 윤작은 경작할 때 발생할 수 있는 여러 문제를 방지해 주며 경작 시스템의 영속성을 보장한다. 복잡한 윤작 계획을 세우기 전에 몇 계절 동안 기다리며 자신의 생산을 제대로 이해하는 것이 바람직하다.

작물의 유기적 비옥화는 서로 다른 다양한 경작법의 통합을 전제로 한다. 이러한 복합적인 차원의 관리를 하려면 일관성 있는 비료 계획을 구상해야 한다. 그래야만 이후에 체계적인 접근을 하면서 이러한 작업을 일상에서 쉽게 수행할 수 있다.

실내 파종

7

"엄지손가락이 초록색이다."

(식물 관리에 능하다는 의미)

관용어구

7

우리 농장에서 자라는 대부분의 작물은 모종을 이식하기 위해 해마다 설치하는 육묘장 안에서 삶을 시작한다. 사실 모종 이식과 직파 중에서 선택할 수 있는 경우라면 모종 이식을 선호한다. 이식이라는 방식이 지닌 이점은 거기에 들어가는 노력과 지출에 비례한다. 특히 좁은 면적에서 집약적으로 생산하고자 한다면 더욱 그렇다. 그렇기에 수확의 성공은 묘상을 능숙하게 사용할 수 있는 능력에 달려 있다. 종자 단계에서 나타난 하나의 실패가 (예컨대 발아하지 않거나 성장 속도가 너무 느리다거나 병에 걸린다거나 하는 식의) 경작 스케줄 전체에 파괴적인 영향을 미칠 수 있기 때문이다. 농사의 이러한 측면은 세심한 주의와 특정한 노하우를 요구한다.

그렇지만 옮겨 심을 모종의 생산은 농사짓는 전체 기간 중 아주 짧은 기간에 이루어지기 때문에 모종을 생산하려고 시설을 갖추고 복잡한 장비를 사기란 쉽지 않은 일이다. 또한 온실 생산을 둘러싼 기술이 워낙 발달했기 때문에 이를 제대로 습득하는 일도 역시 녹록치 않다. 그럼에도 불구하고 우리는 우리 시스템을 충분히 잘 발달시켰으며 고품질 모종을 생산할 수 있는 충분한 지식을 얻었다. 텃밭농부는 특정 분야에 전문가가 되는 것이 아니라 최소한의 투자로 가능한 한 양질의 작물을 상당량 생산해 내는 것이 더 중요하다. 다음은 그렐리네트농장에서 따르는 원칙이다.

> **모종 이식의 장점**
> ● 농사철이 시작되기 몇 주 전에 생산을 시작하기 때문에 채소 생산 가능 기간을 최대한 늘려 준다.
> ● 작물이 취약한 재배 초기에 발아와 성장 조건을 조절할 수 있다.
> ● 완벽한 밀도의 파종을 보장해 주기 때문에 성공적인 수확 가능성이 높아지는 동시에 작물이 풀보다 더 일찍 자리 잡게 할 수 있다.
> ● 텃밭 공간을 사용하기 전에 재배를 시작하기 때문에 연속 경작이 쉬워진다.

포트트레이 파종

다양한 방식으로 실내 파종을 시작할 수 있다. 대부분의 아마추어 농부는 스티로폼 상자나 코코넛 화분을 이용한다. 엘리어트 콜먼은 '소일블록soil block'이라는 방식을 오랫동안 전파해 왔다. 이는 혼합된 흙을 압축해서 만든 블록에 씨앗을 뿌리는 방식이다. 우리는 몇 차례 실험을 거친 후 포트트레이에서 모종을 생산하기로 결정했다. 이는 효율적이고 검증된 방식이라 여러분도 도입해 보았으면 한다.

포트트레이는 새싹의 뿌리를 심을 수 있도록 여러 칸으로 나누어져 있는 플라스틱 용기를 말한다. 미니 화분처럼 생긴 각각의 포트는 구멍이 여러 개 나 있는 받침용 용기(영어로 tray)에 담아 이동한다. 대부분의 포트트레이는 폭이 28센티미터, 길이가 54센티미터다. 규격이 표준화되어 있기 때문에 파종용 탁자나 육묘장 관련 다른 장비(특히 모종을 텃밭으로 옮길 때 사용하는 수확용 손수레)의 규격을 이에 쉽게 맞출 수 있다.

  채소 파종의 경우 트레이의 크기는 동일하지만 24구에서 200구까지 다양한 구멍 개수의 제품이 출시된다. 포트 구멍 개수는 뿌리가 필요로 하는 면적에 따라, 각 작물이 포트 안에서 보내야 하는 시간에 따라 달라진다. 그렇게 하면 작물이 뿌리를 독립적으로 성장시킬 수 있으며 그 경우 서로 뿌리가 얽히지 않아 이식하기가 훨씬 쉬워진다. 우리 육묘장에서는 72구에서 128구짜리 포트트레이를 주로 사용하며 재이식(작은 화분에 있던 새싹을 더 큰 화분으로 옮겨 심는 방식)을 할 때는 10제곱센티미터 넓이의 화분을 사용한다.

  포트트레이 작업은 여러 이점이 있다. 쉽게 조작하고 채울 수 있으며 물을 준 후 배수가 잘 된다. 포트 안에서 잘 뭉쳐진 흙덩어리는 성공적인 모종 이식에 중요한 요소다. 포트는 비교적 튼튼해 다시 사용할 수 있지만 파손되는 경우가 종종 있다는 것이 단점이다. 농사철이 지날 때마다 일부 포트는 어쩔 수 없이 쓰레기통으로 간다. 그렇지만 트레이 자체는 여러 계절이 지나도 잘 견디기 때문에 종자에 악영향을 미치는 여러 병충해의 근원이 되지 않도록 잘 살펴보아야 한다. 시간이 지나면서 우리는 트레이를 다음 해까지 보관해 두기 전에 살균 소독하겠다는 생각은 접었지만 별 문제는 없었다. 하지만 매번 옮겨심기가 끝날 때마다 트레이의 흙을 비워 햇볕 아래 몇 시간 동안 말려 둔다.

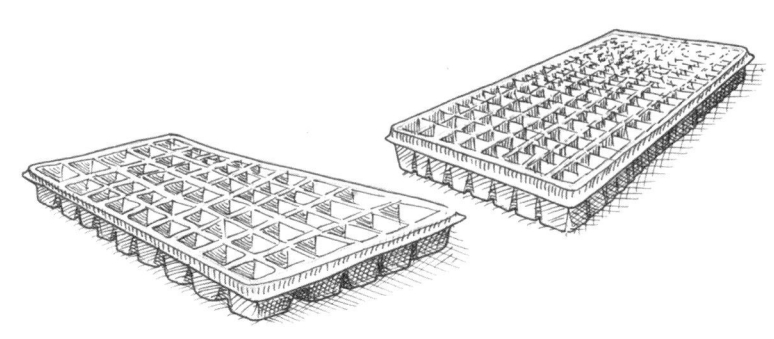

다양한 포트트레이를 사용할 수 있는데, 재배하는 채소 품종에 따라 포트트레이 구멍 개수가 달라져야 한다는 점이 중요하다. 236~237쪽에 모종 이식표가 나와 있다.

부엽토의 중요성

포트트레이를 이용해 성공적으로 모종을 생산하려면 사용하는 부엽토腐葉土(풀이나 낙엽 따위가 썩어서 된 흙)를 잘 선택하고 준비해야 한다. 새싹에게 필요한 공기, 물, 무기물 같은 요소들은 소량의 하층토substrat, 下層土에 굉장히 좌우되기 때문에 이 하층토의 구성물은 배수, 보수력, 통풍, 지력, 염도, pH 등에서 특정한 성질을 보유하고 있어야 한다. 이런 점을 감안한다면 판매용 부엽토를 구입하는 편이 훨씬 간단하다. 구입할 때는 1등급 부엽토를 택하고 합성습윤제가 첨가되지 않았다는 사실을 확인해야 한다. 유기농 인증을 받은 부엽토는 대부분 적당하다. 사실 부엽토를 직접 만드는 일은 쉽지 않다. 다음은 우리가 여러 해 농사를 짓는 동안 성공적으로 이용했던 '만능' 레시피다. 한 통의 용량은 16리터다.

부엽토를 직접 만들겠다고 마음먹었다면 반드시 레시피를 만들 때 포트트레이가 뿌리에 가하는 제약을 고려해야 한다. 즉, 다른 유형의 파종 용기가 아니라 포트트레이 재배 전용 부엽토를 특별히 구상해야 한다는 의미다.

- 피트모스 3통
- 펄라이트 2통
- 퇴비 2통
- 텃밭의 흙 1통
- 혈분 1컵◆
- 농업용 석회 1/2컵

◆새싹이 재이식되었을 때에는 혼합물 중 혈분 양을 2배로 늘린다.

이 레시피를 구성하는 성분은 부엽토 대부분에 흔히 들어 있으며 빠른 조사를 통해 그 출처와 특성을 알아낼 수 있다. 하지만 몇 가지 세부사항을 반드시 숙지해야 한다.

- 피트모스는 혼합물의 주요 요소이며 1등급이라야 한다. 너무 거칠거나 너무 곱게 빻은 것은 피한다.

- 펄라이트는 혼합물의 배수와 통풍에 가장 중요한 역할을 하며, 덩어리째 사용한다. 이 레시피의 경우, 72구 이하 포트트레이에 파종할 때는 펄라이트를 질석으로 대체할 수 있다.

- 비료요소가 용탈된 퇴비는 사용하지 말아야 하며 발아에 문제가 생기는 경우를 예방하기 위해 잘 숙성되어야 (비료화 작업이 마무리된 후의 퇴비로 더 이상 따뜻한 상태면 안 된다) 한다. 우리가 포트트레이에 사용하는 퇴비는 텃밭에 사용하는 것과 동일하다.

- 혼합물에 사용하는 텃밭의 흙은 퇴비를 '누르고' 부엽토의 염도를 낮추는 데 이용된다. (너무 사질도 아니고 너무 점토질도 아닌) 가벼운 흙을 사용해야 한다. 부엽토에 살아 있는 물질을 유입시키려면 멸균 화분에 담긴 흙보다 텃밭의 흙을 사용하는 편이 낫다.

- 혈분은 영양을 많이 필요로 하는 작물에 필요한 질소를 추가

로 공급해 준다. 이 레시피에서는 우모분羽毛粉(가금류의 깃털을 고압으로 가공·처리해 건조·분쇄한 것으로 단백질 함량이 높다)으로 대체할 수 있다.

- 본래 산성인 피트모스 때문에 pH가 낮아지는 경향을 보이는 이 혼합물의 pH를 조정하기 위해 농업용 석회를 반드시 첨가해야 한다.

재료를 손수레 안에서 곧바로 혼합할 수도 있다. 최상의 결과를 얻기 위해서는 먼저 석회를 피트모스에 섞고, 그다음 삽을 이용해 나머지 성분들을 섞는다. 혼합물을 균일하게 만들려면 잘 마른 재료를 가지고 작업하는 편이 훨씬 쉽다. 하지만 결국에는 혼합물에 적절히 물기를 주어야 하는데 재료를 한데 섞어 물을 뿌려 주는 것이 최선의 방법이다.

그다음에는 부엽토를 체에 통과시켜 자갈과 커다란 조각을 걸러 내야 한다. 우리는 이 작업을 할 때 약 1제곱센티미터 정도 되는 구멍의 철망이 달린 나무틀을 이용한다. 전반적으로 볼 때 부엽토를 만드는 일은 간단하지만 노력을 기울여야 한다. 다른 농장에서 흔히 하는 것처럼 시멘트 믹서를 이용하는 등 작업 부담을 줄여 더 효과적으로 만들 수 있는 방법도 있다.

미국과 유럽의 경우 코코넛섬유를 피트모스를 대체할 수 있는 '친환경' 재료처럼 종종 소개한다. 하지만 나는 열대 국가에서 이러한 귀중한 재료를 수입하는 것이 지역 재료를 이용하는 것보다 정말로 친환경적인지 의문을 갖고 있다.

우리는 이미 몇 년 전부터 상업적으로 꽤 성공을 거두고 있는 채소 재배 박람회를 개최해 왔다. 그래서 모종 생산량을 상당히 늘렸고 유기농 인증을 받은 판매용 부엽토를 구입하기 시작했다. 생산량이 어느 정도 수준에 다다르면 직접 사는 편이 훨씬 더 이득이다.

포트 채우기

이 단계는 조심스럽게 진행하면서 부엽토 안의 공기가 최대한으로 보존되도록 해야 한다. 이런 식으로 하면 작물의 뿌리 성장을 촉진시킬 수 있다. 우리는 다음과 같은 방식으로 시행한다.

첫 단계는 혼합물이 끈적끈적해질 때까지 (동그란 공 모양으로 뭉쳐지기 직전까지) 물을 뿌려 준다. 충분히 축축하지 않다면 물을 더 추가한 뒤 만족스러울 때까지 물과 혼합물을 삽으로 뒤섞어 준다.

그러고 나서 포트 가장자리까지 흙을 채우고 넘치는 부엽토는 막대나 솔을 이용해 제거한다. 각 포트에 흙을 균일하게 채우는 것이 중요한데 흙으로 꽉 차지 않은 포트는 더 빨리 마르기 때문에 관수하기 복잡해진다.

다음 단계는 포트들을 약 6센티미터 높이로 들어 올렸다가 다시 내려놓아서 그 안의 부엽토가 살짝 눌리도록 해 준다. 물이 부족한 경우 흙이 너무 빨리 마르지 않게 씨를 뿌린 후 마른 부엽토 층을 씨앗 위에 살짝 깔아 준다. 이렇게 하면 결국 포트 전체 용량의 6분의 5 정도 흙이 차게 되어 물을 붙잡아 둘 여분의 공간이 생긴다.

마지막으로 씨를 뿌린 포트를 육묘장 안에 잘 배치한다. 균일하게 물을 주려면 포트 개수가 같은 포트트레이끼리 모아 놓아야 한다.

포트트레이에 부엽토를 채울 때 토양 압축을 막으려면 포트를 똑바로 쌓기보다 지그재그로 겹쳐서 쌓아 올리는 편이 좋다.

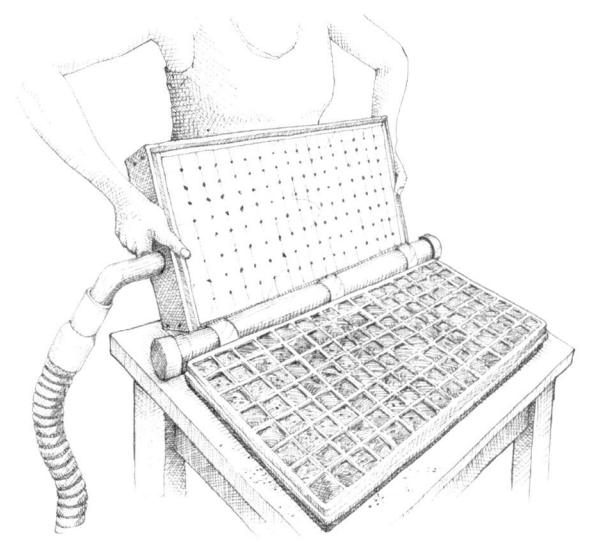

효율적인 포트트레이 파종을 위해 우리 농장에서는 '플레이트 시더'라고도 부르는 수제작한 '진공파종기'를 사용한다. 이 단순하지만 효율적인 기기는 흡입기를 사용해 구멍 뚫린 플레이트 위에 종자를 붙들어 둔다. 구멍은 포트의 위치와 종자의 크기에 맞추어 배치되어 있다. 플레이트를 뒤집은 뒤에 흡입기의 모터를 중단시켜 부엽토가 가득 든 포트트레이에 종자가 떨어지게 한다.

포트트레이
채우기

　　　　　　　　이른 생산을 목표로 하는 토마토나 파프리카, 양파 같은 채소는 봄이 오자마자 생산을 시작해야 한다. 차가운 온실 하나를 한 달 동안 데우는 데 난방비가 상당히 들기 때문에 관개가 가능하고, 부엽토를 다루며, 포트트레이를 늘어놓을 수 있는, 이미 데워진 실내 장소에서 파종하는 편이 바람직하다. 흔히 '파종실'이라 부르는 이런 공간을 만드는 여러 가지 방법이 있다. 다음은 파종실을 계획할 때 고려해야 할 몇 가지 사항이다.

　파종실의 주요 목적은 성장 변수의 완벽한 제어다. 식물 성장에 딱 맞는 평균 온도는 낮에는 18~23도, 밤에는 18도다. 우리 파종실의 경우 굽도리널식 전기방열기(장치의 하부에서 공기를 끌어들여 가열한 후 대류를 이용해 장치 상부로 내보내는 전기장치)를 이용해 원하는 온도를 유지시키지만 열이 작물에 직접 방출되지 않는다는 조건만 지켜지면 다른 난방 시스템도 상관없다. 파종실의 습도는 약 60퍼센트에서 90퍼센트로 유지되어야 하며 타이머로 조종하는 단순한 분무시스템(예를 들어 20분마다 10초 동안)으로도 쉽게 조절할 수 있다. 파종실은 열과 습기가 남아 있도록 비닐로 덮어 두어야 한다. 공기가 고여 있으면 곰팡이 때문에 진균병이 쉽게 발병하는데, 이 경우 작은 통풍기를 설치하면 공기가 고이는 일을 방지할 수 있다.

　3월과 4월의 광주기光周期(식물이 빛에 노출되는 낮의 길이)는 식물의 최적 성장을 보장하기에 너무 짧기 때문에 새싹이 매일 빛을 14시간에서 16시간까지 받을 수 있도록 부차적인 조명을 설치해 주어야 한다. 이를 위해 다양한 해결책을 고려해 볼 수 있지만 가장 단순하고 경제적인 방법은 포트트레이 위쪽에 형광등을 설치하는 것이다. 그리고 식물에게 필요한 빛의 스펙트럼 전체를 제공하려면 쿨화이트 Cool White와 웜화이트 Warm White 색상 등을 (욕실의 경우에는 적색 파장을) 갖추어야 한다. 새싹의 퇴색을 막으려면 형광등 높이를 조정할 수 있어야 하며 자라는 식물의 윗부분에서 약 10센티미터 떨어져 있어야 한다.

마지막으로 종자가 제대로 발아하려면 (채소 대부분은 성장보다 발아에 더 높은 온도가 필요하다) 콘센트에 연결해 사용하는 전기장판을 파종실에 갖춰 놓아야 한다. 이 장판을 이용하면 발아에 최적화된 온도(25도)의 토양을 밤낮으로 보존할 수 있다. 일반적인 생각과는 달리 어둠은 종자의 발아에 기여하지 않는다. 반면 토양의 습기는 굉장히 중요하기 때문에 자주 물을 주어야 하며, 때로는 이를 위해 포트트레이에 이랑덮개를 씌우기도 한다.

육묘장

파종실은 실내 생산 중 일부를 시작하기에 이상적인 장소이지만 파종의 규모가 커지고 다른 모판을 추가하게 되면 더 큰 공간으로 옮겨야 한다. 텃밭농부는 모종 생산용 외부 온실을 필수적으로 정비해야 하는데 이는 난방과 환기 관련 인프라와 시스템에 상당한 투자가 필요하다는 의미다.

우리 농장은 모종 생산만을 위해 다른 온실에 육묘장을 영구적으로 설치하기보다 농사를 짓는 동안 작물을 키우는 온실 안에 일시적으로 설치하는 편이 더 이득이라고 확신했다. 특정 기간에만 필요하기 때문에 설치 시설의 다기능성을 살리고 보존하는 편이 낫다고 판단한 것이다. 더불어 모종의 성장에 필요한 최적의 난방 시설은 야외에 조기 재배용 작물을 심을 때도 사용할 수 있다. 우리의 작업 방식은 대체로 이 두 가지 목표에 부합한다.

겨울이 끝날 무렵이 되면 커다란 토마토 온실을 비닐조각을 이용해 반으로 나누어 육묘장을 설치한다. 아치형 온실 구조에 집게로 비닐을 고정하는 형태이기 때문에 쉽게 이동시킬 수 있어서 모판 생산량이 올라가면 그에 따라 난방 공간을 쉽게 넓힐 수 있다. 온실 일부는 육묘장 용도로 사용하고 나머지 공간에는 시장에 제일 먼저 내놓는 빨리 수확하는 작물들을 파종한다. 육묘장을 정비하는 데 걸리는 시간은 반나절밖에 되지 않는다. (풀이 뿌리 내리는 것을 막기 위한) 이동식 파종 테이블을 설치하기 전에 땅 위에 토목섬유geotextile(토목 공사를 할 때 사용하는 합성섬유로 배수, 필터, 분리, 보강, 방수, 차단 등의 기능이 있다)를 덮어 놓는 것으로 충분하다.

봄 동안 외부의 기온이 올라가 내부의 모판 중 일부를 터널과 온실에 옮겨 심으면 육묘장을 다시 옮긴 뒤 계속 성장할 준비를 마친 토마토에 그 자리를 내어 준다. 비닐을 거두고 나면 온실은 토마토

우리 집에서는 남향 창을 갖춘 복도 하나가 연중 내내 파종실로 이용된다. 이 공간은 가족이 사용하는 부엌 바로 옆이기 때문에 언제든지 모판을 살펴볼 수 있다.

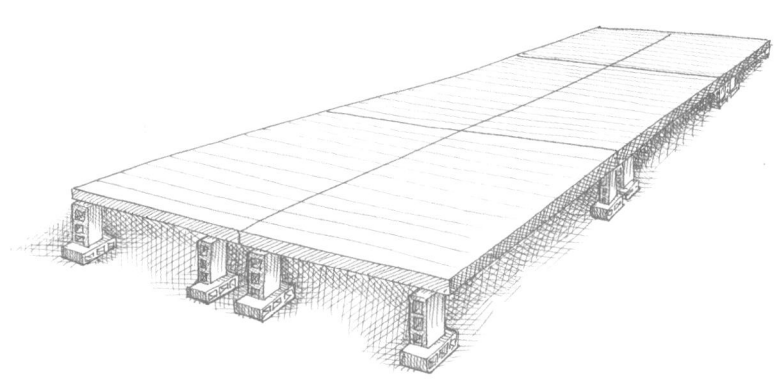

우리가 사용하는 파종 테이블은 시멘트 블록 위에 올려서 쌓아 놓았다. 테이블 자체는 나무 소재라 조립과 이동이 용이하다. 온실 공간을 최대한 이용하기 위해 어떤 테이블은 면적이 120센티미터×240센티미터이며 어떤 테이블은 60센티미터×240센티미터다.

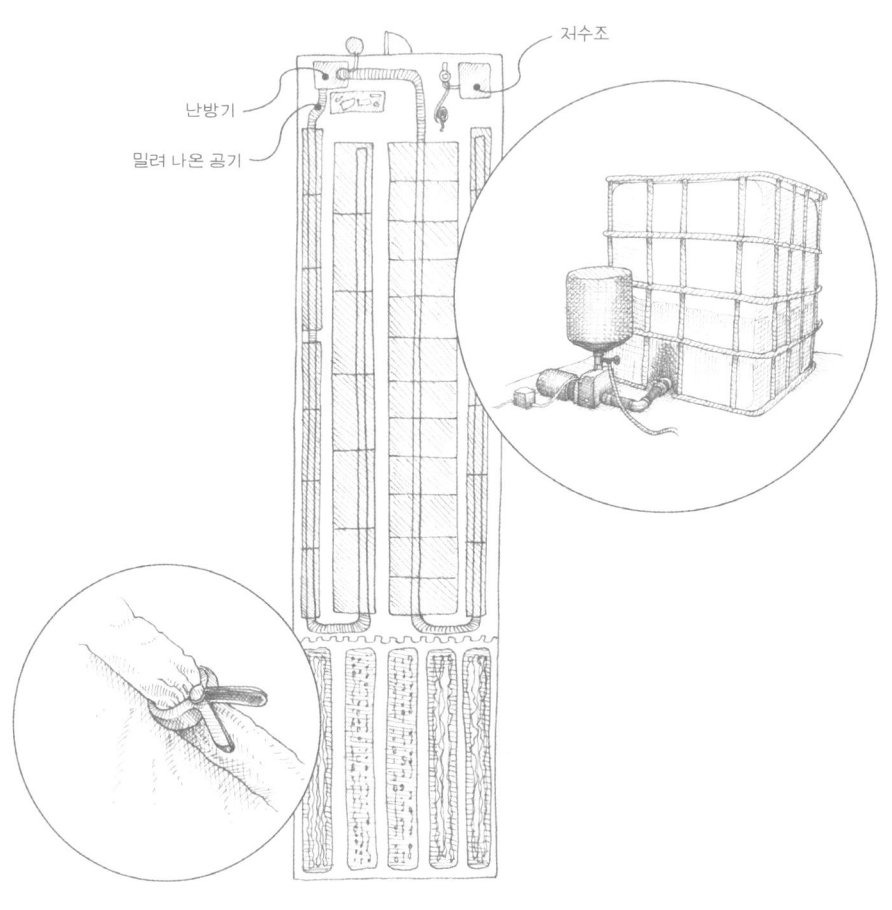

비닐조각을 아치형 구조물의 뼈대에 집게로 고정시켜 커다란 토마토 온실을 두 부분으로 나눈다.

와 모종, 이른 시기에 수확하는 작물 등을 데우는 용도로 사용된다. 그리고 바닥에 서리가 생기는 시기가 지나가면 육묘장을 외부로 옮긴다. 우리 농장이 있는 곳의 기후를 놓고 보자면 이 시기는 보통 5월 말이나 6월 초에 해당한다. 얼마 후 빨리 거두는 작물을 수확하고 나머지 토마토를 온실 공간 전체에 빠르게 심어 두면 농사철이 끝날 때까지 그 자리에 남아 있다.

 이 모든 과정은 수많은 작업과 계획이 필요하지만 결국에는 이런 식의 육묘장 운영 방식 덕분에 난방 공간을 최적화시켜 다양하게 이용할 수 있게 된다. 연료비를 고려하면 이 정도의 골칫거리는 감수할 만한 가치가 있다.

육묘장의 난방과 환기

육묘장을 어떻게 정비하건 간에 적절한 난방과 환기는 매우 중요하다. 이는 좋은 모종을 생산하기 위한 기본 원칙이다.

 흔히 저지르는 실수 중 하나가 연료를 절약하려고 온실의 온도계를 식물의 최적 성장에 필요한 온도(밤에는 18도)보다 더 낮게 조정하는 것이다. 서리가 내릴 정도로 추운 밤에는 온실 난방에 비용이 많이 들기 때문에 그런 시도를 하는 마음을 이해할 수는 있다. 하지만 결과적으로 이렇게 하면 더 많은 것을 잃는다. 식물이 늦게 자라 결국 생산이 늦어지기 때문이다. 안 그래도 짧은 농사철 동안 모종을 최대한 빨리 자라게 해야 한다. 난방비를 줄이려면 오히려 장비 쪽으로 눈을 돌리는 것이 낫다(온실을 외부와 잘 차단하고, 더 효율적인 난방기를 사용하며, 열 차폐물을 설치하는 식으로). 특히 온실이 밤에 완전히 닫혀 있는지, 외부에서 불어오는 찬바람을 완벽하게 막아 주는지 살펴보아야 한다.

난방기는 기름이나 프로판 가스 등 다양한 종류의 연료를 사용하지만 소요되는 비용은 거의 비슷하다. 내가 보기에는 이 중 어느 것도 딱히 더 친환경적이라고 하기 어렵다. 나무를 연료로 하는 난방기도 있지만 이 방식은 추천하지 않는다. 밤중에 몇 번씩 일어나 연료를 공급하러 가는 일은 굉장히 고역이며 나무난방기로는 미리 설정해 놓은 온도로 유지하기가 쉽지 않기 때문이다. 하지만 반드시 상태 좋은 최신식 난방기를 구입해야 한다. 그것이 더 효과적이고 무엇보다 믿을 만하기 때문이다. 또한 요구되는 공간에 충분히 열을 공급할 수 있도록 난방기 규모를 결정해야 한다. 원하는 온도로 빠르게 올려 주는 커다란 난방기에 비해 작은 난방기는 열을 충분히 공급하지 못하면서도 연료를 더 많이 소모한다. 난방기를 고를 때에는 연료공급업체가 제공하는 서비스가 믿을 만하며 신속한지

> 온실용 난방기를 구입할 때에는 푼돈이라도 아껴 보자는 생각은 접어 두어야 한다. 새 제품(혹은 새것처럼 수리된) 구입이 최선의 방법이며 필요한 공간을 재빨리 데울 수 있을 만큼의 열을 충분히 낼 수 있는지 확인해야 한다.

도 고려해야 한다. 그중 일부는 농가에 더 저렴한 가격으로 연료를 공급하는데 이 부분을 좀 알아보면 좋다. 또한 연료 공급이 중단되는 상황을 피하려면 얼음이 얼거나 한파가 찾아 온 밤에 연료탱크가 꽉 차 있는지 '늘' 확인해야 한다.

우리 농장에서는 열을 균일하게 확산시키려고 천공 PE튜브를 이용하는데 이 튜브는 난방기에 연결되어 있으며 특히 모판의 포트트레이에 열을 공급하기 위해 테이블 아래에 설치했다. 튜브의 구멍 크기는 튜브의 부피와 온실 내부에서의 간격에 따라 결정된다. 온실 장비업체들은 대체로 이 튜브에 구멍을 뚫어 주는 서비스를 제공한다.

햇살이 좋은 낮 동안 육묘장의 온도를 낮추기 위해 사용할 수 있는 다양한 해결책이 있다. 우리는 한쪽을 열어 두는(영어로는 '롤업'이라 부르는) 자연적인 환기 방식을 택했다. 더 정확한 작업을 해 주는 터보팬 타입 환기장치도 여러 가지 있지만 우리는 온실에 들어오는 바람의 단순한 작용으로 따뜻한 공기가 밖으로 빠져나가는 이 시스템의 '수동적인' 측면을 좋아한다. 바람과 찬 공기가 모종에 너무 직접 닿는 것을 막기 위해 온실을 따라 '미니스커트'를 설치했으며 파종 테이블의 위치를 '롤업'되는 부분보다 낮추었다. 이런 식의 설비는 매우 흔하며 온실 제조업체에서 쉽게 조언을 구할 수 있다.

습도 조절 이야기를 해 보자. 우리는 이른 아침 육묘장 한쪽 구석을 몇 분간 열어 두는 일을 하기 시작했다. 밤 동안 응축된 습기를 내보내기 위해서다. 난방기가 돌아갈 때도 이렇게 해 놓으면 좋다. 이러한 좋은 습관 덕분에 습기가 지나치게 남아 있는 경우를 피할 수 있었으며 우리 육묘장은 최근 그 어떤 진균병도 나타난 적이 없다.

마지막으로 육묘장에 꼭 필요한 장비가 있다. 최저·최고 온도 제한이 설정된 경보 장치 탑재 온도계다. 난방기 고장이나 전력 혹은 연료가 부족할 때 이 경보 장치가 울려 생산을 위협하는 위험 요소의 존재를 알려 준다. 서리가 내리는 밤에는 더욱 중요한데 난방 없이 몇 시간만 지나도 새싹은 치명적인 손상을 입기 때문이다. 우리 농장에 이런 일이 한 번 이상 발생한 적이 있었지만(여러분의 농장에도 얼마든지 생길 수 있다) 다행스럽게도 고장이 날 경우를 대비해 계획을 세워 놓은 상태였다. 난방기 고장을 대비해 우리 온실에는 정기적으로 관리하는 보조 난방기가 설치되어 있다. 이 보조 난방기는 주 난방기보다 훨씬 덜 강력하지만 (덜 비싸기도 하다) 수리가 마무리될 때까지 온실에 최소한의 난방을 해 줄 수 있다. 이렇게 몇 계절 동안 버티다가 결국에는 정전 대비 비상용 발전기를 구입하기로 마음먹었다. 비상용 발전기는 가격이 상당하며 어쩌면 단 한 번도 사용하지 않을지도 모르지만 전력이 며칠만이라도 부족해지면 굉장히 많은 것을 잃게 된다. 조심은 아무리 해도 지나치지 않는 법이다.

이러한 차원에서 보면 온도계의 경보 장치 역시 낮 동안 온실의 과다 난방을 방지하기 위한 필수 장치라 할 수 있다. 해가 강할 때 깜박 잊고 한쪽 구석을 열어 두지 않으면 모종이 금방 망가질 수 있으며, 2시간만 지나도 이런 상황이 얼마든지 일어날 수 있다. 이 같은 재난은 농사철 전체에 심각한 악영향을 미친다. 조금의 빈틈도 보여서는 안 된다. 그렇기 때문에 경보기가 장착된 온도계는 필수품이다.

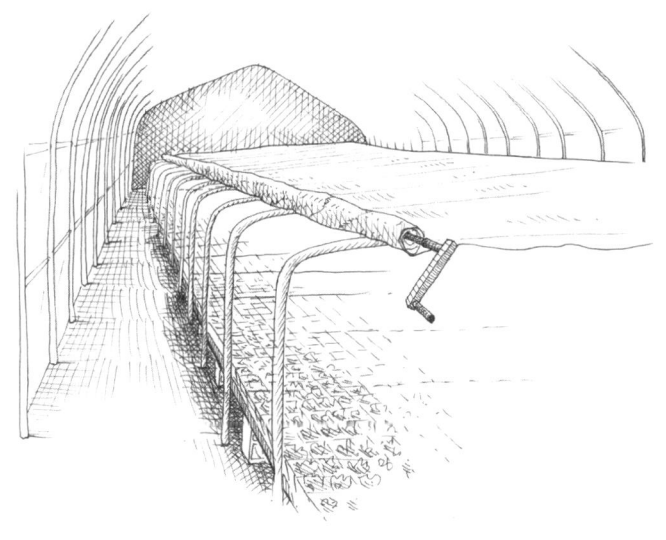

밤 동안 두꺼운 이랑덮개나 비닐로 모판을 덮는 것은 좋은 아이디어다. 방수포를 더 쉽게 거두고 씌우기 위해 다양한 구조물을 설치할 수 있다. 이 열 차폐물은 난방비를 줄이는 데 사용할 수 있는, 비용이 적게 드는 방식이다.

물 대기

성공적으로 모판을 만들려면 관수량 관리가 필수다. 부엽토가 너무 젖어 있으면 진균병이 쉽게 발생할 수 있고, 물이 부족하면 쉽게 새싹을 죽일 수도 있다. 언제 얼마나 물을 공급해야 하는지 결정하는 일은 쉽지 않으며 여러 변수를 고려해야 한다.

- 균일하게 관수해야 한다. 동일한 크기의 화분에는 동일한 양의 물을 공급해 특정 화분이 다른 화분보다 더 빨리 마르는 일이 없도록 해야 한다. 구의 크기가 더 큰 화분과 포트트레이에는 물을 더 많이 주어야 한다. 그러니 테이블 위에 화분과 포트트레이를 크기별로 정리해 두는 것이 중요하다(72구 트레이는 한 구석에 128구 트레이는 다른 한 구석에 두는 식으로).

- 온실 안에 둔 화분 위치에 따라 물을 다르게 공급해야 한다. 일반적으로는 테이블 가장자리, 온실 남쪽, 난방기 근처에 있는 포트가 더 빨리 마른다.

- 물 대기는 2회에 걸쳐 진행한다. 첫 번째는 모세관을 적실 정도로, 두 번째는 화분 깊이까지 적실 정도로 주어야 한다.

- 마지막으로 외부 기온을 고려해야 한다. 해가 좋을 때는 물을

많이 주어야 하며 날이 흐릴 때는 물을 조금만 주거나 아예 주지 않아야 한다. '모잘록병(어린 식물체의 줄기를 부패시켜 죽게 하는 병해)' 같은 파괴적인 질병은 종종 마르지 않은 부엽토가 원인이다. 식물의 잎이 너무 오랫동안 젖어 있으면 이 역시 여러 진균병의 원인이 될 수 있다.

이 모든 변수를 잘 관리하기 위해서는 포트의 부엽토와 새싹의 단면을 계속 주의 깊게 살펴보면서 예민한 감각을 길러야 한다. 그래서 우리 육묘장에서는 단 한 사람이 담당자가 되어 이 물 대기를 책임진다. 이는 이 중요한 작업이 등한시되는 것을 막기 위해 찾아낸 최선의 방법이다. 때때로 다른 사람이 대신 물을 줄 수도 있지만 책임은 늘 그 담당자에게 있다. 여러분에게도 이 방식을 강력하게 추천한다.

모판에 너무 차가운 물을 주지 않아야 한다. 식물의 성장을 저해할 수 있기 때문이다. 우리 농장에서는 문제를 해결하려고 대용량 저수조(1000리터가 적당하다)를 이용해 물 온도를 적정 수준으로 맞춘다. 온실의 열기는 물 온도를 높인다. 저수조를 검게 칠하면 이러한 효과를 극대화시킬 수 있고, 저수조 안에 해조류가 증식하는 것도 막을 수 있다. 이 저수조는 확장된 저수조를 갖춘 수조 펌프와 연결해 두었다. 이렇게 했기 때문에 펌프를 계속 끄거나 켤 필요 없이 자유롭게 물을 댈 수 있다.

모판에 적절하게 물을 대는 일은 하나의 기술이다. 물을 너무 많이 주는 것과 너무 적게 주는 것 사이의 균형을 찾으려면 세부 사항에 주의를 기울여야 한다.

재이식

재이식은 작은 화분에 있던 새싹을 더 큰 화분으로 옮겨 심는 일을 의미한다. 재이식을 하면 포트트레이에서 오랫동안 머물렀던 모종(우리 농장의 경우 토마토, 파프리카, 오이, 가지)이 뿌리를 넓힐 수 있는 추가적인 공간을 확보할 수 있고 성장을 보충해 줄 더 비옥한 부엽토를 접할 수 있다.

재이식은 쉬운 작업이지만 섬세함이 요구된다. 재이식된 새싹들은 매우 연약하며 뿌리가 다치면 심각한 스트레스에 시달리게 된다. 재이식을 할 때는 화분 아랫부분을 잡은 채 새싹의 줄기를 붙잡아 위쪽으로 살짝 당긴 뒤, 포트트레이 바깥으로 식물을 끄집어낸다. 이 작업이 좋은 성장 단계에서 이루어지면 보통 뿌리가 화분 안의 공간을 상당히 차지하기 때문에 흙덩어리가 뿌리를 단단히 붙잡고 있다. 우리 농장에서는 건강한 모종만 생산하기 위해 병을 앓거나 약한 새싹은 절대 재이식하지 않으며 오래된 부엽토와 함께 퇴비로 만든다.

경령頸領(뿌리와 줄기의 섬세부)이 흙에 묻히면 안 되는 박과 식물을 재이식할 때는 특별히 더 주의해야 한다.

효과적인 생산 계획

> 연간 생산 계획 달성을 위해 사용하는 경작 달력은 대부분 실내 파종 일정을 고려해 구상한다. 왜냐하면 옮겨심기 단계로 빠르게 '옮겨 갈' 식물을 생산하려면 모종을 너무 오랫동안 화분에 머무르게 해서는 안 되기 때문이다. 각 채

> 소는 포트트레이 안에서 보낼 수 있는 최적의 성장 시간이 정해져 있기 때문에 이 정보를 이용해 우리는 모종의 파종 날짜와 이식 날짜를 맞춘다.
> 또한 모종 생산량을 구체적으로 결정해야 한다. 작업에 들어가는 비용이 상당하기 때문에 지나치게 많이 생산해 봐야 소용이 없다. 반면 모종 이식 시기가 올 때 생산량이 너무 부족한 경우도 피해야 한다. 우리는 작업에 착수할 포트트레이의 개수를 결정할 때 235쪽에 나온 표를 이용한다.

밭에 이식하기

모종을 밭에 옮겨 심는 순간은 무척이나 기분 좋다. 온실에서 몇 달 동안 지낸 모종은 텃밭의 한구석을 차지할 준비가 되어 있으며 빠르게 제 형태를 잡아 간다. 그런데 이 작업은 봄에 작업이 '물밀듯 밀려들어 오는' 순간에 해야 하기 때문에 할 일이 많은 상황에서 이 모든 작업을 해 내려면 최대한 효율적으로 일 순서를 조정할 필요가 있다.

첫 단계는 모종을 기다리고 있는 '충격'에 대비해 모종을 준비시키는 일이다. 모종은 언제나 잘 통제된 이상적 성장 환경에서 살았기 때문에 외부 환경의 특징인 바람과 추위, 온도 변화에 적응이 되어 있지 않다. 그렇기 때문에 옮겨 심기 1주 전 모종을 강하게 훈련시키기 위해 육묘장 근처에 설치한 외부 테이블로 옮긴다. 밤에는 이랑덮개로 덮어 주고 서리가 내리거나 매우 추운 날에는 온실 내부로 다시 들여놓는다. 모종이 여러 외부적 특징을 느끼게 하되 이를 점진적으로 진행해야 한다.

 모종이 훈련을 받는 동안 우리는 두둑을 준비하고 모종을 맞이할 만반의 준비를 한다. 비료를 텃밭에 가져다주고, 필요한 경우 브로드포크로 두둑 작업을 하며, 특정 작물을 위해 비닐 멀치와 점적관개장치를 설치하고, 기상뉴스를 확인한 뒤 작업하기 적절한 시기를 잡는다. 날이 흐릴 때는 아침에 옮겨 심으며 날이 좋을 때는 오후가 끝날 무렵 옮겨 심는다. 어떤 경우라도 너무 더울 때, 즉 새싹이 과도한 증산작용(식물체 안의 수분이 수증기가 되어 공기 중으로 나오는 현상)을 할 때는 옮겨 심지 않는다.

 두둑이 준비되면 텃밭으로 떠날 모종에 먼저 물을 충분히 준다. 이 단계는 매우 중요하다. 식물이 제대로 적응하는 데 부엽토의 습기가 필요하며 텃밭의 더 마른 땅이 흙덩어리의 습기를 빼앗아 가는 경향이 있기 때문이다. 각 포트에 1회 이상 물을 주어서 흙덩어리를 물로 가득 채운다. 그러면 모종이 수확용 손수레에 담겨 텃밭으로 옮겨 갈 준비가 끝난다.

 각 채소의 위치는 경작을 계획할 당시 세워 둔 텃밭 계획(13장 참고)에 따라 사전에 결정되어 있다. 모종을 쓸데없이 운반하지 않고 제멋대로 뒤섞이지 못하게 하려면 텃밭으로 이식할 재배품종과 포트트레이의 개수를 234쪽 박스처럼 미리 기록해 둔다. 이런 데에 쓸 시간이 남아돌지 않는 관계로 언제나 최대한 효율적으로 기록하는 편이다. 세부적인 상황 하나하나가 중요하다.

> **텃밭 7 가지과 : 두둑 16개**
> - 두둑 1 - 나디아 가지 : 포트 트레이 5개
> - 두둑 2 - 베아트리스 가지 : 포트 트레이 5개
> - 두둑 3 - 헝가리언 왁스 고추 : 포트 트레이 6개
> - 두둑 4 - 에이스 파프리카 : 포트 트레이 10개

우리의 모종 이식 방법은 단순한 편이다. 작물 종류에 따라 2~3인이 짝을 지어 나란히 자리를 잡고 포트트레이에서 작물을 꺼내 옮겨 심는다. 고랑에 갈퀴로 미리 줄을 그어 놓은 뒤 모종을 심어 적절한 거리가 유지되도록 한다(직파할 때 고랑을 표시하는 데도 이 방식을 이용한다). 손이 빠른 사람은(보통은 내가 제일 빠르다) 나무 자를 이용해 고랑의 작물들 사이에 간격을 두기도 한다.

모종을 땅에 심을 때 다음의 사항을 잊지 말자. 첫째, 모종의 흙덩어리와 그것을 심는 구멍 사이에 공기층이 들어가지 않게 해야 한다. 흙덩어리가 이식되고 나면 지면을 가볍게 눌러 단단하게 해 주어야 모종이 뿌리를 제대로 내릴 수 있다. 둘째, 흙덩어리를 땅속에 완전히 묻어야 한다. 흙덩어리가 약간이라도 땅에서 나와 있으면 빨리 말라 버리기 때문이다. 옮겨 심고 나면 흙덩어리를 단단하게 해 주고 모종이 잘 뿌리내릴 수 있도록 땅을 살짝 눌러 준다. 마지막으로 흙덩어리 표면이 지표면과 동일한 위치에 있는지 확인한다. 우리는 작업자들의 마음속에 이 점이 확실하게 새겨질 수 있도록 강조한다.

흙덩어리가 이식되고 나면 지면을 가볍게 눌러 단단하게 해 주어야 모종이 뿌리를 제대로 내릴 수 있다. 옮겨 심은 후 며칠 동안 모종을 심은 땅이 여전히 촉촉한지 체크한다. 이 단계에서는 식물 뿌리에 물이 부족해서는 안 된다. 부족할 경우 자라면서 식물이 연약해질 수 있기 때문이다. 햇빛이 강할 것이라는 기상정보를 들었다면 구획에 물을 충분히 댈 수 있는 관수라인을 설치한다. 이랑덮개 아래에서 자란 작물은 특히 강한 열에 취약하기 때문에 그 어떤 위험도 감수하지 않는 편이다. 옮겨 심은 지 얼마 되지 않았는데 강한 햇빛이 예상되면 작물에 이랑덮개를 덮어 준다. 손이 많이 가는 작업이지만 모종 이식의 마지막 단계에서 세심하게 주의를 기울이는 일은 다음 단계를 위한 투자다.

모종 이식표

채소	포트트레이	두둑당 포트 개수*	포트에서 있었던 일수	두둑 위 간격	
가지	10제곱센티미터 면적의 포트	85포트	50	1고랑	45cm 간격
바질	128	3	25	3고랑	30cm 간격
근대와 케일	72	5	30	3고랑	30cm 간격
비트	128	11	25	3고랑	9cm 간격
브로콜리	72	3	30	2고랑	45cm 간격
셀러리	72	10	60	3고랑	15cm 간격
셀러리악**	72	5	60	3고랑	30cm 간격
꽈리	72	1	40	1고랑	60cm 간격
배추	72	3	30	2고랑	45cm 간격
양배추	72	3	30	2고랑	45cm 간격
콜라비	72	9	30	3고랑	17cm 간격
콜리플라워	72	3	30	2고랑	45cm 간격
싹양배추	72	3	30	2고랑	45cm 간격
오이	72	1.5	15	1고랑	45cm 간격
애호박	72	1	15	1고랑	60cm 간격
시금치	128	8	21	4고랑	15cm 간격
회향	72	7	30	2고랑	15cm 간격
상추	128	3	30	3고랑	30cm 간격
옥수수	128	4	15	2고랑	15cm 간격
멜론	72	2	15	1고랑	45cm 간격

양파	500***	8	50	3고랑	25cm 간격
골파	300***	13	45	5고랑	15cm 간격
파슬리	128	8	40	4고랑	15cm 간격
파	300***	2	65	3고랑	15cm 간격
파프리카	10제곱센티미터 면적의 포트	170포트	60	1고랑	23cm 간격
스웨덴순무	72	7	30	2고랑	15cm 간격
토마토	10제곱센티미터 면적의 포트	170포트	60	1고랑	23cm 간격
아시아 푸른잎채소	72	4	21	3고랑	30cm 간격

* 두둑당 포트 개수는 30미터 길이 두둑을 기본으로 계산한 것으로 필요한 양보다 30퍼센트 더 높은 파종 밀도로 잡았다. 그래야 옮겨 심을 때 발생할 수 있는 손해 혹은 발아 상태가 좋지 않을 때 발생할 수 있는 손실을 상쇄해 줄 수 있기 때문이다.

** celeriac, 산형과 채소로 셀러리의 변종이다. 셀러리와 비슷하나 뿌리가 무처럼 굵다.

*** 백합과 식물의 경우 공중에서 칸이 없는 포트를 향해 씨를 살포했다.

2014년에 종이공예를 하듯 종이를 접어서 만든 포트트레이를 이용해 모종을 이식하는 새로운 기술을 시험해 볼 기회가 있었다. '종이화분 이식기'를 사용하면 기계식 모종이식기를 사용하는 것만큼이나 빠르게 모종을 옮겨 심을 수 있으면서 화석연료를 사용할 필요도 없다. 일본에서 만들어진 이 저기술 제품은 텃밭농부의 생산성을 향상시켜 줄 혁신적인 발명품이지만 안타깝게도 당분간은 이 '종이화분 이식기'를 멀리해야 할 것 같다. 왜냐하면 이 이식기에 쓰이는 종이가 건강에 해로울 수 있는 아세톤 성분의 접착제를 포함하고 있기 때문이다. 향후 몇 년 안에 어떤 기업이 이 기술을 유기농업에 사용할 수 있도록 개발에 관심을 가졌으면 좋겠다.

직접
파종

8

"마구 씨를 뿌리는 이는
적게 거둔다.
촘촘하게 씨를 뿌리는 이는
많이 거둔다."

프랑스 격언

8

　　　　　직접 파종(이하 직파)에 관한 모든 논의는 모종 이식이 직파에 비해 훨씬 이롭다는 사실을 인정하는 일로부터 시작해야 한다. 사실 모종을 이식하면 완벽한 밀도 조정이 가능해서 채소가 여러 풀보다 우위에 설 수 있기 때문에 제초 작업에 드는 부담을 줄이는 데에 큰 도움이 된다. 또한 육묘장처럼 통제된 환경에서 최적의 상태로 발아시키는 편이 훨씬 더 쉽다. 하지만 특정 채소는 모종 이식에 그다지 적합하지 않기 때문에 직파를 해야 한다.

　직파에 단점만 있는 것은 아니다. 실내 파종을 할 때보다 더 빨리 자라고 관리하기 쉬우며 비용도 적게 든다. 8장에서는 직파를 쉽게 할 수 있도록 돕는 다양한 농기구와 기술을 다루려고 한다. 일단 적어도 두 가지 요소를 반드시 고려해야 한다.

　첫째, 적당한 발아 비율을 확보해 기대했던 집약적 생산이 가능하도록 해야 한다. 제일 먼저 해야 할 일은 양질의 종자 구입이다. 발아율이 낮은 종자로는 절대 성공적인 수확을 할 수 없다. 따라서 반드시 유명한 종자업체에서 종자를 구입하길 바란다. 농사철 동안 종자를 잘 보관하는 것 역시 중요하다. 종자는 언제나 밀폐용기에 넣어서 서늘하고 건조한 환경에 두어야 한다. 우리는 최대 수익을 보장하기 위해 묵은 종자를 사용하지 않는 쪽을 택했다. 그렇기 때문에 수요를 최대한 정확하게 계산한 후 다음 해에 필요한 종자를 주문한다.

　발아율은 기후조건에도 영향을 받는다. 균일한 수확은 토양의 습기와 열에 좌우되기 때문에 악천후에서도 이 변수들을 제어하려고 해야 한다. 채소밭에 반드시 믿을 만한 관개시스템을 갖추어야 하는 이유가 바로 여기에 있다. 최적의 발아율을 유지하려면 종자가 싹을 내기 전까지 토양이 '언제나' 축축한 채로 유지되어야 한다. 날이 선선할 때에는 두둑에 이랑덮개를 덮어 토양의 열을 보존한다.

파종을 얼마나 깊이 하느냐는 싹이 나서 자라날 확률에 상당한 영향을 미친다. 보통은 종자 두께만큼의 깊이에 맞춰 심으면 되지만, 종자업체에서 제공하는 정보를 신뢰하는 편이 낫다.

묵은 종자 재사용은 위험하다

어쨌든 직파를 하게 된다면 그 전에 발아율 테스트를 먼저 해 보아야 한다. 젖은 휴지에 종자 몇 개를 올려놓은 후 물기가 마르지 않도록 비닐봉지에 넣어 둔다. 봉지를 냉장고 위 같은 따뜻한 장소에 보관한 뒤 발아가 진행될 동안 휴지가 마르지 않도록 관리해 준다. 올려놓은 종자 중 싹이 트는 종자의 비율을 살펴보면 이 종자를 밭에 심었을 때 어떤 결과가 나타날지 어느 정도 감이 잡힌다. 발아율이 50퍼센트밖에 되지 않는다면 새로운 종자를 사야만 한다. 또한 집약 생산을 위해 최적의 간격에 맞추어 정확히 씨를 뿌려야 한다. 이를 위한 쉬운 해결책은 매우 촘촘하게 씨를 뿌린 뒤 원하는 밀도에 맞추어 솎아 내는 것이다. 이 작업은 효과적이지만 고된 노동을 요구한다(30미터 길이의 당근 두둑 하나를 솎아 내려면 2명이 반나절 동안 작업해야 한다). 우리는 작업 생산성을 높이기 위해 애초에 정확하게 뿌리고 솎아 내는 일을 가능한 한 피하기로

> 했다. 그렇기 때문에 원하는 간격에 맞추어 씨를 뿌려 주는 파종기야말로 직파의 성공 여부를 결정짓는 중요한 도구다.

정밀 파종기

채소 파종기는 의외로 오래 전에 만들어졌으며 굉장히 다양한 모델이 존재한다. 최고의 파종기를 찾아내는 일은 도전과제 중 하나다. 채소마다 씨앗의 형태나 크기, 발아 상태가 모두 다르기 때문이다. 나는 현재 시장에서 구입할 수 있는 파종기 대부분을 시험해 보았는데 다 나름의 장단점이 있다고 생각한다. 무동력 파종기의 경우 장비의 정밀성 외에도 구경을 쉽게 조정할 수 있는지(즉, 다양한 형태와 크기의 종자에 맞추어서 재빨리 쉽게 조정할 수 있는지), 가격이 얼마나 되는지가 중요하다고 생각한다.

얼스웨이Earthway 파종기는 유럽에서 샹투Semtout라는 이름으로 판매되기도 하며 앞바퀴에 붙은 벨트의 작용으로 원반이 돌아가면서 호퍼(파종할 씨앗을 담는 용기)에 쌓인 씨앗을 들어 올려 땅에 놓는다. 씨앗이 각기 다른 깊이에 묻힐 수 있게 조정할 수 있는 보습(농기구의 바닥에 끼우는 넓적한 삽 모양의 쇳조각) 날이 장착되어 있다. 각자 다른 간격으로 다른 크기의 씨앗을 뿌릴 수 있도록 고안된 12개의 원반이 달린 이 파종기는 가벼울 뿐만 아니라 쉽게 구경을 조정할 수 있다(1분 만에 적절한 원반이 설치되고 깊이가 조정된다).

얼스웨이 파종기는 매우 사용하기 쉽다. 씨앗 호퍼를 쉽게 비울 수 있으며 파종기에 포함된 라인마커 역시 굉장히 유용하다. 강낭콩, 콩, 비트*, 래디시의 경우 얼스웨이 파종기를 사용하면 굉장히 좋은 성과를 낸다. 반면 기계장치 안에 걸릴 수 있는 작은 씨앗을 파종할 때는 비효율적이다.

얼스웨이 파종기는 내가 아는 한 가장 경제적이고, 다양한 기능을 갖추었으며, 시장에 나온 제품 중에 가장 효율적이지는 않지만 살 만한 가치가 충분한 파종기다. 때문에 우리는 다른 파종기로 바꿀 생각이 없으며 주변에도 계속 권하고 있다.

글레이저Glazer 파종기는 단순하면서도 (다른 스위스 농기구 대부분처럼) 잘 만들어진 파종기다. 이 파종기 양끝에 달린 철제 바퀴 2개가 차축을 회전하게 해서 씨앗이 땅에 뿌려진다. 차축 내부에 빈 공간이 있으며 거기에 씨앗이 들어 있다. 축에 난 구멍의 크기를 3가지(소-중-대)로 조절해 구경을 조정하며 넘치는 씨앗은 작은 브러시로 거두어 낸다. 파종 깊이는 조작하는 사람이 기구의 손잡이 쪽을 바라보며 조정할 수 있다. 글레이저 파종기는 작은 씨앗, 특히 둥근 씨앗을 뿌릴 때 굉장히 유용하기 때문에 얼스웨이 파종기와 서로 보완하는 역할을 한다.

이 파종기의 특징 중 하나는 두둑 표면이 굉장히 깨끗해야 작동

---

*얼스웨이 파종기로 비트를 파종하면 솎음질할 때 한참 걸린다. 그래서 무를 파종할 때는 직파보다 모종 이식을 선호한다.

얼스웨이 파종기와 글레이저 파종기는 굉장히 다르지만 서로 보완하는 역할을 한다. 하지만 두 종류 파종기가 모두 제대로 작동하려면 두둑 표면(돌멩이나 흙덩이, 이전 작물의 잔여물이 없는)이 굉장히 깨끗해야 한다. 그렇지 않은 경우 이물질이 파종기 원반 사이에 끼기도 하며 그렇게 되면 파종할 때 문제가 생긴다.

이 잘 된다는 점이다. 그렇지 않으면 잔여물 조각이 파종기 바퀴에 끼기도 한다. 파종기의 바퀴가 너무 깊게 박히지 않도록 지표면 역시 상당히 단단해야 한다. 이 파종기가 지닌 단순성과 정확성을 활용하려면 두둑 준비에 시간을 더 많이 할애해야 한다.

조작법이 그리 쉽지 않은 글레이저 파종기를 성공적으로 활용해 좋은 결과를 얻으려면 파종기 다루는 법을 배워야 한다. 넓은 면적에 씨를 뿌리기 전에 작은 구획에서 몇 차례 시도를 해 보면서 이 기구와 친숙해지는 편이 바람직하다.

식스-로 파종기Six-row seeder는 굉장히 집약적으로 씨를 뿌릴 수 있도록 고안된 6조식 파종기로, 특히 샐러드채소 파종을 위한 농기구다. 이 파종기는 우리 농장에서 이용하는 기계 중에 가장 복잡한 무동력 파종기다. 구조는 글레이저 파종기와 비슷한데, 차이가 있다면 바퀴를 대체하는 롤러 2개에 연결된 도르래가 차축을 움직이게 한다는 점이다. 이 롤러는 씨를 뿌린 표면을 다지면서 파종기를 쉽게 끌 수 있도록 해 준다. 또한 이 파종기에는 밀도 조정을 다양하게 할 수 있는 톱니바퀴 3개가 장착되어 있다. 깊이는 보통 전면의 적재기를 올리거나 내려서 조정한다.

이 파종기를 이용하면 줄 간격이 5.5센티미터가 되기 때문에 줄 사이로 괭이 하나도 지나갈 수 없으며 제초를 위한 공간도 남지 않는다. 파종기로 2회 지나가고 나면 (75센티미터 폭 두둑을 왕복하면) 파종된 씨앗이 두둑 전체 공간을 차지해 꽉 찬 경작이 가능해진다. 이 방식은 생산을 집약화 할 때 굉장히 좋지만 제초 부담을 최소화할 필요가 있어서 사실 실현하기 어려운 이상적 목표라 할 수 있다. 다음 장에서 이런 목표를 실현하기 위한 다양한 전략을 다루도록 하겠다. 글레이저 파종기와 마찬가지로 식스-로 파종기는 특히 소형 종자(비트보다 더 작은 종자)에 적합하며 최적의 조건에서 사용하려면 땅 표면이 단단하게 잘 유지되어 있어야 한다.

6조식 파종기는 작물의 조밀화를 가능하게 하며 소규모 텃밭에 굉장히 유용하다. 우리가 키우는 모든 샐러드채소와 어린 시금치, 당근, 터널에서 키우는 래디시의 이른 파종을 할 때 이 기계를 이용한다.

파종 준비

직파는 토양 준비가 얼마나 잘 되어 있느냐에 따라 성공 여부가 갈린다. 파종기의 효율성을 높이려면 씨 뿌릴 두둑의 잔여물을 치우고 땅을 평평하게 다지고 다듬어 종자와 토양이 서로 잘 접촉할 수 있게 해야 한다. 또한 표면이 잘 말라 있어야 한다. 그렇지 않으면 파종기가 '흙을 집어삼킬' 수 있다. 보통 흙이 파종기 바퀴에 달라붙는 것은 좋지 않은 신호다. 이런 경우 흙이 더 마르기를 기다리는 편이 낫다.

가능한 한 규칙적으로 씨를 뿌릴 수 있도록 파종 작업에 들어가기 전에 갈퀴로 줄을 그어 놓으면 좋다. 이 과정은 새싹이 잘 안 보이는 상황에서 (특히 떡잎 상태의 당근은 괭이질을 할 때 파괴되기 쉽다) 처음으로 고랑 사이를 김매기 할 때 매우 유용하다. 두둑을 준비할 때 쓰는 바로 그 갈퀴로 줄을 그으면서 호환 가능한 호스 끝을 갈퀴에 매단다. 줄 간격은 농장에서 사용하는 괭이의 폭과 각 작물의 최적 간격에 따라 계산한다.

파종기를 몇 차례 움직이고 나면 갈퀴의 등으로 흙을 다지고 씨앗이 햇빛에 마르지 않도록 그 위에 흙을 조금씩 덮는다. 그리고 나면 송수관이 설치되어 관개가 가능해진다. 물을 쉽게 주기 위해 (우리 송수관은 2개, 4개, 8개 두둑에 동시에 물을 줄 수 있다) 밭에 여러 작물을 동시에 파종하기 때문에 이 직파 시기에 맞추어 경작 달력과 텃밭 계획을 구성했다.

고랑을 직선으로 만들어 놓은 덕분에 한결 쉽게 괭이로 제초 작업을 할 수 있게 되었다. 두둑을 만드는 데 쓰는 갈퀴 날에 연결된 플라스틱 끝부분을 이용해 이런 형태의 고랑을 만들었다. 고랑 사이의 간격은 괭이의 너비와 각 작물에 필요한 최적의 간격을 고려해 계산했다.

기록하기

　　　　　　　　1개월을 기다린 후에도 파종한 씨앗이 바라던 만큼 조밀하게 자라나지 않는 것만큼 실망스러운 일은 없다. 그런 문제를 예방하려면 매번 파종을 하기 전후로 종자 봉투의 무게를 달아 보고(전후 무게 차이는 파종한 씨앗의 총 무게에 해당한다) 그 결과를 원래 목표했던 밀도와 비교하길 바란다. 이유를 막론하고 파종의 밀도가 너무 낮다면 파종기를 한 차례 더 돌려야 한다. 이 단순한 작업만으로도 작물이 싹을 틔우기도 전에 생산량에 관련된 문제를 쉽게 알아차릴 수 있다. 씨는 일반적으로는 부족한 듯 뿌리는 것보다 많이 뿌리는 편이 낫다. 씨를 뿌린 후에 다시 솎아 내더라도 말이다.

　파종할 때는 규칙적으로 기록을 해 두는 것이 좋다. 파종에 실패할 경우 왜 실패했는지 알 수 있을 뿐만 아니라 파종 비율을 계산할 수 있기 때문이다. 251쪽 표는 우리 농장에서 기록하는 방식을 보여 주는 하나의 예시다.

　기록하는 과정은 최적의 간격을 결정할 때도, 파종기와 파종기의 구경을 결정할 때도 매우 중요하다. 파종하는 씨앗의 무게를 기록해 두면 직파할 때 최적의 밀도를, 그리고 이를 통해 종자 간에 필요한 간격을 계산할 수 있다. 두둑의 크기가 균일하다면 이 과정은 훨씬 쉬워진다.

직파 관련 기록의 예

래디시

얼스웨이 파종기와 '래디시 전용판'을 이용해 1센티미터 깊이(65그램에서 90그램 사이의 비율) 3센티미터 간격으로 5고랑(15센티미터)을 파종했다. 그리고 방충망을 덮었다.

텃밭 번호	두둑 개수	품종과 판매처	파종일 (월/일)	종자량 (그램)	수확일 (월/일)	텃밭에 머무른 일수	두둑당 수익 (단)
2	1	랙스Raxe: 윌리엄댐William Dam	5/1	80	6/2 6/9	50	308
2	1	핑크뷰티조니스 Pink Beauty Johnny's	5/8	70	6/16 6/23	45	285
6	1	프렌치브렉퍼스트French Breakfast●: 조니스	5/25	70	6/27 7/5	48	235

● 프렌치브렉퍼스트는 비가 올 때 파종했지만 그렇게 나쁘지 않았다.

직파 기록 표

채소	고랑	간격	파종기	구경
딜*	5	3센티미터 간격으로 파종	글레이저	큰 구멍: 1센티미터 깊이
비트	3	2.5센티미터 간격으로 파종, 5센티미터 간격으로 솎아 냄	얼스웨이	비트 전용판: 1센티미터 깊이
당근	5	3센티미터 간격으로 파종	글레이저	큰 구멍: 1센티미터 깊이
고수	5	5센티미터 간격으로 파종	얼스웨이	비트 전용판: 1센티미터 깊이
어린 시금치	6	5센티미터 간격으로 파종	식스-로	D**(구멍) - L(브러시) - 2.5"(중간 도르래)
강낭콩	2	10센티미터 간격으로 파종	얼스웨이	콩 전용판: 3센티미터 깊이
무	5	3센티미터 간격으로 파종	글레이저	중간 구멍: 1센티미터 깊이
샐러드채소	12	3센티미터 간격으로 파종	식스-로	C**(구멍) - L(브러시) - 2.5"(중간 도르래)
콩	1	1센티미터 간격으로 2회 왕복하며 파종	얼스웨이	이른 6월 작물 전용판: 3센티미터 깊이
래디시	5	3센티미터 간격으로 파종	얼스웨이	래디시 전용판: 1센티미터 깊이
루콜라	5	3센티미터 간격으로 파종	글레이저	큰 구멍: 1센티미터 깊이

*aneth, 허브의 일종
**식스-로 파종기를 구입하면 구경 코드가 적혀 있는 사용설명서를 볼 수 있다. 여기에 나온 글자들은 그 코드에 해당하는 글자다.

2013년부터는 장Jang 파종기(㈜장자동화에서 출시한 파종기로 모델명은 JP1.)를 도입했는데 매우 마음에 든다. 한국 업체가 만든 이 장비는 종자 분류 성능이 개선되었으며 훨씬 더 자유롭게 간격을 설정할 수 있다. 보습 날도 더욱 튼튼해져서 덜 '깨끗한' 두둑 표면에서도 얼마든지 성공적으로 작업할 수 있다. 하지만 구경 조정을 하는데 시간이 좀 더 걸리며 가격이 다른 파종기보다 훨씬 비싸다.

장 파종기 구경 결정하기

작물명	고랑	간격 (센티미터)	롤러	앞	뒤	브러시 *	펠트천 **	깊이 (센티미터)
딜	5	3	MJ-12	14	9	3/4		1
비트								
여름 비트***	3~4	5	LJ-12	11	11	1/4	–	1
구경이 큰 것	4	5	GJ-12	13	10	3/4	–	1
당근								
1.8~2.0 구경	4	3	X-24	14	9	1/4	–	1
1.6~1.8 구경	4	3	Y-24	11	11	1/4	–	1
보존용	3	5	Y-24	14	9	1/4	–	1
고수	5	5	MJ-12	14	9	3/4	–	1
시금치	6	5	F-12	14	9	2/4	–	3
강낭콩	2	8	N-6	14	9	4/4	–	3
무	5	3	X-24	13	11	1/4	–	1
파스닙			LJ-12	14	9	–		1
순무	5	3	X-24	13	11	2.5/4	–	1
겨울순무	4	8	F-12	11	11	1/4	–	1
루콜라	5	3	X-24	14	9	1/4	–	1
스웨덴순무			YYJ-12	14	9	1/4	–	1

* 0/4 = 완전히 열림. 4/4 = 완전히 닫힘.
** 펠트천은 롤러에 종자를 밀착시키는 역할을 한다. 특정 크기의 종자의 경우 이 장치를 제거하는 편이 낫다.
*** 2.5센티미터 간격으로 파종하고 봄에 14-9번 체인기어를 사용하라.

제초

"김매기가 풀을 없애는 작업이라 생각해
이 일에 너무 늦게 뛰어드는 농부들이 많다.
하지만 김매기 작업은 하나의 예방책으로 여겨야 한다.
김매기란 풀을 뽑는 일이 아니라
자신의 작물을 제대로 키우는 일이기 때문이다.
풀은 작물과 농부 모두와 경쟁하는 존재다."

엘리어트 콜먼, 《새로운 유기농부》, 1989.

9

　　　　　　　　채소농사에서 작물을 심는 작업이 끝나면 긴 호흡이 필요한 고된 작업이 또 다시 시작된다. 텃밭을 관리하는 일, 특히 풀을 통제하는 일이다. 텃밭을 한 번이라도 관리해 보았다면 일단 풀이 정글처럼 자라기 시작하면 채소가 순식간에 파괴될 수 있다는 사실을 잘 알 것이다. 그렇다면 5000제곱미터 이상 규모의 텃밭을 '깨끗하게' 보존하려면 어떻게 해야 할까? 무동력 기구로도 효율적으로 해 낼 수 있을까?

　먼저 알아 두어야 할 것이 있다. 풀이 물과 영양소, 공간을 차지하려고 채소와 경쟁한다는 사실이다. 그러므로 특정 '자연주의' 농업 철학에서 생각하는 것처럼 풀이 작물과 함께 자라게 내버려 두어도 얼마든지 좋은 채소를 키울 수 있다는 생각은 맞다고 할 수 없다. 또한 그 어떤 제초 작업도 필요 없는 농업 시스템을 구상하는 일 역시 비현실적이다. 친환경 제초제가 제아무리 '자연적'일지라도 친환경적인 채소 재배법은 아니다. 친환경 제초제가 오히려 토양의 생명에 부정적인 영향을 미칠 수 있기 때문이다. 유기농 방식으로 풀과 맞서 싸우려면 인내심과 좋은 장비, 최첨단 기술이 필요하다.

　그렐리네트농장에서 풀과 싸우기 위해 사용한 전략은 상당히 단순하다. 풀이 자라는 것을 예방하는 동시에 효율적으로 제초하는 것이다.

　우리는 단지 수확량을 최대치로 끌어올리기 위해 좁은 간격을 도입하지는 않았다. 좁은 간격으로 심는 것은 풀의 습격을 최소화시킬 수 있는 방법이기도 하다. 작물은 자라나면서 일종의 식물 덮개를 형성하는데 이 덮개의 그림자 아래에서는 풀 성장이 억제된다. 또한 우리는 풀의 씨앗을 제거한 퇴비와 토양 지층을 뒤엎지 않는 농기구를 사용한다. 가능한 한 모종 이식 방식을 사용하는 것도 풀 성장을 억제하는데 기여한다. 하지만 그럼에도 불구하고 풀의 씨앗이 발아해 작물의 성장을 방해하는 상황에 맞닥뜨리곤 한다. 이러한 예방책만으로는 풀을 충분히 관리할 수 없다.

우리의 제초 전략은 최대한 정기적으로 김을 매는 것이며, 그 어느 두둑에서도 풀의 씨앗이 싹을 틔우지 못하게 하는 것이다. 말이야 쉽지만 이 전략을 시행하려면 다른 모든 작업을 최대한 효율적으로 진행해 이 제초 작업에 필요한 시간을 확보해야 한다. 우리는 목표 실현을 도와줄 다양한 제초법을 도입했는데 이에 관해서는 책 뒷부분에서 자세히 이야기하겠다.

구획 전체를 깨끗하게 유지하기가 쉬운 일은 아니다. 판매 시즌이 시작되어 텃밭 일을 할 시간이 줄어들고 풀의 침입이 잦아지는 시기가 오면 더더욱 그렇다. 하지만 이 일은 할 만한 가치가 충분히 있다. 풀은 여전히 계속해서 농장을 습격하겠지만 활력은 훨씬 더 줄어들 것이며, 시간이 흐르면서 노력이 결실을 거둘 것이다. 열심히 제초하는 것만이 땅 속 '풀 씨앗 저장고'를 줄여 나갈 수 있는 유일한 방법이다.

풀의 씨앗이 싹을 틔우도록 내버려 두면 다음 해에 문제가 더 커진다. 별꽃아재비는 일단 밭에 뿌리를 내리면 퇴치하기 어려운 식물로, 그루당 약 1만 개의 씨앗을 만들어 낸다. 단 한 번이라도 등한시하면 여러 계절 동안 별꽃아재비의 습격을 받게 된다.

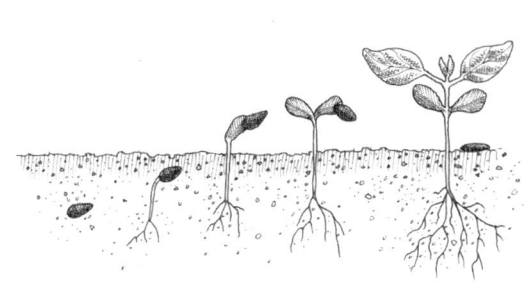

효과적으로 제초하려면 떡잎 상태일 때 없애야 한다. 잎이 두 장 이상 나면 풀의 뿌리가 토양에 단단히 박혀 일일이 손으로 끄집어내야 하기 때문이다.

> **토양을 가능한 한 뒤집지 말아야 하는 이유**
> 여러분의 토양은 각 1제곱센티미터의 면적마다 수많은 풀 씨앗을 함유하고 있다. 하지만 지표면에서부터 5센티미터 깊이 사이에 있는 씨앗만 충분히 햇볕을 받아 발아가 촉진된다. 미니관리기로 땅 속을 파내면서 지나가면 표면 아래쪽에 묻힌 씨앗까지 위로 끌어내는 결과를 낳는다. 토양 지층을 반드시 뒤집어야 한다면 다음 달에 풀의 습격에 맞서기 위해 충분히 대비해야 한다.

괭이 사용하기

효과적인 텃밭 제초 전략은 뿌리를 내리기 전에 풀을 없애는 것이다. 이때는 흙을 단순히 휘젓는 것만으로도 풀을 쉽게 없앨 수 있다. 괭이는 작은 텃밭에서 이 작업을 하는 데 최적의 농기구다.

괭이는 종류가 다양하며 그 명칭도 각각 다르다. 우리가 선호하는 괭이는 손잡이가 긴 괭이로, 양쪽 말단에 날카로운 진동 날을 장착하고 있다. 스위스에서 만든 이 농기구는 정확도가 높고 등을 쭉 편 채 (장기적으로 볼 때 이 자세는 근육통과 신체 쇠약을 예방해 준다) 김매기 작업을 할 수 있게 해 준다. 두둑에서 4~5고랑을 차지하는 작물에는 85밀리미터 괭이를, 2~3고랑을 차지하는 작물에는 125밀리미터 괭이를 사용해 김을 맨다. 또한 300밀리미터 칼날이 장착된 바퀴괭이는 1고랑을 차지하는 작물의 김매기와 통로 제초에 이용한다.

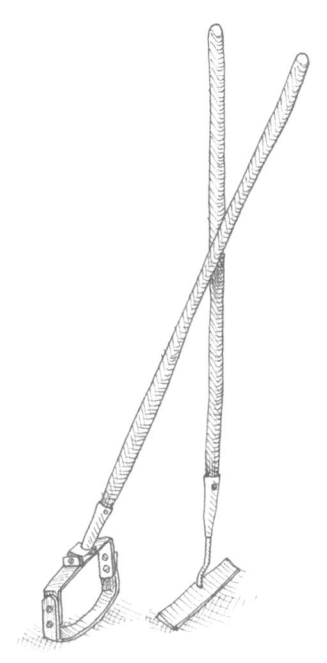

우리는 진동식 괭이 외에도 엘리어트 콜먼이 고안한 스위스산 콜리니어 괭이를 사용한다. 이 괭이는 다 자란 작물의 김매기에 유용하다. 괭이의 날을 이용해 잎에 상처를 주지 않고 식물의 아랫부분만 잘라 낼 수 있기 때문이다.

관리 중인 구획은 10~15일마다 김을 매는 것이 이상적이며 풀이 끈질기게 살아남아 기존 작물과 경쟁을 벌이는 6월과 7월에는 특히 더 신경 써야 한다. 그러나 제초 작업 역시 기상 정보를 고려해 건조하고 햇빛이 좋은 날을 기다려야 한다. 김매기 당한 풀이 습기 찬 땅에 다시 뿌리를 내리는 경향이 있기 때문이다. 좋지 않은 상황에서 괭이질을 하면 며칠 뒤에 다시 해야 할 때가 종종 있다. 또한 끈질긴 풀이나 떡잎 시기를 지난 풀을 제거할 때는 날카로운 괭이 날로 식물 뿌리를 제대로 잘라 내야 한다. 날을 매주 숫돌에 갈아 주어야 하며, 괭이 날을 항상 날카롭게 유지시켜 주는 초경팁 carbide tip(초경합금으로 만든 절삭 공구 조각)을 텃밭에 늘 가지고 나가면 좋다.

어떤 사람들은 상업적 규모의 밭을 무동력 농기구로 제초하는 것이 효과적이고 생산적이지 않다고 생각할 수도 있다. 하지만 이는 분명 효과적이고 생산적인 방식이다. 좋은 괭이로 제대로 실행한다면 작물에 상처를 입히지 않으면서도 거의 허리를 굽히지 않은 채 제초를 재빨리 해낼 만큼 능숙해질 수 있다. 제초는 흔히 상상하듯 무릎을 꿇고서 하는 고된 노동이 전혀 아니다. 오히려 나는 텃밭에서 괭이로 제초하는 것을 좋아한다. 땅과 작물과 친밀하게 접촉하는 소중한 순간이기 때문이다. 나는 시간이 지날수록 이 작업을 하면서 작물 각각의 성장 단계를 관찰할 수 있었고, 식물의 생태 관련 지식을 많이 얻게 되었다. 수작업으로 하는 김매기는 더 유동적이기 때문에 넓게 보면 좁은 간격 두기와 생산 집약화가 가능해진다. 농기구가 우리의 작업방식을 결정하는 것이 아니라 우리의 작업방식에 농

괭이를 이용하면 꼿꼿이 선 올바른 자세로 제초할 수 있다. 김매기 작업은 지표면의 '굳어짐' 현상을 막는 동시에 토양 통풍과 작물의 성장을 촉진시킨다.

기구가 부합하는 셈이다.

   괭이로 김을 매는 작업은 단순히 풀을 제거하는 행위가 아니다. 개인적으로 괭이질 작업은 전혀 시대에 뒤떨어진 방식이 아니라 아주 훌륭한 채소밭 관리 방식이라 생각한다. 덧붙이자면 나는 더 나은 제초방식을 찾아보지도 않았지만 기계를 이용해 제초하기로 한 농부들을 단 한 번도 부러워한 적이 없다.

지피용 방수포(266쪽 그림)로도 풀이 올라오는 것을 막을 수 있다. 이는 관행농법에서 윤작을 할 때 목초지에 설치하는 방수포와 비슷한 효과를 내지만 금방 설치할 수 있다는 장점이 있다. 방수포의 즉각적이고 재빠른 효과는 텃밭의 집약적인 성격과 굉장히 잘 맞는다.

제초매트

   우리 농장의 모든 구획을 깨끗하게 유지하는 데 가장 큰 장애물 중 하나는 구획의 수가 계속 늘고 있다는 사실이다. 경작하고 있는 구획 10개의 면적이 약 1만 제곱미터에 조금 못 미친다는 사실을 감안하면 농장 전체 제초를 매주 하는 것은 불가능에 가까운 일이다. 바로 여기서 자외선 차단용으로 사용하는 검은색 비닐 방수포가 유용한 역할을 한다. 풀의 성장을 방해하고 작물을 심기 전에 준비되어야 할 두둑의 상태를 유지하게 해 줄 뿐만 아니라, 사용하지 않는 두둑을 비닐 방수포로 덮어 두면 구획 안에서 풀이 자라는 것을 막아 준다. 또한 불투명 비닐(우리는 검은색 방수포를 사용한다)로 땅을 덮어 두면 다음번에 재배할 때 풀이 올라오는 기세를 약화시킬 수 있다는 사실 역시 발견했다. 원리는 단순하다. 풀은 방수포 아래 습하고 따뜻한 환경에서 금세 발아하지만 빛을 받지 못해 곧바로 죽어 버리기 때문이다. 이러한 제초방식을 가리켜 '제초매트'라 하는데 유럽의 유기농부들 사이에서 널리 사용되는 방식이다.

우리는 거의 10년 전부터 농장의 사일리지 작업에 사용해 온 6밀리미터 두께의 검은색 방수포를 쓰는데 이 방수포야말로 우리 농장의 성공 요인 중 하나다. 방수포는 농지의 풀을 관리하는 수동적이고도 효율적인 방식이다. 이 방수포가 석유화학제품이라는 사실 외에 유일한 단점이라면 상당히 무거워서 옮길 때 힘들다는 점이다. 그래서 우리는 매년 새로 사서 각 구획에 하나씩 덮어 둔다. 그러면 방수포를 일일이 옮길 필요가 없다. 이 사소한 불편함을 제외하면 장점이 단점을 크게 상쇄하고도 남는다.

가묘상

가묘상은 파종하기 몇 주 전에 토양 5센티미터 깊이 이내에 풀 씨앗을 발아시키는 방법이다. 풀 씨앗을 발아시킨 후, 주요 작물을 심기 전에 이 풀들을 표면 제초 작업으로 제거한다. 가묘상의 효과는 놀랍다. 우리는 이 방식을 시행한 두둑과 그렇

풀은 방수포 아래 습하고 따뜻한 환경에서 금세 발아하지만 빛을 받지 못해 곧바로 죽어 버린다. 이러한 제초방식을 가리켜 '제초매트'라 하는데 유럽의 유기농부들 사이에서 널리 사용되는 방식이다.

지 못한 두둑 사이에 큰 차이가 있다는 사실을 여러 차례 확인했다.

이 작업이 효과를 발휘하려면 몇 가지 고려해야 할 요소가 있다. 먼저 풀 씨앗이 발아할 시간적 여유를 주어야 한다. 보통 우리는 10~15일 전에 채소밭을 미리 준비한 뒤 이랑덮개로 덮어 둔다. 발아하고 있는 풀을 제거하다가 아직 싹트지 않은 풀 씨앗의 표면에 닿는 일이 없도록 하는 것 또한 중요하다. 회전쇄토기로 표면을 빠르게 지나가는 방식이 편리하지만 바퀴괭이도 괜찮다. 화염제초기를 사용하면 토양을 뒤적거리지 않고서도 풀 씨앗의 발아를 막을 수 있다.

가묘상은 실질적인 결과를 가져다 주는 단순한 작업이기 때문에 우리 농장에서는 이를 최대한 이용한다. 특히 직파의 경우 더더욱 그렇다. 보통 가묘상을 하려면 파종 2주 전에 두둑 작업을 해야 한다고 경작 달력에 기록해 놓아야 한다. 가묘상 작업을 늘 할 수 있는 것은 아니다. 특히 작물 대부분을 동시에 심는 봄에는 더더욱 어렵다. 하지만 우리는 미리 계획을 세워 이러한 가묘상 작업을 시행하고 있다.

가묘상 작업이 거의 필수인 채소 중 하나가 바로 샐러드채소다. 우리가 목표로 삼은 밀도를 고려하면 샐러드채소를 심는 두둑에는 김을 맬 공간이 전혀 남지 않는다. 그렇기 때문에 2주 전에 파종 준비를 해 가묘상을 할 시간을 확보한다. 샐러드채소 두둑에 쏟는 만큼의 관심을 가묘상 두둑에도 기울여 최대한으로 제초한다. 필요한 경우 가묘상 두둑에 물을 주고 이랑덮개를 종종 덮어 두어서 열을 더 많이 공급한다. 풀의 위험으로부터 벗어난 샐러드채소를 수확하는 것이 지닌 이점을 고려하면 풀이 자라는 두둑을 성공적으로 운영하는 일은 주요 작물을 성공적으로 경작하는 것만큼이나 매우 만족스러운 작업이다.

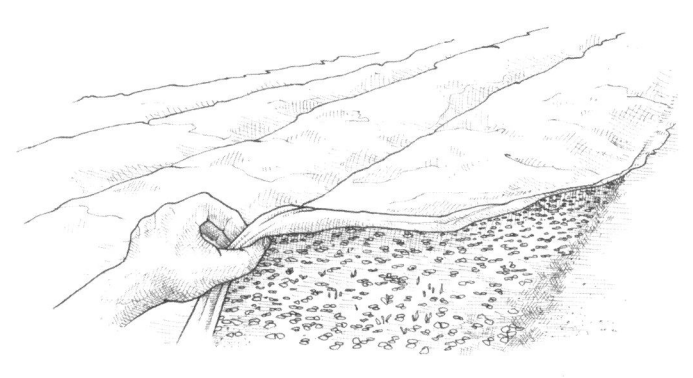

가묘상에서 풀을 골라내려고 투명 방수포와 이랑덮개를 사용해 보면 농장에 존재하던 휴면종자의 양을 알 수 있다. 보통 굉장히 인상적이다 못해 충격적이기까지 한 결과를 접하게 된다.

> **토양 태양열 소독**
> 여름에는 투명한 비닐로 토양을 6주 동안 덮어 두면 태양열을 이용한 제초작업을 할 수 있다. 이 방식은 풀 씨앗 저장고를 고갈시키고 터널 속이나 봄철에 이르게 파종하여 가묘상을 할 수 없을 때 풀을 없애기 위한 효과적인 전략이다. 하지만 이 태양열 소독 방식에는 단점도 있다. 농장의 일부 공간을 희생해야 할 뿐만 아니라 토양 내 미생물과 박테리아까지 파괴시키기 때문이다. 하지만 이 방식은 몇몇 특정한 상황에서 상당히 효과적이다.

화염제초

화염제초는 토치 torch (금속 따위의 절단이나 용접에 사용하는 버너) 불꽃으로 태워서 풀을 제거하는 방식을 말한다. 그런데 '태운다'라는 표현은 약간 과장된 표현이다. 오히려 열 충격을 가해 식물 세포를 파괴하고 결국 죽게 만드는 것에 가깝다. 화염제초에 성공하려면 두 가지 조건이 충족되어야 한다. 먼저 토치 불꽃이 토양과 접촉해야 하고 이 불꽃에 한순간만 노출되어도 충분히 파괴될 정도로 풀의 크기가 여전히 작아야 (잎이 하나만 난 떡잎 상태) 한다. 또한 이 화염제초가 최대한 평평한 공간에서 이루어져야 한다. 표면이 울퉁불퉁하면 불꽃이 빗나가서 효과가 떨어질 수 있기 때문이다.

유기농업에서 화염제초는 가묘상 기술을 보완할 때 사용된다. 흙을 뒤엎지 않아 묻혀 있던 씨앗들이 표면으로 올라오지 못하게 하는 화염제초는 쇄토기 작업을 긍정적으로 대체할 수 있기 때문이다. 화염제초는 직파할 때 '싹을 틔울 준비가 된' 풀을 태우는 데에도 유용하다. 이 방식은 가묘상 방식과 유사하다. 밭을 2주 전에 미리 준비해 풀이 싹을 틔울 여유를 주되 풀을 제거한 후 파종하는 것이 아니라 그 사이에 파종을 한다. 그러면 채소가 새싹을 틔우기 직전에 화염제초기가 두둑을 지나가면서 막 싹을 낸 풀들을 단번에 모조리 파괴한다.

'싹을 틔울 준비가 된' 풀을 태우는 작업은 당근이나 비트, 파스닙 parsnip(미나리과 식물로 설탕당근이라고도 한다)처럼 발아가 비교적 느린 작물이 풀에 맞서 싸우는 데에도 매우 효과적인 방법이다. 하지만 이 방법은 늘 주의해서 사용해야 하는 양날의 검 같은 방법이다. 너무 오래 기다리면 풀이 타기 전에 채소 새싹이 올라와 풀에게 온통 공격당하게 된다. 기대와 다르게 정반대의 효과가 나타나는 셈이다. 이런 일이 발생하면 몇 시간 동안 손으로 일일이 제초하거나 혹은 최악의 경우 몇 주 후에 다시 파종해야 한다. '그냥 지나쳐 버리는' 일을 피하기 위해 우리는 언제나 화염제초를 할 작물과 함께 더 빨리 발아하는 채소의 씨앗을 조금씩 뿌려 놓는다. 예를 들어 비트의 발아를 감지하기 위해 래디시 씨앗을, 당근의 발아를 감지하기 위해 비트 씨앗을 뿌려 둔다. 감지용 식물의 새싹이 올라오는 것은 안심하고 화염제초를 해도 되는 완벽한 타이밍이라는 신호다. 또한 직파 5일 후에 새싹의 상태를 점검하는 작업을 잊어버리지 않도록 경작 달력에도 기록해 둔다. 너무 늦게 태우느니 차라리 미리 태우는 편이 낫다.

풀을 제대로 태우는 일의 성공 여부는 화염제초기의 성능에 크게 의존한다. 우리 농장에서 사용하는 화염제초기는 매우 강력한 불꽃 여러 개로 풀을 태운다. 길이는 75센티미터이며 바람으로부터 화구火口를 보호하는 케이스 하나와 5개의 토치가 장착되어 있다. 이러한 특징 덕분에 불꽃이 균일하게 유지되어 바람 부는 날에도 사용할 수 있다.

멀치

농장의 토양을 덮어 주는 것은 풀과 맞서 싸우는 훌륭한 방법이다. 하지만 여러 가이드북에서 추천하는 유기물 멀치에 관해 짚고 넘어갈 점이 있다. 짚이나 나뭇잎, 대팻밥, 상자 조각 등으로 땅을 덮는 친환경 멀치는 분명히 장점이 있다. 하지만 직접 경험해 본 바로는 별로 추천하고 싶지 않다. 이 친환경 멀치 아래서 풀들이 여전히 살아남기 때문이다. 그래서 결국은 괭이를 안 쓰고 손으로 풀을 제거해야 하는 상황이 발생한다. 게다가 굴태충 민달팽이도 잔뜩 생긴다. 상업적으로 볼 때 구입비용뿐만 아니라 친환경 멀치를 펼치고 경작 후에 치우는 데 걸리는 시간 역시 큰 문제다. 나는 베어 낸 풀이야말로 이런 단점이 없는 유일한 유기물 멀치라고 본다. 사실상 즉석에서 얼마든지 만들어 낼 수 있으며 (농장에서는 2주마다 풀을 벤다) 얇기 때문에 토양 내 미생물이 쉽게 소화할 수 있고, 괭이를 사용할 수 있으며, 토양에 빠르게 흡수된다. 우리는 두께가 1센티미터에 불과한 이런 종류의 멀치로 좋은 결과를 얻었다. 하지만 농장 제조시스템으로 정착시킬 만큼 효과적이지는 않았다.

우리 농장에서는 비닐 멀치를 언제나 제일 효과적이라고 여겼다. 생분해성 멀치와 토목섬유를 이용해 토마토, 파프리카, 애호박, 멜론처럼 텃밭에 오랫동안 머무는 작물들을 덮어 준다. 이 불투명 멀치는 풀의 성장을 막아 주는 동시에 따뜻하고 습한 환경을 선호하는 앞에 언급한 작물들에 이상적인 환경을 제공한다. 이 생분해성 멀치와 토목섬유에는 나름의 장단점이 있다.

비닐 멀치는 풀과 싸울 때 한두 차례 맨손 제초 작업만 해도 될 정도로 작업을 수월하게 해 준다. 텃밭에 오래 머무는 작물의 경우 비닐 멀치는 상당히 보람 있는 투자다.

토목섬유는 재활용할 수 있고 지속성이 있다. 우리 밭에서 쓰는 토목섬유 멀치는 6년 되었지만 낡은 흔적이 거의 없다. 두루마리 단위로 판매하는 이 토목섬유는 폭이 넓어서 두둑과 통로를 모두 덮을 수 있다. 우리 농장에서 쓰는 것은 5미터 폭의 멀치로 가지나 멜론 같은 재배 작물에 맞추어 구멍을 뚫어 놓았다. 구멍 뚫린 베니어 합판과 작은 프로판 가스 토치(최대한 효과적으로 작업하기 위해 관 끝부분이 가느다란 제품을 쓴다)를 이용해 구멍을 냈다. 이런 식으로 100개 이상의 구멍을 내는 일은 전혀 유쾌하지 않지만 (우리도 하다가 포기할 뻔했다) 일단 한 번 작업을 끝내 놓으면 이 멀치를 몇 년 동안 유용하게 사용할 수 있다. 토목섬유가 갈라지면 그 가장자리를 가볍게 그을려서 올이 풀리지 않도록 해 놓아야 한다. 반드시 산업용 품질의 토목섬유를 사야 한다. 토목섬유의 두께와 내구성이 제품 사용 가능 기간을 결정하기 때문이다.

우리가 사용하는 생분해성 멀치는 더 비싸지만 활용도가 높다. 쉽게 구멍을 뚫을 수 있으며 100퍼센트 밀 전분으로 만들었기 때문에 비료화가 가능하다. 이 멀치는 해로운 잔여물을 전혀 남기지 않아서 농사철이 끝나갈 무렵이 되면 멀치를 거리낌 없이 토양과 섞는다. 이 제품은 150미터 길이에 90센티미터 폭의 두루마리 단위로 판매되며 가장자리를 묻어 두더라도 폭이 75센티미터인 우리 두둑을 충분히 덮을 수 있다. 생분해성 멀치는 일반 비닐 멀치보다 훨씬 약하지만 우리는 경작이 한 번 끝나고 나면 쓰레기통에 버려지는 일반 비닐 멀치보다 이쪽을 훨씬 선호한다.

멀치로 덮어 두기

멀치가 문제가 될 수 있는 이유는 농부들 대부분이 제초제로 풀을 통제하기 때문이다. 그럴 경우 해충방제용 잔재물이 밭에 남을 수 있다. 더욱이 그다지 많은 지역에서 사용되지 않는 친환경 멀치는 안타깝게도 풀 씨앗의 근원이 되기도 하며 이는 굉장한 골칫거리다. 우리가 겨울 동안 마늘밭을 덮는 데 사용한 친환경 멀치는 맨 처음으로 잘라 낸 가을호밀로 만들었다. 이 친환경 멀치는 풀이 싹을 거의 틔우지 않는 여름 초에 수확했기 때문에 심지어 관행농법으로 키운다 해도 더 '깨끗하며' 제초제로부터 안전하다 할 수 있다.

바퀴괭이는 멋진 발명품이다. 크게 힘을 들이지 않고도 넓은 면적을 제초할 수 있는 이 농기구는 오랫동안 사용할 수 있으며 작업할 때 소음이 발생하지 않는다는 장점이 있다. 우리가 텃밭 통로를 제초할 때 쓰는 관리기는 소음이 심한 편이다.

예방적 접근

풀 관리 문제를 해결하기 위해 기계적 농기구를 사용하는 것을 '절대적인' 해결책으로 생각하는 농부들이 너무 많다. 내가 아는 상당수의 유기농부들은 계속해서 새로운 농기구를 찾고 있다. 손가락 모양 제초기finger weeder, 솔 제초기brush weeder, 토션 제초기torsion weeder를 비롯해 자동화 농기구, 심지어 로봇농기구까지 고려한다. 언뜻 생각해 보면 이 농기구를 '모두' 갖추어 지형 제약에 얽매이지 않고 효과적으로 작업하는 것이 이상적으로 보일 수도 있다. 그래서 농업박람회는 신기술을 사용하고 싶어 하는 농업생산자로 넘쳐난다. 하지만 내가 아는 선에서 채소농부들은 아직 이런 종류의 농기구를 사용할 수 없고, 어쩌면 그렇기 때문에 풀과 맞서 싸울 또 다른 해결책을 찾을 수 있을지도 모른다.

이 장에서는 농장을 풀의 습격으로부터 보호하는 데 사용되는 여러 기술을 설명했다. 집약적 농업을 할 수 있는 간격을 고수하고, 최대한 모종을 이식하며, 토양의 지층을 뒤엎지 않으며, 풀이 싹을 틔우지 못하게 하고, 퇴비나 유기물 멀치에 풀 씨앗이 딸려오지 않도록 하는 동시에 씨앗 저장고를 고갈시키는 방법이 그것이다. 이 해결책들은 비용이 거의 들지 않는다. 하지만 이런 방식을 적용하려면 상당히 공들여 계획을 세우고 여러 경작 단계마다 고민을 많이 해야 한다. 나는 텃밭농부들이 바로 이런 식으로 집중하며 노력을 해서 자신의 농장에서 풀을 몰아내야 한다고 마음 깊이 확신한다. 또한 제초와 경작의 차이점을 이해하고 이러한 이론적 지식을 실행에 옮겨야 한다.

    언젠가 유기농업 콘퍼런스를 들으러 간 적이 있다. 그곳에서 사람들은 20년 이상의 경험을 지닌 어느 농업생산자에게 밭을 경작하며 가장 문제가 되었던 풀 5가지를 알려 달라고 했다. 그는 풀 2개의 이름을 나열하더니 말을 멈추었고 콘퍼런스 장소는 불편한 침묵에 잠겼다. 잠시 후 농업생산자는 그 외에는 이름을 모르겠으며, 풀의 존재를 알아챌 정도로 자라나도록 오랫동안 놓아 두었던 적이 없기 때문이라고 설명했다. 그 말이면 충분하지 않은가.

현재 우리는 고랑 제초 작업 속도를 높이기 위해 전기제초기를 테스트하고 있다. 미국에서 '틸리'라는 이름으로 판매되는 이 농기구가 온갖 새로운 종류의 저기술 농기구가 활약할 수 있도록 길을 열어 줄 수 있을지도 모르겠다.

병충해

10

"해충이란 존재하지 않는다.
사람들은 식물의 병충해 문제가 대두되자마자
즉시 이에 맞서 싸울 방법을 논하기 시작했다.
하지만 그전에 식물의 병충해가
정말로 존재하는지부터 살펴보아야 했다."

후쿠오카 마사노부, 《자연농법 - 녹색 철학의 이론과 실제
The natural way of farming - The theory and practice of green philosophy》, 1985.

채소 재배 분야에서 식물 보호를 말하는 모든 진지한 논의는 작물에 해로운 생물체(동식물, 균류, 미생물 등)를 파괴하기 위해 화학제품을 사용하는 것이 환경과 인간의 건강에 치명적인 영향을 준다는 사실을 인정하는 데서부터 시작된다. 이런 제품들이 유해성이 있다는 증거가 너무나 명백한데도 이런 화학제품들을 계속 사용하라고 장려하고 있는 현실은 산업적 농업으로 생산된 먹을거리를 더 이상 신뢰할 수 없음을 보여 준다. 합성제초제는 매우 핵심적인 주제지만 이 논의는 다른 이들의 몫으로 남겨 두자. 우리는 유기농업에서 이 화학제품들은 받아들일 수 없지만 몇몇 '친환경 살충제'는 받아들일 수 있다고 여긴다는 사실을 알고 있다. 그런데 이 '친환경 살충제'라는 것이 정말로 친환경적일까?

(화학적 접근법과 대조되는) 친환경 접근법이 기생충 침입을 줄여 준다는 이야기도 자주 접한다. 토양의 생태와 물리적 구조, 무기물 균형에 관심을 기울여서 병충해에 저항력을 지닌 건강한 채소를 자연적으로 키울 수 있다는 이야기다. 그렇다면 병충해의 존재가 농부의 잘못된 접근법에서 나온 결과라고 결론 내려야 할까?

나는 이 중요한 문제에 관해서 그 어떤 확신도 가지고 있지 않다. 하지만 몇몇 병충해가 우리 농장에 타격을 입힌 적이 있으며 앞으로 예방책을 전혀 실행하지 않는다면 상당한 피해를 야기할 것이라는 사실도 잘 알고 있다. 예를 들어 애호박은 제대로 보호받지 않으면 줄무늬오이딱정벌레의 공격에 절대 살아남을 수 없다. 사실 '친환경'

농작물이니 고객들이 벌레 먹은 래디시나 검은 얼룩이 생긴 토마토를 받아들일 수 있다는 생각은 완전히 착각이다. 그렇기 때문에 농장이 성공하려면 병충해에 올바르게 대처해야 한다. 그리고 이 경우 예방 원칙이 매우 중요하다. 효과적인 해결책을 찾되 가능한 한 생태계에 최소한으로 부정적인 영향을 미쳐야 한다. 나는 그것이 고객과 환경을 염두에 두고 농사를 지어야 하는 농가의 책임이라고 생각한다.

친환경적 병충해 해결책을 다루는 저서 대다수는 생물다양성의 장점을 서술하고 있다(참고문헌 참조). 실제로 농장 부지에 공존하는 다양한 식물과 곤충, 새, 심지어 양서류는 작물에 미치는 해로운 생물의 영향을 상당히 줄여 준다. 이러한 텃밭 환경의 생물다양성을 추구하는 최선의 방법은 데려오고 싶은 생물이 살기에 적합한 서식지를 만들어 주는 것이다. 예를 들면 바람막이나 연못을 정비할 때 곤충을 잡아먹는 새들이 좋아하는 관목이나 식물을 심으면 좋다. 텃밭 내부나 가장자리에 꽃밭을 정비하면 해충을 잡아먹는 곤충을 유인할 수 있다. 돌로 쌓은 벽이나 작은 숲, 자그마한 바람막이 시설 역시 작물에 이로운 수많은 곤충을 유인할 수 있다. 텃밭을 구상하는 시기부터 이러한 생각을 할 필요가 있다.

우리 농장은 이 방면에 굉장한 노력을 기울였다. 더 많은 화분매개곤충을 유인하기 위해 꿀벌 통을 설치하고 온갖 종류의 개구리와 곤충, 새가 살 수 있는 수생텃밭을 마련했다. 이 같은 연못과 텃밭 가장자리에 마련한 숲에는 밤에 돌아다니며 거세미(농작물이나 묘목의 뿌

벌레가 작물을 통째로 망치는 일을 막기 위해 사용할 수 있는 효과적이고 친환경적인 전략은 채소에 방충망을 덮는 것이다. 이랑덮개와 달리 방충망은 더 튼튼하고 오래가며 열을 보존하는 효과가 전혀 없기 때문에 여름작물에 사용하면 좋다.

리를 잘라 놓는 곤충)를 잡아먹는 두꺼비가 찾아온다. 땅의 '해충'을 잡아먹는 파랑새와 굴뚝새를 유인하기 위해 둥지도 지어 놓았다. 올해는 온실과 터널 근처에 우수리뒤영벌의 벌집을 지어 온실 아래 작물들의 수정을 돕게 했다.

    우리가 옛 목초지에 자리를 잡았으며 일모작을 하는 경지에 둘러싸여 있다는 사실을 감안하면 굉장히 먼 여정의 첫발은 이미 내디딘 셈이다. 하지만 매년 다양한 종이 살 수 있는 친환경적인 여러 작은 둥지를 만들어 나가면서 이제 우리 농장은 다양한 동식물종을 맞이할 수 있게 되었다. 그리고 텃밭을 정기적으로 둘러보면서 무당벌레, 사마귀, 풀잠자리 같은 무서운 곤충을 감시한다. 요컨대 친환경적인 시설을 재량껏 마련했다는 이야기다.

    하지만 우리가 들인 노력의 결과를 명확히 예측하기는 어렵기 때문에 작물 손실을 막기 위해 종종 다른 방책을 취해야만 했다. 우리는 시간이 (그리고 그에 따른 피해가) 흐르면서 시의적절한 개입을 시도했고, 그에 따라 여러 채소의 병충해 예방법을 배우게 되었다. 또한 작물에 해를 입히는 대부분의 곤충을 잘 알게 되었으며 각각에 대한 구체적인 해결책을 찾아낼 수 있었다. 일반적으로는 물리적인 통제 방식(이랑덮개, 손으로 벌레 잡기, 페로몬 함정, 끈적이 함정 등)으로 접근하는 편을 선호하며 자연적 살충제는 최후의 수단으로만 사용한다. 이러한 특수한 방식은 부록에 실은 경작 노트에 상세하게 적혀 있다. 그렇지만 효과를 보려면 대체로 문제를 재빨리 발견하는 데서부터 시작해야 한다. 그것이야말로 텃밭 병충해 관리의 핵심 키워드다.

우리는 파프리카 고랑에서 장님노린재를 정기적으로 찾아본다. 작물을 '툭툭 쳐서' 장님노린재 유충을 하얀 플라스틱에 올려놓은 뒤 정확하게 관찰해 본다. 한 고랑의 여러 군데에서 장님노린재가 발견되는 경우에만 자연 살충제로 개입한다.

> **친환경적 방제**
>
> 친환경적 방제는 특정 질병이나 해를 입히는 곤충의 확산을 어느 정도 효율적으로 막아 주는 생물학적 살충제 사용만 의미하지 않는다. 친환경적 방제를 위해서는 농사철이 시작되기 전에 상황을 미리 예측하고 계획해야만 한다. 해당 지역에 서식하는 '해충'을 알아내고 문제가 악화되기 전에 적절한 자연적 개입 방식을 결정해야 한다. 294쪽에 나와 있는 표와 유사한 내용이 들어간 가이드북을 준비하는 일은 괜찮은 첫 걸음이다. 하지만 여기에 나와 있는 다양한 개입 방식을 메모해 놓을 필요가 있다. 예를 들어 당근파리가 보통 8월에 출몰한다는 사실을 알고 있다면 이때 보호망을 설치하라고 생산달력에 적어 두면 좋다.

진단

친환경적 식물 보호에 사용되는 '치료법'의 거의 대부분은 예방에 효과적이다. 다시 말해 문제가 너무 심각해지기 전에 효과를 발휘한다는 의미다. 예를 들어 유기농업에서 허용되는 살진균 제품은 원인진균이 자리 잡은 식물의 새 잎은 보호하지만 진균을 제거하지는 못한다. 반면 자연적 살충제는 해충이 작용하는 바로 그 순간에 정확하게 사용할 때 더 효과가 좋다. 예컨대 스피노사드spinosade는 파좀나방에 효과적이지만, 파좀나방 유충이 작물에서 내려온 순간에만 효과가 있다. 살충제나 살진균제의 경우 언제 개입하느냐가 매우 중요한데, 작업 성공 여부가 바로 여기에 달려 있다. 그러므로 작물에 있는 해충과 병원균을 제대로 진단하는 일이 가장 중요하다. 이것이 바로 진단의 역할이며 올바른 진단을 하려면 작물과 위험 요소가 어떻게 변화하는지 매일 관찰해야 한다.

우리 농장에서는 매일 작업을 시작하기 전에 습관처럼 텃밭을 한 바퀴 둘러본다. 구획들이 서로 가깝게 붙어 있기 때문에 둘러보는 데 시간이 별로 걸리지 않는다. 이 과정을 통해 채소에 나타나는 이상 징후를 발견하고 긴급 조치를 취할 수 있다. 여러분에게도 이런 일상적인 습관에 익숙해지라고 강력하게 추천한다.

그러나 이 외에도 알아야 할 것이 있다. 우리는 병충해 진단을 위해 경계해야 할 병충해를 우편으로 알려주는 식물병충해 방제 알림 서비스를 이용하고 있다. 지방에서 무료로 제공하는 이 서비스는 연구자와 전문 진단가의 노하우를 바탕으로 만들어졌다. 우리가 경작하는 채소의 양을 고려할 때 이는 반드시 필요한 서비스다. 또한 농장에는 경작을 위협하는 주요 장애물과 그들의 생애주기, 이를 해결할 수 있는 여러 기술을 기재한 다양한 저서를 일종의 참고도서로 비치해두고 있다. 참고문헌에 추천도서 목록을 정리해 두었다.

나는 하루 작업 일과 중에 농장을 한 바퀴 둘러보는 일을 꼭 포함시키라고 말하고 싶다. 이렇게 하면 앞으로 해야 할 관리 작업이 무엇인지 살펴볼 수 있을 뿐만 아니라 병충해 피해 신호를 감지할 수 있기 때문이다. 그 외에도 '오늘의 할 일 목록 작성하기'를 하루 일과에 추가하길 권한다. 농장 전체를 통제하는 일은 이처럼 하루하루 해야 할 일의 계획을 세우는 데서부터 시작된다.

예방

몇 주 동안 비가 내리거나 햇빛이 들지 않으면 텃밭 식물이 병에 걸리기 십상이다. 가지과와 박과 식물들은 병원균에 특히 취약하며, 양파, 잠두蠶豆(콩과에 속하는 여러해살이풀), 샐러드 채소 역시 열악한 기후조건이 너무 오랫동안 이어지면 쉽게 병에 걸린다. 감염원 때문에 발생하는 질병은 기능 이상을 야기해 식물을 천천히 죽음에 이르게 한다. 우리는 채소에 어떠한 질병이 발생하면 원인균이 무엇인지부터 알아낸다. 대부분은 작물의 잎에 증상이 나타나며 (얼룩, 썩음병, 고사, 노래짐, 괴사 등) 가이드북을 참조해 균을 식별한다. 여러 질병이 동일한 잎에 한꺼번에 나타날 수도 있으며 어떤 증상은 생리학적 이상(결핍, 수분 스트레스 등)과 맞물려 헷갈릴 수 있기 때문에 원인균 식별은 간단한 문제가 아니다. 식물병충해 방제 알림 서비스는 바로 이런 경우에 매우 유용하다. 책과는 달리 이 알림 서비스는 현재의 기후조건을 고려하기 때문이다. 채소의 질병은 바이러스성 질병이거나 박테리아성 질병, 혹은 진균성 질병일 수 있다. 다음은 이런 질병을 파악하기 위해 반드시 알아야 할 사항이다.

> 퀘벡 농업부MAPAQ 사이트에서 생물병충해 방제 알림 네트워크RAP에 가입할 수 있다.

바이러스성 질병은 가장 드물게 나타나는데, 우리 농장에서는 단 한 번도 발병한 적이 없다. 이러한 종류의 질병은 종자를 통해 전파되기 때문에 반드시 양질의 씨앗을 구입해야 한다. 특히 판매용 마늘 종자와 하우스 토마토 모종은 위험하다. 이는 우리가 직파를 하는 이유 중 하나이기도 하다.

박테리아성 질병의 경우 진행 속도가 매우 빠르기 때문에 신속한 대처가 중요하다. 우기에 주로 나타나며 접촉을 통해 전파되기 때문에 보통 무리지어 있는 식물이 질병 피해를 입는 경우가 많다. 그렇기 때문에 병에 걸린 식물은 그 즉시 땅에서 뿌리째 뽑아내야 하며 다른 식물과 접촉하지 않도록 주의를 기울여야 한다. 우리 농장에서는 전염된 식물을 쓰레기통에 버린 후 직원들에게 옷을 갈아입으라고 말한다. 박테리아성 질병의 증상 중 하나가 부패인데 작물이 금방 '잘록하게' 썩어 버린다. 우리 농장의 박과 식물을 덮친 박테리아성 썩음병은 아마도 우리가 농장에서 매년 만나는 유일한 박테리아성 질병일 것이다.

진균성 질병은 훨씬 더 흔하게 나타난다. 이를 막기 위해 가장 먼저 취해야 할 예방책은 수확할 때 (혹은 제초를 하거나 지주를 세울 때) 식물에 상처를 내지 않도록 하는 것이다. 진균이 발병하려면 출입구가 필요하기 때문이다. 순을 자를 시점이 오면 햇볕 좋은 날에 작업해야 한다. 상처가 난 부분에 물이 닿으면 노균병 같은 질병이 나타나기 좋은 환경이 되어 버리기 때문이다.

어쨌든 진균병이 나타나면 우리는 구리와 황을 매주 번갈아 가며 살포한다. 이는 질병을 치료하기 위한 행위는 아니지만 적절한 시기에 실행하면 식물이 계속 잘 성장할 수 있다. 우리는 이 방식이 효과적이지만 단점이 있다는 사실 또한 인지하고 있다. 구리는 토양에 축적되어 생물활동에 피해를 입힐 수 있으며 황은 텃밭의 곤충에 악영향을 미친다. 그래서 특정 원인진균의 경우 박테리아를 포함한 유기농 살진균제를 사용하려 한다. 또한 토양 내 병균으로부터 작물을 보호해 주는 이로운 미생물을 채소밭에 접종하는 방법 역시 찾아보고 있다. 무기물 성분의 살진균제와 달리 이런 방법들은 토양의 생명력을 저해하지 않고 강화시켜 준다.

원인균의 성질이 어떠하건 간에 일단 질병이 나타나면 때로는 그 피해를 제한하는 수준에 머무를 수밖에 없다. 우리는 결국 질병 저항력이 강한 품종을 고르려면 종자 카탈로그를 더욱 자세히 살펴보아야 한다는 사실을 경험을 통해 배웠다. 이런 종자들은 비싸긴 하지만 때로는 문제를 근원적으로 예방해 준다. 습기 있는 온실과 터널 내 기후조건과 윤작이 불가능한 상황을 감안하면 저항력이 강한 토마토와 오이 품종을 선택하는 일은 특히 더 중요하다.

우리는 온실에 '익충'(대개 천적)을 정기적으로 들여놓아 또 다른 '해충'을 제거하고 있다. 지금까지는 진드기류 천적을 이용해 삽주벌레 개체 수를 조정하는 데 성공했다. 또한 진디가 문제가 될 경우 무당벌레를 구입한다.

'유기농 살충제'의 사용

우리 농장에서 살충제는 해충 문제를 해결할 때 택하는 최후의 방법이다. 사실 이 살충제와는 일종의 애증 관계를 형성하고 있다. 살충제는 해가 있는 물질이지만 몇몇 작물을 성공적으로 경작할 수 있게 해 준다는 사실을 알고 있기 때문이다. 내가 종종 말하듯 텃밭농부는 늘 이상을 따를 수는 없어도 이상적인 목표에 다가가도록 노력해야 한다. 우리 같은 경우 '유기농 살충제'의 사용은 어느 정도 필요에 부합한다.

살충제에 붙은 '유기농'이라는 용어는 이 제품이 (화학적이 아니라) 자연적인 성분으로 만들어졌으며 생분해가 가능하고 유해성 잔여물로 토양을 오염시키지 않는다는 사실을 의미한다. 이 제품들은 잔류성(며칠에 걸쳐 작용한다는 의미다)이거나 선택적(특정한 숙주만 공격한다)이거나 광범위성(여러 곤충에 작용한다)일 수 있다. 그 어떤 경우라도 이 유기농 살충제는 유독하다. 유기농업에서 허용되는 것이니 독성이 전혀 없는 살충제라고 생각해서는 곤란하다. 제충국제pyrethrum insecticide, 除蟲菊劑(제충국이라는 식물에 함유된 성분을 이용한 살충제로 사람이나 가축에는 무해하고 곤충에만 유효한 농약), 스피노사드spinosad, 로테논rotenone 같은 제품은 굉장히 조심해서 다루어야 하는 강력한 물질이다. 농축액을 가지고 혼합해 사용할 때에는 더더욱 조심해야 한다. 또한 건강과 환경에 그토록 악영향을 미치는 합성살충제를 제조하고 장려하는 바로 그 다국적기업이 이 '유기농 살충제'를 만드는 기업이라는 사실도 언제나 기억해야 한다. 그러니 유기농 살충제의 무독성을 '테스트' 했다는 주장을 마땅히 경계해야 한다. 최근까지 유기농 살충제로 흔히 사용했던 로테논이 좋은 사례다. 유기농업에서는 로테논의 사용을 허용했지만 결국 작물을 기를 때 이 제품을 정기적으로 사용할 경우 파킨슨병 발병과 관련이 있을 수 있다는 사실이 발견되어 로테논은 금지되었다. 이런 사례를 보면 유기농 살충제를 굉장히 조심해서 사용해야 하며, 안전을 위해 방호구(장갑, 안경 등)를 착용하는 것은 물론이고, 양을 제대로 계산하고 적절한 살포 간격을 준수해야 한다는 사실을 되새기게 된다.

이 단계에서는 살충제 사용 목적이 해충 박멸이 아니라 벌레가 작물에 주는 피해를 줄이기 위해 벌레의 개체 수를 조절하는 것이라는 사실을 반드시 기억해야 한다. 294쪽의 표는 우리 농장에 출몰하는 몇몇 해로운 벌레에 맞서 싸울 때 우리가 선호하는 개입 방식을 정리한 표다. 이 자료는 시간이 흐르면서 수정할 필요가 있기 때문에 어디까지나 참고용으로만 사용해야 한다. 우리가 접하지 못한 또 다른 벌레나 별다른 피해를 주지 않아 개입하지 않아도 되는 벌레도 있다는 사실을 알려 둔다.

우리 농장에서는 오래 전부터 잎에 물을 줄 때 동일한 펌프식 살수기를 사용해 왔다. 매번 사용한 후 헹구어 내는 데 신경을 많이 쓰기 때문에 지금도 여전히 잘 작동한다. 오랫동안 사용하길 바란다면 질이 좋은 제품을 골라야 한다.

해로운 벌레 해결 방법

	손으로 잡기	방충망*	비티균**	고령토	오르토 인산염	제충 국제	로테논	살충 비누	스피노 사드
벼룩잎벌레		P				O			O
꽃양배추 혹파리		P							
십자화과 송충이			P						O
줄무늬오이 딱정벌레	O	P				O			
감자잎벌레	O	P							O
굄태충	O				P				
당근파리		P							
배추파리		P							
진디						O		P	
장님노린재		P				O			
파좀나방	P		O						O
삽주벌레						P		O	O
거세미	P		O						

P = 선호하는 방법
O = 역시 효과적인 방법

* 망의 구멍 크기는 곤충의 크기를 고려해 선택한다.
** *Bacillus thuringiensis var. Kurstaki*

사계절 재배

"채소 재배업자들은 특히
봄여름의 좋은 날씨에만 생산할 수 있는
작물을 한겨울에도 생산할 수 있는 수단에
온통 정신이 팔렸다. 바로 그 부분에서
파리의 농학이 진정으로 놀라워졌다."

《파리에서 채소 재배하기 실전 가이드
Manuel pratique de la culture maraîchère de Paris》, 1845.

―――――― 11

　　　　　　　퀘벡에서 작물이 성장할 수 있는 계절은 굉장히 한정되어 있기 때문에 여러 채소가 완전히 다 자라기에는 시간이 부족하다. 그렇기 때문에 텃밭농부가 할 일은 농장의 성장 조건을 조정해 서리와 추위로부터 작물을 보호하는 것이다. 계절의 길이를 늘인다는 것은 난방을 해 주는 온실재배를 의미하지 않는다. 오히려 작물을 '촉성재배'하고 악천후로부터 보호하는 단순하고도 경제적인 방식과 기술을 말한다.

　완전히 새롭게 나타났다고 볼 수 없는 촉성재배라는 아이디어는 일반적으로 온실 난방을 전제로 한다. '저기술' 유형의 촉성재배 방식이 지닌 이점이 잊힌 것은 아마 지난 50년 간 연료비용이 낮게 책정되었기 때문이 아닐까 싶다. 지역 생산품 수요가 매우 높은 미국 북동부와 여타 지역에서는 수많은 소규모 텃밭농부들이 더 일찍 수확하고 농사철을 겨울까지 연장시키려고 갖가지 효율적인 해결책을 모색하고 있다. 이 같은 혁신을 추구하는 과정은 굉장히 흥미로우며 이에 관해 점점 더 많은 자료가 만들어지고 있다. 이러한 운동을 주도하고 있는 엘리어트 콜먼의 아이디어와 생산방식은 식물의 생태와 단순한 바람막이를 이용해 계절 주기의 한계를 어떻게 확장할 수 있는지 증명해 보여 준다. 그 고무적인 결과를 내 두 눈으로 도처에서 직접 확인했기 때문에 나는 수많은 작물을 사계절 내내 수확할 수 있으며, 퀘벡의 겨울 같은 동절기 환경에서조차 단순한 수단만으로도 이를 실현할 수 있다고 자신 있게 말한다.

우리의 경우 한동안 겨울에 작물을 생산하자는 생각을 계속 피해 왔다. 앞서 말한 바와 같이 기술적 한계가 우리의 열정에 걸림돌이 되어서가 아니라 겨울이 우리가 사랑하는 귀한 자유시간이기 때문이다. 하지만 우리 농장에서는 늘 촉성재배를 하며, 특히 봄에는 더욱 그렇다. 경험이 쌓이면서 우리는 사람들의 채소 사랑이 초여름에 최고조에 달한다는 결론을 내리게 되었다. 그래서 6월에 수확을 최대화하는 것을 목표로 삼았다. 하지만 난방을 아낌없이 하는 토마토 온실을 제외하면 우리가 사용하는 방식은 모두 무동력 수단이다. 그 어떤 경우라도 더 이르게 수확할 수 있을 뿐만 아니라 작물의 품질과 수익성도 훨씬 개선된다. 바로 그것이 우리가 이 방식을 도입한 가장 큰 이유다.

이랑덮개와 미니터널

나는 이랑덮개가 원예산업의 가장 위대한 기술적 혁신 중 하나라고 생각한다. 이 방수포(현장에서는 많은 사람들이 이랑덮개를 방수포라 부른다)는 부직포로 만든 천으로 공기와 물은 통과시키지만 바람과 해충에는 물리적인 장벽으로 작용한다. 작물을 덮고 있는 이랑덮개는 토양의 습기를 보존해 주면서 토양 온도를 높이는 역할을 한다. 그러면서 온도를 몇 도 정도 추가로 올리면서 추위로부터 보호해 주는 역할도 한다. 직파 혹은 모종 이식 바로 직후에 이랑덮개를 설치하면 어린 식물의 발아를 촉진시킬 수 있고 쏟아지는 비나 강한 바람, 혹은 서리 같은 악천후로부터 식물을 보호할 수 있다. 이랑덮개는 텃밭 어디에서나 터널 안과 같은 미기후를 만들어 내는 셈이다.

19세기 프랑스 채소 재배업자들은 겨울에도 채소를 생산하기 위해 유리뚜껑과 따뜻한 덮개를 사용했다. 오늘날 이런 수단은 이랑덮개와 비닐막 같은 현대적 도구로 대체되었다.

시장에 가면 (제곱미터당 그램 단위로 표시되는) 다양한 두께의 덮개를 구입할 수 있다. 덮개가 두꺼울수록 열보존율은 높지만 그만큼 빛을 덜 투과시키기 때문에 상황에 따라 천의 두께를 선택해야 한다. 우리 농장에서는 봄부터 가을까지 1제곱미터당 17그램 혹은 19그램짜리 이랑덮개를 사용한다. 이는 내구성(조심스럽게 다루면 한 계절 이상 사용할 수 있다)과 빛 투과성(약 15퍼센트 감소) 사이에 적당히 타협을 본 결과다. 또한 우리는 두께가 그 2배에 달하는 천을 사용해 서리가 내리는 밤에 작물을 보호한다.

봄에는 이랑덮개로 생산물 전체를 덮는다. 직파할 때는 그 아래에서 작물이 잎을 성장시킬 수 있도록 이랑덮개를 바닥에서 살짝 떨어뜨려 작물 위에 직접 덮어 준다. 옮겨 심은 작물, 그리고 더 취약한 작물의 경우에는 아연 도금한 판매용 와이어 9번을 이용해 만든 아치형 구조물로 이랑덮개를 지탱해 준다. 판매용 와이어는 150센티미터 길이로 잘라 내 75센티미터 길이의 두둑을 덮는 반원 형태로 만들어 그 아래 있는 작물들이 자랄 수 있는 공간을 충분히 확보해 준다. 이 아치형 구조물을 바닥에 꽂을 때는 서로 약 80센티미터의 간격을 둔다.

높이 자라는 채소인 브로콜리나 가지 같은 작물은 직경 16밀리미터에 길이 2.45미터짜리 PVC 전기도관으로 만든 더 큰 아치형 구조물을 사용한다. 동일한 이랑덮개가 여러 인접한 두둑을 동시에 덮고 있을 때는 1.5미터 또는 3미터의 간격을 두어 오점형(5점형의 배열형식으로 넷은 사각형 변두리에, 나머지 하나는 중심부에 위치하는 배열을 의미한다)으로 구조물을 배치한다. 그리고 말뚝으로 구멍을 판 뒤 약 25센티미터 깊이로 박아 넣어 땅에 고정시킨다.

마지막으로 우리는 '미니터널'이라 부르는 또 다른 아치형 구조물을 사용한다. 이 미니터널은 눈이 쌓이는 시기에 특히 유용하다. 미니터널은 근처 철물점에서 찾아볼 수 있는 아연 도금 강철 파이프를 튜브벤더로 구부려서 만든다. 이 아치형 구조물을 제작하는 데 비용이 더 많이 들긴 하지만 상당한 하중을 견딜 수 있을 만큼 꽤 견고하다. 초봄이나 늦가을에는 미니터널에 투명한 비닐을 덮어 준다. 그러면 얼마 안 되는 비용으로 터널만큼의 효과를 볼 수 있다.

> 튜브벤더 tube bender(관 가장자리를 쳐서 굽히는 공구)를 이용해 구부린 아연 도금 금속 덕트 duct(공기나 기타 유체가 흐르는 통로나 구조물)를 PVC Poly Vinyl Chloride(열가소성 플라스틱의 하나로 폴리염화비닐, 염화비닐수지라고도 한다) 대신 사용해 미니터널이 견딜 수 있는 눈의 하중을 높일 수 있다.

이랑덮개를 땅에 더 잘 고정시키기 위해 이랑덮개 양끝을 덮거나 아치형 구조물 하단 위에 자갈주머니를 올려놓는다. 이 주머니에 자외선 차단 처리를 해 주면 이랑덮개를 오랫동안 보존할 수 있는데, 이는 할 만한 가치가 있는 투자다. 바람이 세게 불 때는 작물 위로 부딪히는 바람을 막을 정도로 이랑덮개를 충분히 펼쳐야 한다. 안타깝게도 우리 농지는 바람이 많이 부는 곳이라 이랑덮개를 계속 다시 고정시켜야 한다. 이 문제를 해결하려면 텃밭을 자주 살피며 고정 상태를 확인하는 수밖에 없다.

이랑덮개가 더 이상 필요 없을 때에는 덮개의 길이와 상태에 따라 라벨을 붙여 놓은 종자 자루에 이 이랑덮개를 정리해 둔다. 농사철이 끝날 무렵 마지막으로 하는 일 중 하나는 자외선 차단 처리가 된 접착테이프를 이용해 구멍 난 이랑덮개를 수선하는 작업이다. 이랑덮개 대부분은 3년 정도 간다.

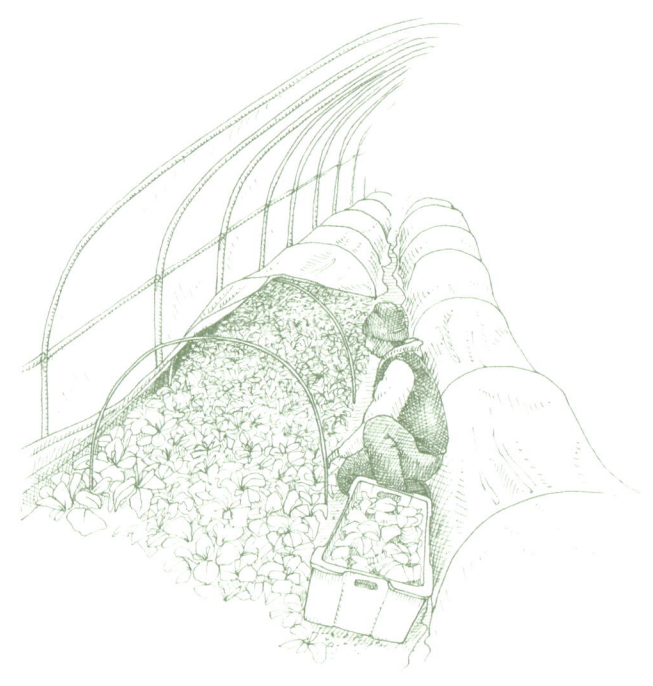

세 번의 겨울을 나는 동안 우리는 난방하지 않은 터널에 밤 동안 이랑덮개를 덮어 시금치를 재배했다. 시금치는 추위에 매우 강하고 어릴 때 샐러드용으로 팔리기 때문에 아주 훌륭한 겨울 작물이다.

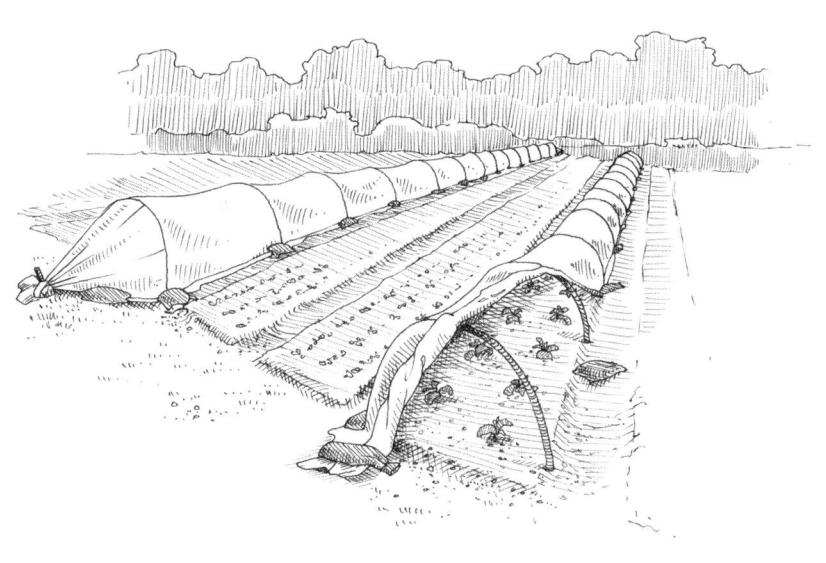

이랑덮개는 가볍고 설치하기 쉬우며 경제적이다. 우리 농장의 경우 이 이랑 덮개가 대부분의 작물을 성공적으로 경작하는데 기여한다고 해도 과언이 아니다.

캐터필러 터널

캐터필러caterpillar 터널 역시 농사지을 수 있는 기간을 연장시켜 주는 흥미로운 방식의 하나다. 이 제품은 형태가 단순하고 저렴하며 이동이 간편하다는 장점이 있다. 조립과 분해가 쉬워서 농사철 중 언제든 아무 곳에나 옮겨서 설치할 수 있다. 우리 농장에서는 직파한 당근과 비트를 촉성재배할 때 사용하는데 이후 이 터널을 이동해 여름에 더 많은 열이 필요한 가지과 식물을 덮어 준다.

캐터필러 터널을 만들 때 여러 방식과 자재를 사용할 수 있다. 가장 단순한 형태로 제작한다면 PVC파이프, 철근 콘크리트 막대, 끈 밖에 필요 없다. 우리 농장에서는 두께 4밀리미터 길이 6.1미터짜리 (하나의 접점으로 연결된 2조각의) PCV파이프로 직접 만든 터널을 사용한다. 아치형 구조물은 3.5미터 간격을 두었으며 길이 61센티미터 철근 막대를 절반 부분까지 땅에 꽂아 고정시켰다. 구조를 강화하기 위해 각 아치 머리 부분에 케이블을 달고 이를 터널 양끝 깊게 박힌 말뚝에 연결했다. 구조물 전체를 덮는 비닐의 경우 땅에 닿는 양끝 중 한쪽이 바닥에 고정되며 나머지 한쪽에는 자갈 주머니를 올려 둔다. 그리고 나서 각 아치의 양끝을 가로지르는 끈을 바닥에 묶어 두면 강풍이 불어도 안정적으로 비닐이 고정되며 이 때문에 터널은 캐터필러 같은 형태를 띠게 된다. 통풍을 할 때는 비닐을 말아 올리고 이를 각 아치에 나사로 고정시켜 터널 양끝을 열어 둔다.

2005년 우리는 3.65미터×30미터의 공간을 덮기 위한 캐터필러

캐터필러 터널은 일반 터널에 비해 가격이 훨씬 저렴하다. 작물을 보호해 주고 열을 공급해 줄 뿐만 아니라 환기가 잘되는 환경을 제공한다.

터널을 만들기 위해 중고 비닐을 제외하고 약 400달러를 들여 재료를 샀다. 이 터널이 2개의 두둑을 덮으며 농사철 동안 3번 이동된다는 점을 고려한다면 6개 두둑을 덮는 데 0.093제곱미터 당 0.33달러를 투자한 셈이다. 상당히 수지맞는 투자라 할 수 있다. 캐터필러 터널의 유일한 단점은 구조물 자체의 높이가 그리 높지 않아 일어선 자세로 일하기 어렵다는 점이다. 게다가 출입할 때도 늘 몸을 숙여야 한다.

캐터필러 터널은 쉽게 이동할 수 있어서 작물의 윤작을 거스르는 일 없이 채소를 보호해 준다. 그 밖에도 여러 가지 장점이 있다.

영구 터널

영구 터널Les tunnels permanents, hoop house은 반원 형태의 강철 아치를 볼트로 죄어 비닐을 덮어 만든 영구적 구조물이다. 영구 터널은 온실과 달리 높이가 낮고 단순하며 대부분의 시간에는 따로 난방을 하지 않는다. 내가 말하는 영구 터널은 대규모 채소 재배에 사용하는 커다란 하우스와도 좀 다르다. 그런 하우스는 일반적으로 길이가 5~6미터이며 지붕 높이가 3미터를 넘지 않는다. 영구 터널은 길이의 제약이 없으며 새로운 부분을 추가할 수 있는데 이는 농사를 처음 시작할 때 상당한 이점이 된다.

영구 터널의 가장 큰 장점 중 하나는 연중 내내 사용할 수 있는 구조물이라는 점이다.◆ 그러므로 이러한 구조물은 열을 많이 필요로 하는 여름작물을 경작하기 전이나 후, 즉 이른 작물과 늦작물을 재배할 때 사용할 수 있다. 영구 터널을 이용하면 시금치나 여타 아시아 푸른잎채소처럼 적절한 시기에 파종한 추위에 강한 채소들은 서리가 내리는 시기에도 수확할 수 있으며 결과적으로는 농사지을 수 있는 기간이 몇 주 늘어난다. 영구 터널은 종류가 다양하며 온실 구조물을 파는 업체 대부분이 판매한다. 신품은 가격이 비싸기 때문에 (강철 가격이 매년 오르는 것 같다) 소규모 밭을 운영하는 농부들은 강철 벤더로 강철관을 구부려서 영구 터널을 직접 만들기도 한다. 하지만 나는 중고 영구 터널을 재활용하는 것이 투자비용을 줄이는

◆ 적설량이 많은 지역에서는 영구 터널의 각 아치를 널빤지로 지탱해 주어야 한다.

최선의 전략이라고 생각한다. 때로는 중고 영구 터널을 해체해 적절한 장소로 옮겨야 할 때도 있지만 그럴 만한 가치가 충분히 있다. 어쨌든 영구 터널 구입은 최선의 투자 중 하나다. 이 구조물 내부에서 생산되는 작물은 첫 계절부터는 아니더라도 몇 계절이 지나면 투자 비용을 회수할 수 있게 해 준다.

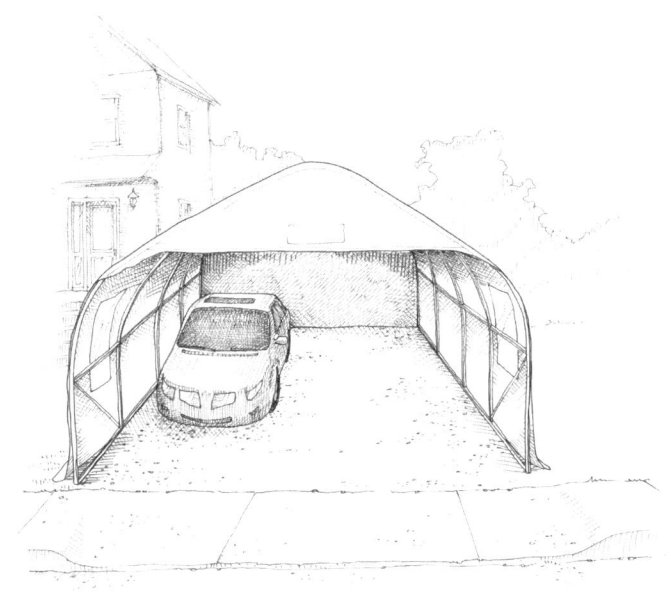

퀘벡 전역에는 중고로 구입해 연결하면 간단한 영구 터널을 만들 수 있는 '템포'라는 이름의 차량용 시설물이 있다.

영구 터널은 영구적인 시설이기 때문에 위치 선정을 제대로 잘 해야 한다. 또한 비닐하우스 아래 작물이 심어진 두둑을 제대로 관수하는 데 특별히 주의해야 한다. 그렇지 않으면 두둑이 봄 동안 너무 오래 축축한 상태로 지속될 수 있다. 중노동을 요구하는 땅 표면 고르기 작업을 제외하면 구조물 주변에 농업용 배수관을 설치하는 것이 이 문제를 해결하는 최고의 방법이다. 또한 최대한 자연적으로 환기시킬 수 있는 구조로 지어야 한다. 이 점을 고려하면 뜨거운 낮 동안 열이 지나치게 모이는 사태를 예방할 수 있다. 우리 영구 터널은 양 끝에 말아 올리는 (롤업) 부분이 있고 앞과 뒤에 대문이 설치되어 있어 충분히 환기가 잘 된다.

이중비닐 아니면 그냥 비닐?
풀무로 공기를 채워 넣은 이중비닐은 온실 구조물의 단열에 상당한 역할을 한다. 그러나 내부의 빛 투과율을 낮추기도 한다. 무엇을 선택하느냐는 그리 쉽지 않은 문제로, 온실의 용도에 따라 선택해야 한다. 단열이 중요하다면 이중비닐을 사용해야겠지만 그렇지 않다면 일반 비닐을 사용하고 필요에 따라 이랑덮개를 추가로 사용하는 편이 현명하다.

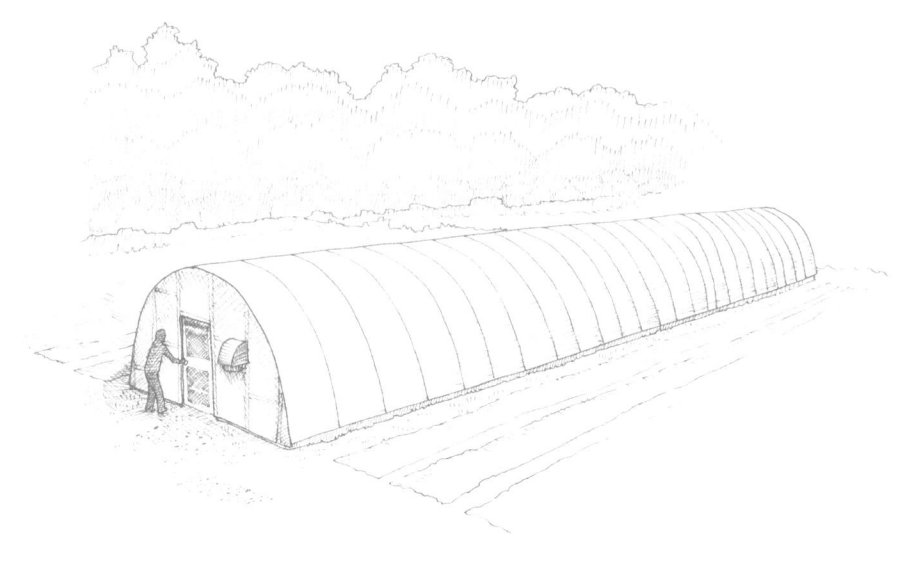

현재 우리의 영구 터널 2개는 파프리카, 오이, 이른 작물 재배에 주로 사용하고 있지만 몇 년 동안 토마토도 성공적으로 키워 냈다.

수확과 저장

12

"생산할 줄 아는 것이 전부가 아니다.
이만한 노동과 투자, 정성의 대가를
허사로 돌리지 않고 제대로 된 결과를 내려면
수확하는 법 역시 알아야 한다.
그러므로 부지런히 수확해야 한다."

프랑수아-자비에 장 François-Xavier Jean 신부,《밭 : 생트안드라포카티에르 농업전문학교 교수들이 안내하는 농업 가이드북 Les champs. Manuel d'agriculture conçu par les professeurs de l'école supérieure d'agriculture de Sainte-Anne-de-la-Pocatière》, 1947.

12

이제 채소를 잘 자라게 하는 데 필요한 조치는 모두 취했다. 이제는 노동의 '결실'을 거둘 때다. 농담이 아니라 수확은 이론의 여지없이 가장 중요한 순간이다. 투자한 모든 노력과 세세한 부분에까지 기울인 모든 정성이 눈에 보이는 결과, 즉 최종적인 생산물로 나타나기 때문이다. 나는 경작을 성공시켰을 때 느끼는 자부심만큼 대단한 것은 없다고 생각한다. 그렇지만 수확은 특정한 노하우를 필요로 하는 일에 속한다. 이 노하우에 따라 채소의 신선도와 보존 상태가 결정된다. 밭에서 식탁에 오를 때까지 생산물의 품질을 보장하려면 수확할 때 지켜야 할 몇 가지 기본 원칙을 기억해야 한다.

먼저 채소가 잘 익어서 적절한 성장 단계에 있을 때 수확하는 것이 중요하다. 너무 빨리 수확하면 채소의 맛이 떨어지며 너무 늦게 수확하면 보존 상태가 나빠진다. 많은 작물의 경우 수확시기가 그렇게 중요하지 않아 보이지만 특정 작물의 경우는 수확시기가 굉장한 차이를 낳는다. 캔털루프멜론(속살이 오렌지색인 멜론의 한 품종)을 예로 들어 보자. 캔털루프멜론이 다 익었는지 판단하기란 어렵지만 이 품종은 익고 안 익고에 따라 맛 차이가 매우 크다. 그렇기 때문에 채소마다 익었는지를 알려 주는 신호가 존재하며 이를 알아볼 줄 아는 법을 배워야 한다. 이 신호는 작물마다 다른데, 부록에 정리한 경작 노트에 이를 기술했다. 어쨌든 한 종류의 채소를 수확하는 데 적절한 시기란 반드시 판매 수요 시기와 맞물리지 않으며, 바로 그렇기 때문에 저온저장고가 반드시 필요하다. 저온저장고를 이용하면 브로콜리나 애호박, 오이 같은 채소를 가장 적절할 때 수확해 판매 며칠 전까지 저장할 수 있다.

역시 기억해야 할 또 다른 중요한 요소가 있다. 수확한 뒤에도 채소들은 계속 '살아 숨 쉰다.' 이 호흡 작용이 냉기의 영향으로 빨리 멈추지 않으면 신선도가 떨어질 뿐만 아니라 영양소도 상당 부분 파괴된다는 점을 기억해야 한다. 그러므로 한낮의 열이 자리 잡기 전, 아침에 최대한 일찍 채소를 수확해 차가운 물이나 차가운 공기가 감도는 저온저장고에서 재빨리 식혀야 한다.

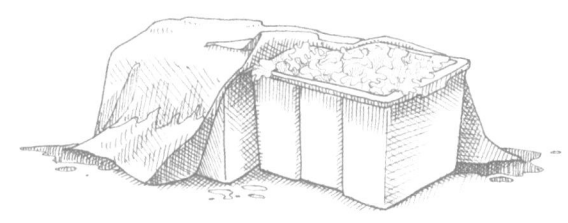

텃밭에서 온 수확물은 세척하기 전에 먼저 차게 식혀 두어야 한다. 단열이 잘 되는 우리 저장고는 실온이 약 15도 정도로 온도가 매우 적절하다. 또한 잘 적신 모 소재 덮개를 덮어 두어 수확물을 차게 유지해야 한다.

우리 농장에서는 채소를 절대로 오랫동안 저장하지 않는다. 배송 전날에 바로 수확하기 때문이다. 우리 저장고는 여러 가지 채소에 적절한 온도인 약 15도로 유지되는 차가운 공간이다. 저온저장해야 하는 채소의 경우 약 2~4도 사이로 온도를 세팅한다. 수확 절차는 일반적으로 경작 절차와 상당히 유사하며, 텃밭에서 수확하기, 잠시 보관해 놓았다가 씻기, 마지막으로 저온저장고에 보관하기, 순으로 이루어진다. 하지만 어떤 채소는 더 특별히 주의를 기울여야 한다.

잎채소와 상추

이 채소는 언제나 제일 먼저 수확해 재빨리 창고에 보관해야 한다. 푸른잎채소를 신선하게 보존하려면 씻기 전 수확 상자에 차가운 물을 뿌려야 한다. 오후 늦게 씻으며 상처 난 잎은 이때 제거한다. 그다음 차가운 물이 담긴 욕조 속에 몇 초 동안 담갔다가 흔들어 물을 털어 낸 후 저온저장고 안의 용기 속에 조심스럽게 담는다.

단으로 판매하는 뿌리채소

이 채소는 텃밭에서 분류해 단으로 묶은 뒤, 신선한 상태로 취급하기 위해 날씨가 따뜻할 때 포장을 하지 않은 채로 창고로 옮긴다. 단으로 묶을 때는 상처 난 잎과 뿌리를 제거하며 상자 크기를 단마다 동일하게 해 준다. 사용할 고무줄 개수를 미리 계산해(예를 들어 40단을 묶을 때 필요한 고무줄은 40개) 원하는 상자 수를 센다. 씻기 전 수확

상자에 차가운 물을 뿌려 잎이 여전히 보기 좋은 색을 유지하도록 한다. 씻을 때는 분무기를 이용해 단의 뿌리에 묻은 흙을 물줄기로 제거한다. 그런 후 너무 많이 담지 않도록 조심스럽게 채소 단을 오점형으로 용기 안에 배치한 뒤 저온저장고에 보관한다.

브로콜리와 콜리플라워

이 채소는 수확하고 나서 재빨리 차갑게 해 두면 더 오랫동안 건강하게 보존할 수 있다. 저장고에 도착하자마자 차가운 물이 담긴 욕조에 담근 후 즉시 저온저장고에 보관한다. 브로콜리와 콜리플라워는 (수확일에 수확하는 것이 아니라) 무르익었을 때 수확하기 때문에 용기마다 수확한 날짜를 잘 표시해 놓아 유통할 때 가장 먼저 수확한 산물을 이용하도록 해야 한다.

강낭콩과 콩

이 채소는 씻을 필요는 없지만 한낮에 수확했을 때 찬 물을 뿌린 뒤 저온저장고에 보관한다. 특히 강낭콩은 곰팡이병이 생기지 않도록 물이 잘 빠지는 용기에 보관해야 한다.

오이

오이는 수확한 뒤 빠르게 식힐수록 더 아삭아삭해진다. 터널에서 일단 가져오고 나면 차가운 물이 담긴 욕조에 즉시 담그고 물을 뺀 후 수확일이 적힌 용기에 넣어 저온저장고에 보관한다.

토마토

토마토는 낮이면 언제나 수확할 수 있지만 토마토에 상처가 있는지 없는지에 따라 보존 상태가 매우 달라지기 때문에 굉장히 조심스럽게 수확해야 한다. 손이 더 가지 않게 동일한 상자에 수확해 보관하며 실온 상태의 저장고에 놓아 둔다.

샐러드채소

샐러드채소는 아침 일찍 한꺼번에 수확할 수 있도록 (시간이 오래 걸리기 때문에) 많은 양을 수확하는 날과 별도로 날을 잡아 수확한다. 수확 후에는 푸른잎채소들을 차가운 물을 담은 욕조에 담가 놓았다가 각기 다른 색과 크기의 잎을 섞기 위해 조심스럽게 서로 섞어 둔다. 욕조 안에서는 분류 작업을 세심히 진행하며 상처 난 잎과 풀, 벌레 등을 제거한다. 샐러드채소는 전기탈수기에 넣어 잘 말려야 하며 (그렇지 않으면 썩을 수 있다) 플라스틱 통에 조심스럽게 넣어 뚜껑을 닫은 후 저온저장고에 보관한다.

멜론

멜론은 토마토처럼 낮이면 어느 때라도 수확할 수 있으며 일반적으로는 저온저장을 하지 않고 저장고 실온에서 익도록 놓아둔다. 실수로 너무 익었을 때 수확했다면 약간 맛이 떨어지더라도 저온저장고에 넣어 놓아야 한다.

바질

바질은 낮 시간에 수확할 수 있지만 젖은 채로 수확하거나 용기를 담은 채 보관하면 안 된다. 습기 때문에 잎이 검어질 수 있기 때문이다. 바질은 습기의 응결을 막기 위해 반쯤 열어 둔 자루에 넣어 저온저장고에 보관한다.

애호박

애호박은 열매가 아직 작을 때 2~3일 만에 수확한다. 씻지 않은 채 자루 속에 넣어 수확일을 적은 뒤 저온저장고에 보관한다.

양파

낮 동안 수확할 수 있으며 나머지 작물 대부분을 수확한 후에 양파를 수확한다. 텃밭에서 단을 만들어 묶은 뒤 분무기를 이용해 흙을 씻어 내고 저온저장고에 보관한다.

효과적으로 수확하기

1940년대 중반에 프랑수아-자비에 장 신부는 수확할 때는 효과적으로 열심히 해야 한다는 점을 '근면 diligence'이라는 단어를 사용해 설명했다. 이는 지극히 맞는 말이다. 농작물을 거두어 들이는 일은 때때로 많은 시간을 필요로 한다. 어떤 채소는 수확하는 데 시간이 너무 많이 들고 또 어떤 채소는 따기도 전에 시들어 버리기도 한다. 물론 아주 찬 물에 담가 활기를 되살릴 수는 있지만 어쩔 수 없이 품질이 일부 떨어지기 마련이다. 그 어떤 때보다도 수확 철에는 신속성이 가장 중요하다.

> 효과적으로 수확하려면 잘 갈아 둔 좋은 칼로 단번에 잘라낸 뒤 수확에 필요한 상자의 수를 정확히 계산한다. 채소를 세척장까지 나르려면 반드시 수확용 손수레를 사용해야 한다.

수확시기에는 한 번 이동할 때마다 채소를 최대한 많이 창고로 옮긴다. 수확용 손수레 위에는 이동식 파라솔을 설치해 채소 위에 그늘이 지도록 했다. 또한 적셔 놓은 양모덮개를 함께 넣어 두어서 채소가 신선하게 유지될 수 있도록 주의한다.

농사 도우미를 활용하는 방안을 제외하고 수확 속도를 높이는 최상의 방법은 내가 할 수 있는 가장 효율적인 수확 기술을 사용하는 것이다. 대부분의 수확 작업은 작은 행동의 반복에 지나지 않기 때문에 인체공학적 효율성을 고려해 자신의 움직임을 분석하고 필요 없는 움직임을 제거해 동일한 일을 완수하도록 해야 한다. 이는 실제적인 훈련과 본인의 움직임을 의식하려는 노력이 필요하다. 하지만 일단 해결책을 찾으면 불필요한 노동시간을 상당히 절약할 수 있다.

또 다른 중요한 요소가 있다. 채소를 다루는 횟수가 최대한 줄어들도록 노동 순서를 계획해야 한다. 텃밭과 저장고 사이를 오가는 횟수를 줄이는 편이 유용하며 조금만 고민해 보면 손쉬운 해결책을 찾을 수 있다. 수확 상자는 언제나 충분히 구비해 놓아야 하며 고무줄 상자와 파라솔, 상자를 덮거나 몇 가지 수확물을 펼쳐 놓을 때 쓰는 물에 적신 덮개를 손수레에 상비해 둔다. 사소한 세부사항을 지키면 어마어마하게 시간을 절약할 수 있다는 사실을 꼭 기억하자. 나는 종종 연수생들에게 효율성이란 정신 상태에서 나온다고 강조한다. 효율적으로 작업하기 위해서는 해결책을 찾기 위해 부단히 노력해야 한다.

수확용 농기구는 작업속도를 훨씬 높여 준다. 다른 농장을 방문해서 관련 지식을 많이 얻는 것도 좋지만, 자신의 상상력을 믿어 보는 것도 좋은 방법이다. 우리 농장에서 사용하는 농기구 중 상당수는 우리의 필요에 맞추어 따로 제작했다.

수확 도우미

수확기간은 농사일을 할 때 도움의 손길이 가장 필요한 때다. 채소 텃밭의 도우미들은 지나가는 사람들(예컨대 농장을 돕길 원하는 파트너 고객이나 몇 주 동안 머무르며 숙식을 해결하는 여행자)이거나 한 철만 고용한 파트타임 노동자다. 우리 농장에서는 10년 이상 우퍼(농장에서 자발적으로 일하는 사람으로 숙식을 제공받고 농장 일을 거들어 주는 사람)와 여행자를 맞이해 왔고 이들의 존재에 감사한다. 하지만 나는 비용을 지불하더라도 경험 있고 숙련된 노동자를 고용하는 편이 훨씬 낫다고 확신한다. 물론 자원봉사자도 얼마든지 유용한 인력이 될 수 있다. 어쨌든 두 경우 모두 반드시 취해야 할 조치가 있다.

먼저 경험이 없는 사람의 경우 우리에게는 너무나 명확한 사실을 이 사람도 이해하고 있을 것이라 생각하지 말아야 한다(당신의 시간을 낭비하거나 수확물을 잃을 수도 있다). 나는 파프리카를 뿌리째 잘라서 수확하는 사람이나 작물을 통째로 뽑아 콩을 수확하는 사람도 본 적이 있다. 사실 이런 종류의 우스꽝스러운 이야기가 한가득이다. 어쨌든 우리는 경험을 통해 이 사람들을 절대 혼자 내버려 두어서는 안 된다는 사실을 깨달았다. 언제나 이들이 경험자 옆에서 일하게 해야 한다. 그래야 이들이 경험자와 함께 작업하며 많은 것을 배울 수 있다. 이 점이야말로 우리 농장에서 연수생을 받아들이는 이유다. 그러나 늘 설명해 주어야 하고 매 순간 감독해야 하는 이런 노동력은 유용하기보다 오히려 거추장스러울 수 있다.

상시 고용하는 직원이나 적어도 농장에 자주 나오는 사람이라면

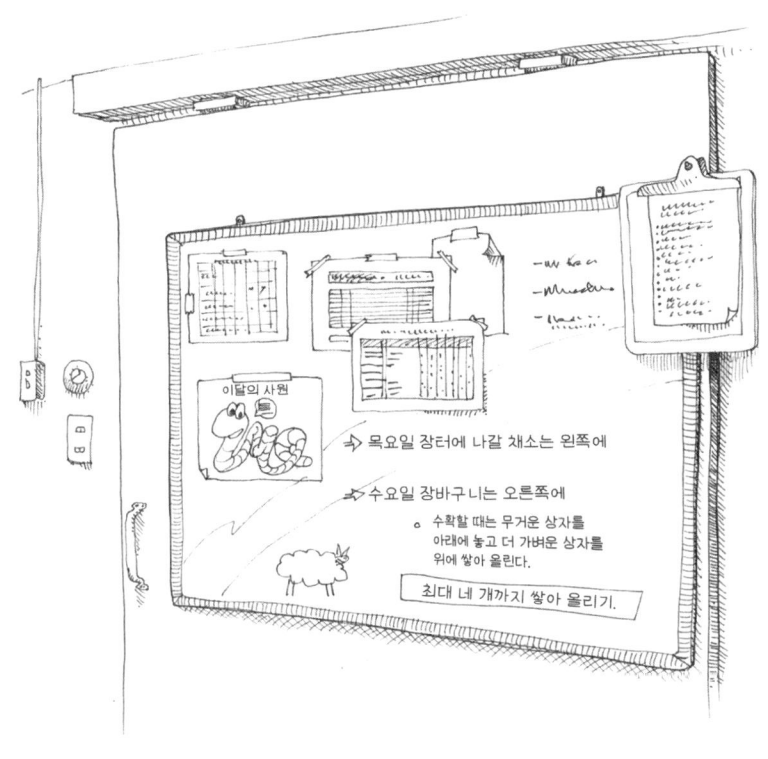

작물에 따라 수확 우선순위를 정해 목록을 작성하면 수확을 순서대로 신속하게 진행하는데 도움이 된다.

이야기는 달라진다. 우리는 시간을 들여 이 사람들을 잘 교육시켜 스스로 작업할 수 있게 한다. 그렇게 되면 작업이 제 속도로 진척될 수 있으며 여러 작물을 동시에 수확할 수 있다. 그럼에도 불구하고 일이 정확히 시행되고 있는지 늘 정기적으로 살펴보아야 한다. 수확이 진행되면서 단의 크기가 점점 제멋대로 달라지는 경우는 즉시 바로잡아야 하는 흔한 문제 중 하나다. 즉시 해결하지 않으면 모든 걸 다 해체하고 처음부터 다시 시작해야 한다.

우리 농장에서는 수확 도우미에게 제대로 된 가이드라인을 제시하기 위해 지시 내용을 명확하게 (큰 글씨로) 작업공간에 써 붙여 놓는다. 이런 간단한 조치로도 수확의 효율성이 상당히 높아질 수 있다.

저온저장고

앞에서 언급했던 것처럼 저온저장고를 보유하면 텃밭농부에게 상당한 이점이 생긴다. 저온저장고는 3가지 목적으로 사용된다. 텃밭에서 오는 작물을 냉풍으로 차게 식히기, 더 오랫동안 저장하기, 트럭에서 발산되는 열이 있기는 하지만 채소에 냉기를 축적시켜 배송지까지 이동하는 동안 신선한 상태 유지하기. 이러한 점들을 충족시키려면 저온저장고의 종류와 크기가 매우 중요하다.

저온저장고를 구입하려는 사람을 위한 최고의 조언 몇 가지가 있다. 우선 보증 기간이 남아 있는 컴프레셔(냉장고 수리 기사는 시간당 약 100달러를 청구한다)에 비용을 투자하고 현재 필요한 수준의 2배에 가까운 커다란 저장고를 구입한다. 전부 채워지지 않은 공간을 냉장하는 것이 비생산적으로 보일 수 있겠지만 앞으로 몇 년 동안 늘어날 미래의 수요와 생산량을 평가 절하하는 실수를 저질러서는 안 된다. 게다가 대형 저온저장고의 이점은 상당하다.

첫째, 대형 저온저장고와 더 강력한 컴프레셔는 수확을 할 때 문을 자주 여닫아 생겨나는 열 손실을 줄여 준다. 언제나 차가운 채로 유지되는 저온저장고는 채소를 최적의 상태로 유지시킨다.

둘째, 채소의 냉장에 큰 부분을 차지하는 환기는 저장고 공간이 완전히 차 있지 않을 때 훨씬 더 쉽게 이루어진다. 따라서 저온저장고에 상자를 쌓아 둘 때는 약 10센티미터 정도 간격을 두는 편이 좋다.

셋째, 저온저장고 안에 공간이 부족하지 않아야 그 안에 있는 재고 관리가 용이해진다. 어떤 수확물은 저온저장고의 특정 부분에만 보관해야 할 때가 있는데, 이 경우 저장고 안에 손수레를 가지고 들어가 쉽게 이동하면서 수확 용기를 내갈 수 있다. 예를 들어 그렐리네트농장의 저온저장고 크기는 2.5미터×5미터이며 다섯 번째 농사철이 되어서야 저온저장고가 가끔씩 꽉 차게 되었다.

냉장 공간 계획 이야기를 하려면 채소 저온저장고에 사용할 수납 용기의 선택 문제를 이야기하지 않을 수 없다. 수납 용기의 경우 굉장히 다양한 모델이 판매되고 있기 때문에 특히 더 주의를 기울여 구입해야 한다. 이상적인 저장 용기의 특징은 다음과 같다.

저온저장고 덕분에 배송 하루 전날에 수확할 수 있다. 덕분에 스트레스가 상당 부분 줄어들었으며, 수확하는 날 새벽같이 일어나 일하지 않아도 된다. 저온저장고를 이용할 때에는 그 특유의 정리 방식을 준수해야 한다.

- 채소를 가득 넣었을 때 들어서 옮기기 너무 무겁지 않도록 너무 작지도 너무 크지도 않은 적절한 크기여야 한다. 각각 잎채소, 뿌리채소, 과일에 적합하도록 3가지 크기의 용기를 사는 편이 좋다.

- 채소의 습도를 보존하고 저온저장고에서 채소가 말라 버리는 일을 방지하기 위해 꽉 닫히는 용기를 구입한다.

- 용기를 서로 쌓아 두었을 때 하중을 견딜 수 있도록, 또한 몇 계절 동안 집중적으로 사용해도 괜찮을 정도로 구조가 충분히 튼튼해야 한다. 또한 정리하기 편하도록 서로 꼭 맞아야 한다.

- 씻기 편하며 세척 후에 물이 잘 빠지도록 아래에 구멍이 뚫려 있어야 한다.

우리는 아직도 이상적인 용기를 찾지 못했다. 때때로 중고 용기를 사서 여러 모델을 시험해 보고 직접 개조해 보기도 했으나, 각자 저마다의 장점이 있어서 장점만 한데 모으면 좋겠다는 생각이 든다. 그러니 앞으로도 계속 이상적인 용기를 찾아야 한다. 대대적인 수확을 하거나 대량의 채소를 보관할 때야말로 그런 용기가 가장 필요한 순간이다. 이 경우 뚜껑이 닫히지는 않지만 서로 쌓아두면 습도 손실이 상당히 줄어드는 수확 상자를 사용하고 있다.

생산 계획하기

13

"나무를 쓰러뜨리는 데 6시간이 주어진다면,
그중 4시간을 도끼날을 벼리는 데 쓰겠다."

에이브러햄 링컨 Abraham Lincoln

13

계획이란 곧 성공이다. 이 오래된 격언은 특히 생산 계획을 세워야 할 시기가 되면 더욱 진실로 드러난다. 그러나 이 작업은 채소 재배 경험이 전혀 없거나 거의 없다시피 한 경우 특히 더 어렵다. 바로 그렇기 때문에 생산 계획이 작업 첫 단계에서 이루어져야 함에도 불구하고 책의 말미에서야 이 주제를 다룬다.

생산 계획을 짜는 일은 수익성 높은 채소텃밭을 마련하기 위한 핵심적인 작업이다. 그리고 우리 농장의 성공은 대부분 이 작업 덕분이라고 생각한다. 그러나 어떤 작물을 기르고 정확히 얼마나, 언제 씨를 뿌릴 것인지 결정하는 일은 쉽지 않다. 이 작업을 하기 위해서는 최우선적으로 여러 생산 계획 단계를 제대로 이해해야 한다. 처음에는 당황스러워 보일 수도 있지만 집념을 가지고 매달리다 보면 이 과정이 상당히 단순한 논리를 따른다는 사실을 이해할 수 있다. 그 후에는 이 과정을 끝까지 철저하게 지키면 된다. 생산 계획 단계는 성가셔 보일 수도 있지만 잘 하면 공들인 만큼 결과가 나온다. 다음 해를 위한 세밀한 생산 계획은 해당 농사철 동안 이루어질 작업을 훨씬 더 용이하게 해 준다. 바로 이런 이유로 우리는 시간이 많은 겨울철 동안 생산의 모든 요소를 계획한다. 덕분에 여름 동안 해야 할 작업이 훨씬 쉬워진다.

생산 목표 설정하기

생산 계획을 짜는 작업은 텃밭과 농장으로부터 멀리 떠나 휴가를 즐긴 뒤 시작한다. 충분히 휴식을 취했으며 이 작업에만 온전히 며칠을 할애할 수 있을 때 한다. 첫 단계는 연간 예산을 짜는 일이다. 우리는 무엇보다 농사일로 가족을 먹여 살릴 돈을 벌고, 채소 생산으로 바라는 만큼의 수익을 창출하기를 원한다. 그렇기 때문에 재정 목표를 어떻게 설정하느냐가 가장 중요하다. 그러고 나면 우리의 재정 목표를 판매 목표치로 표현한다. 이 수치는 다음에 무엇을 생산할지 결정하는 데 사용된다. 이 같은 순서로 해야 명백하게 맞는 것처럼 보이지만 사실 대다수 농부들은 오히려 이를 반대로 실행하고 있다. 즉, 생산 가능 수치부터 먼저 설정하고 나서 여기서 최대한의 수익을 이끌어 내길 바란다. 나는 초보 농업생산자들에게 이런 방식으로 작업하면 안 된다고 단호하게 말한다. 내 아버지는 늘 "계획 없는 목표는 한낱 바람일 뿐"이라고 말씀하셨다. 다른 모든 분야에서처럼 수익 목표치 설정이 가장 중요하다.

CSA에서◆ 생산 목표는 바구니 개수, 해당 바구니의 가치, 배송 기간으로 표현된다. 예를 들어 개당 23달러어치 바구니를 매주 60개씩 18주 연속 생산하면 약 2만5000달러 수익을 올릴 수 있다. 이 바구니 개수는 경작할 수 있는 면적과 노동력, 채소 재배 경험 같은

◆ 일반 시장 판매용 생산물 역시 CSA 바구니에 들어갈 생산물과 같은 방식으로 계산할 수 있다.

요인을 고려해 계산해야 한다. 이 단계에 와야 비로소 자신의 채소 재배 규모를 결정할 수 있다.

다음 단계는 이 생산 목표에 도달하기 위해 경작해야 하는 채소의 종류와 양을 결정하는 일이다. 이는 가장 어려운 작업으로 2단계에 걸쳐 이루어진다. 먼저 전체적으로 계절별 CSA 바구니를 어떻게 구성할지 대략 결정해야 하며, 다음으로는 선택한 채소별로 필요한 경작 면적과 모종 심는 날짜를 계산해야 한다. 이 작업을 할 때 이 장에 소개한 표는 매우 유용할 것이다.

세 번째 단계는 파종해야 할 작물을 종류별로 분류하고 텃밭 공간을 충분히 확보하는 일이다. 이 단계에 오면 경작 달력을 구상하고 텃밭 계획을 짠다. 이 두 작업 덕분에 복잡한 생산 시스템이 단순한 방식으로 돌아갈 수 있다.

연간 계획의 최종 단계는 농사철 동안 쓴 기록을 참고해 점검하는 일이다. 제대로 실행되지 않았던 부분, 혹은 더 나은 방식으로 조정할 수 있었던 부분을 상기해 볼 수 있다. 이 기록은 다음 농사철을 계획할 때도 굉장히 중요하다.

이러한 방식이 보편적인 방식은 아니며 다른 방식으로 농사짓는 채소 재배업자도 많다. 하지만 이는 검증된 방식이며 따라 하기가 상대적으로 쉽다. 다음은 우리가 각 단계를 어떻게 계획했는지 보여주는 하나의 사례다.

생산 계획 세우기

그렐리네트농장은 CSA에 속한 120가구에 21주 동안 채소를 공급하며 2개의 생산자 직거래 장터에서 20주 동안 가두판매점 하나를 운영한다. 장터에서 올릴 판매 수익은 미리 예측하기 어렵기 때문에 (기상 상황이나 고객이 누구냐에 따라 많이 좌우된다) 이 고객층을 대략 60가구 정도 CSA 바구니가 추가된다고 생각하고 잡아 놓는다. 이 수치가 어림잡은 수치라는 점은 인정한다. 장터에 오는 손님이 반드시 CSA 바구니를 구입하는 손님과 동일한 채소를 사지는 않기 때문이다. 그렇지만 대략적인 수요는 충분히 비슷하기 때문에 이런 식으로 계획할 수 있다. 이는 가장 단순한 계산방식이기도 하다.

이런 식으로 매주 총 220바구니 생산을 목표로 삼는데 각 바구니에는 약 26달러어치에 해당하는 상품이 담긴다. 즉, 약 11만7260달러(220바구니×26달러×20.5주)에 달하는 수익은 우리의 재정 목표에 충분히 부합할 뿐만 아니라 우리가 선택한 삶의 방식을 이어 나갈 수 있게 해 주는 수치다.

무엇을 생산할 것인가

생산을 구체적으로 시각화하기 위해 빈칸이 21개 있는 표를 만들었다. 이 빈칸은 바구니 배송을 계속할 21주에 해당하는데, 각 칸은 각기 다른 채소의 이름으로 채운다. 채소 선택은 계절별 생산 가능성 같은 객관적 변수뿐만 아니라 우리의 선호도도 반영해 이루어졌다. 채소 선택이 마무리되면 우리는 농사철의 첫 세 바구니, 그리고 마지막 네 바구니만 그 구성을 구체적으로 계획한다. 농사철의 시작과 끝에 있는 배송 약속을 지키려면 파종 시기가 매우 중요하기 때문이다.

4주에서 17주 사이에는 바구니 내용물을 그다지 구체적으로 계산하지 않는다. 그보다 연속으로 경작될 채소의 대략적인 계획을 세워 본다. 농사철이 한창이고 대다수 채소가 동시에 무르익으면 바구니는 모판이나 밭, 저온저장고 등에서 보존되는 채소와 수확하자마자 판매하는 채소(완두콩, 강낭콩, 토마토 등)로 채워진다. 채소 종류에 따라 필요량을 다르게 계산한다.

딱 한 번만 수확하는 채소(뿌리채소, 상추, 브로콜리, 셀러리악)의 경우, 당근은 8회, 비트는 5회, 이런 식으로 이 채소들을 바구니에 몇 번이나 포함시킬지를 결정한다. 그러면 생산 계획을 세울 때 이 채소들의 파종 횟수 결정할 수 있다. 여러 번 수확하는 채소(토마토, 오이, 애호박 등)의 경우, 매주 220개를 수확할 정도로 충분히 경작하는 것이 목표다. 예를 들어 애호박이라면 하나의 작물에서 매주 애호박 2개가 생산되기 때문에 총 110개를 경작해야 한다.

다음은 한 해 바구니 계획 세우기의 사례다.

바구니 1 (6월 13일)   시금치(3달러), 래디시(2달러), 오이(4달러), 애호박(4달러), 콜라비(2달러), 마늘종(2.5달러), 케일(2.5달러), 루콜라(4달러), 고수(2달러). 총 26달러.

바구니 2 (6월 20일)　상추(2달러), 무(2.5달러), 비트(2.5달러), 오이(4달러), 애호박(4달러), 골파(2달러), 브로콜리(3달러), 겨자(2달러), 아시아 푸른잎채소(2.5달러), 딜(2달러). 총 26.5달러.

바구니 3 (6월 27일)　상추(2달러), 시금치(3달러), 래디시(2달러), 오이(4달러), 애호박(4달러), 케일(2.5달러), 마늘종(2.5달러), 콜라비(2달러), 바질(2달러), 완두콩(3달러). 총 27달러.

바구니 4 (7월 4일)~17 (10월 3일)　상추, 그리고 생산 상황에 따라 당근, 무, 비트, 오이, 토마토, 애호박, 완두콩, 강낭콩, 브로콜리, 콜리플라워, 마늘, 양파, 근대, 바질, 가지, 파프리카, 방울토마토, 배, 멜론, 토마티요, 고추, 허브, 셀러리

바구니 18 (10월 10일)　상추(2달러), 당근(2.5달러), 무(2.5달러), 오이(4달러), 토마토(4달러), 마늘(2달러), 배(3달러), 루콜라(2달러), 파프리카(3달러), 고수(2달러). 총 27달러.

바구니 19 (10월 17일)　시금치(3달러), 비트(2.5달러), 겨울래디시(2.5달러), 오이(4달러), 케일(2.5달러), 콜리플라워(3달러), 셀러리악(2달러), 양

파(3달러), 브로콜리(3달러), 파슬리(2달러). 총 27.5달러.

바구니 20 (10월 24일)　시금치(3달러), 당근(2.5달러), 무(2.5달러), 마늘(4달러), 배추(4달러), 콜라비(2달러), 배(3달러), 루콜라(2달러), 감자(3달러), 타임(2달러). 총 28달러.

바구니 21 (11월 1일)　시금치(3달러), 당근(5달러), 케일(2.5달러), 양파(3.5달러), 겨울래디시(2.5달러), 셀러리악(2달러), 겨울호박(4달러), 파슬리(2달러), 감자(3달러). 총 27.5달러.

그렐리네트농장의 바구니 구성

바구니에 포함시킬 때 선호하는 채소는 고객의 수요와 밀접한 관련이 있다. 우리는 시간이 흐름에 따라 파트너 고객이 어떤 채소를 정기적으로 받길 바라며 다른 채소는 가끔씩 받길 바란다는 사실을 알게 되었다.

정기적 공급 채소
토마토, 상추, 허브, 오이, 당근, 애호박, 파프리카, 양파

부차적 공급 채소
마늘, 비트, 무, 래디시, 완두콩, 강낭콩, 브로콜리, 콜리플라워, 감자, 가지, 아시아 푸른잎채소, 루콜라, 시금치, 바질, 멜론, 방울토마토, 근대, 케일

가끔 받는 채소

회향, 고추, 토마티요, 치커리, 콜라비, 셀러리악, 셀러리, 겨울래디시, 겨울애호박, 마늘종, 옥수수, 방울양배추

> 우리는 사람들이 선호하는 다양한 산물로 채워진 바구니를 구성하기 위해 다음과 같은 원칙을 따른다.
> - 농사철 어느 때나 바구니마다 8~12가지 다양한 채소를 제안한다.
> - 바구니마다 상추를 제공하며 농사철 초기와 말기에는 시금치를 공급한다.
> - 매주 1회씩(농사철 초에는 2~3회씩) 푸른잎채소를 포함시키는데 동일한 채소를 연속 2회 포함시키지 않는 것을 목표로 한다.
> - 가능한 한 바구니마다 2가지 뿌리채소와 당근을 자주 공급하려고 한다.
> - 과일과 채소를 다른 농장보다 이른 시기에 생산해 농사철 초기에 바구니의 가치를 높이고자 한다.
> - 바구니에 매번 허브를 포함시킨다.

물론 바구니 내용물에 관해 파트너 고객의 합의를 얻지는 않았지만 수요에 부합하기 위해 고객의 소리에 귀를 기울이고 있다. 하지만 각 개인의 선호도에 너무 많은 영향을 받아서도 안 된다. 또한 첫해에는 너무 많이 생산하는 것도 역시 주의해야 한다. 나는 오히려 경험이 적다면 첫 번째 계절에는 채소 20가지 정도만 생산하는 것이 좋다고 생각한다. 경작하기 쉬워 '정기적'으로 공급할 수 있는 채소 생산 과정을 완벽하게 마스터하는 편이 낫다고 판단하기 때문이다. 바구니를 보충하기 위해 감자와 겨울호박은 매번 사들였고 수박은 가끔 사들였다. 고객들은 이 사실을 잘 알고 있으며 이를 언짢아했던 적이 전혀 없다.

얼마나, 언제 생산할 것인가

'무엇'을 생산할지 결정했으면 이제는 '얼마나', '언제' 생산할지 결정해야 한다. 이를 위해 우리는 매주 220개 바구니 공급에 필요한 각 채소의 모종 수와 바라는 날짜에 수확이 이루어지도록 파종 시기를 계산한다. 이 작업을 할 때는 347~348쪽에 소개한 생산량 계획표◆를 이용하며, 그 목록에 각종 채소의 생산 관련 데이터를 꼼꼼히 기록해 둔다. 이 작업이 끝나면 같은 채소의 모판을 한데 모아 보는데, 그러면 파종해야 하는 두둑의 총 개수와 두둑에 어떤 품종을 길러야 하는지 알 수 있다. 이런 정보를 기초로 종자를 주문한다.

경작 달력 만들기

생산 전반에 걸쳐 두둑 수와 파종 일을 결정했다면 이해하고 실행하기 쉬운 시행 계획을 짜기 위해 모든 데이터를 모아야 한다. 우리는 연간 달력을 이용하는데 모든 정보를 연결할 수 있도록 충분히 큰 달력을 사용한다. R = 수확, S = 실내 파

◆ 우리 농장에서는 집약적인 간격을 유지한다. 이런 방식 덕분에 여타 생산시스템에 기반을 둔 경우보다 수확량이 훨씬 더 많다는 사실을 꼭 기억하길 바란다.

종, SD = 직접 파종, T = 모종 이식을 의미하는 약호를 사용하며 각 채소별로 날짜를 기입해 둔다.

　이 과정에서 그 외의 경작 관습들을 체계화해 경작달력에 적어 놓는다. 각각의 이식과 직파 작업과 관련해서도 가묘상에 필요한 시간(일반적으로는 2주 전)을 포함해 두둑을 준비할 수 있도록 날짜를 기입한다. 놓치면 안 되는 방제 작업도 미리 적어 놓아야 하며 일단 경작을 시작하면 쉽게 잊어버릴 수 있는 사항을 모두 기록해 둔다. 예를 들어 브로콜리를 이식한지 10일 후에 붕소와 몰리브덴으로 토양에 영양분을 공급해 주어야 한다면 이 사실 역시 달력에 기록한다. 매달 토마토에 비료를 주어야 한다면 이 역시 기입한다. 나머지 사항도 마찬가지다.

　경작 달력을 한 번 잘 만들어 두면 만일의 상황이 닥쳐도 아무것도 놓치지 않을 수 있다. 이 달력을 이용하면 1주일 동안 해야 할 작업 전체를 한눈에 확인할 수 있기 때문이다. 우리는 농사를 짓는 동안 이 달력 덕분에 매번 무엇을 언제 해야 하는지를 쉽게 떠올릴 수 있다. 앞에서도 말했지만 이 경작 달력은 경작의 성공에 정말로 필수적인 요소다.

파종일과 파종량

R = 수확, S = 실내 파종, SD = 직접파종, T = 모종 이식

시금치	R : 6월 16일	S : 4월 22일	T : 5월 9일	2두둑(타이)
래디시	R : 6월 16일	SD : 5월 10일		1두둑(랙스)
콜라비	R : 6월 16일	S : 4월 6일	T : 5월 3일	1두둑(코리도어)
애호박	R : 6월 16일	S : 4월 26일	T : 5월 16일	4두둑(2-플라토, 1-제퍼)
가지	R : 8월	S : 4월 7일	T : 6월 1일	4두둑(2-베아트리스, 1-나디아)
시금치	R : 10월 20일	S : 8월 1일	T : 8월 25일	2두둑(2-스페이스)
기타				

* 타이, 랙스, 코리도어, 플라토, 제퍼, 베아트리스, 나디아, 스페이스는 품종 이름이다.

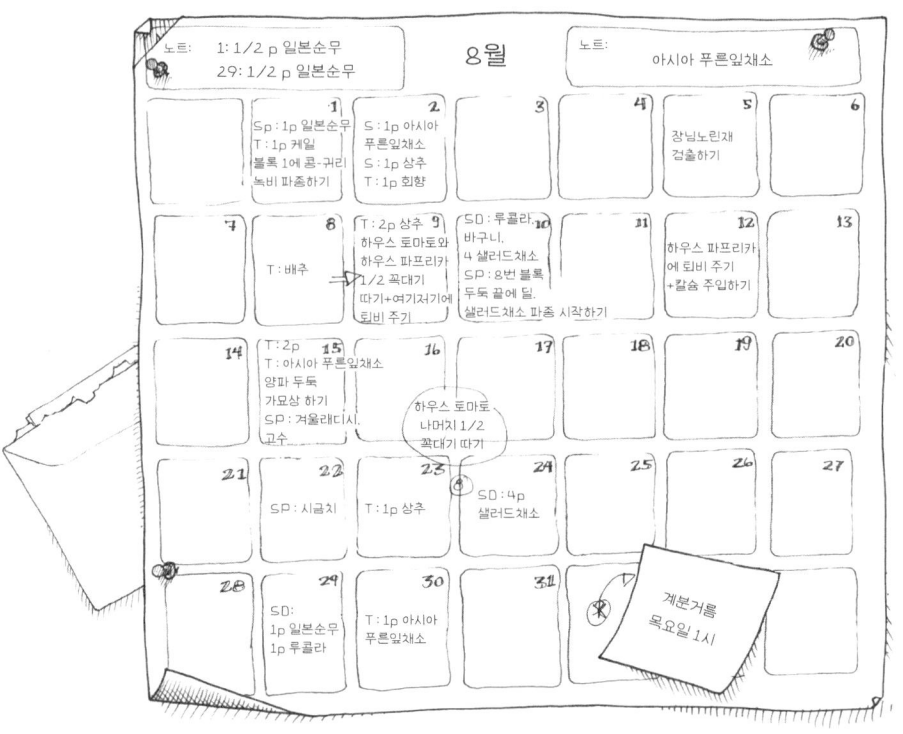

텃밭 계획표 만들기

경작 달력을 완성하는 마지막 단계는 정확한 파종 위치를 미리 결정하는 텃밭 계획표 짜기다. 앞서 우리 텃밭이 동일한 면적으로 10개 구획이 있으며 이 구획은 사전에 결정된 윤작 계획에 따른 동일한 종 혹은 과의 채소로 구성되었다고 언급한 바 있다(비료를 주제로 한 6장 참조). 또한 윤작 계획을 세우는 데 사용했던 방식을 설명하면서 이 윤작 계획은 어느 정도 제약이 될 수 있다고도 덧붙였다. 경작하려는 채소 종류와 필요한 양을 결정했다면 텃밭에 경작할 공간이 충분한지 역시 확인해야 한다. 그리고 이는 윤작 계획에 맞게 제약이 있는 범위 안에서 이루어져야 한다.

채소 과별로 분류된 10개 구획 각각이 16개의 영구 두둑으로 이루어져 있는 우리 텃밭의 계획표를 짜는 작업은 최적의 파종 위치를 찾는 일로 이루어진다. 다음 작업은 채소의 과를 고려하되 작물 관리를 쉽게 만들어 줄 일부 특성에 따라 채소를 분류해 최적의 파종 장소를 찾아내는 일이다. 예를 들어 같은 날에 옮겨 심어야 하는 채소, 혹은 이랑덮개로 덮어야 하는 채소, 혹은 직접 파종해야 하는 채소, 노즐(우리는 이 노즐로 구획 4개를 관개한다)을 사용해 관개해야 하는 채소를 함께 모은다. 또한 같은 시기에 익는 채소 등의 파종을 한데로 모은다. 그리고 익는 시기가 같은 채소도 함께 모아서 동일한 과정에 따라 경작이 시작될 수 있도록 유의한다.

각 두둑에 작물을 최대한 많이 연속해 길러야 하기 때문에 각 작물을 파종하고 옮겨 심는 사이 시간, 그리고 수확시기가 끝날 때까지 두둑에 머물러야 하는 시간을 계산한다. 파종 위치가 모두 결정되면 모종 이식 날짜와 예상 수확 날짜를 계획표에 기입하며 수확 날짜 같은 경우 14일을 추가해 작물이 확실히 익을 수 있도록 한다. 이후 선을 하나 그어 기타 파종이나 지피작물 경작에 사용할 수 있는 두둑을 표시한다.

    각 작물의 파종 위치를 계획할 때 수많은 시도와 실수가 따른다. 소규모 면적의 텃밭에서 작업하는 경우 이 일은 까다롭지만 불가피한 과정이다. 연간 계획이 한층 더 복잡해지기는 하지만 이 과정 덕분에 소규모 면적을 최적으로 사용할 수 있기 때문에 이 작업은 매우 중요하다. 우리는 이 작업을 주로 겨울에 눈이 내려 바쁜 일이 없을 때 시행한다. 계획을 잘 세워 두면 여름에 이런 종류의 문제를 더 이상 신경 쓸 필요가 없으며 잔뜩 쌓인 텃밭 일에만 매달리면 된다.

기록의 중요성

    일단 경작 달력이 만들어지고 나면 앞서 말했듯이 별다른 의문을 품지 않고 이 달력에 기록된 내용을 그대로 시행하려고 한다. 바로 그렇기 때문에 이 작업을 적절한 시기에 마무리해야 한다. 하지만 농사가 진행되는 동안 계획상의 실수가 반드시 나타나기 마련이다. 밭에 머무는 일수를 잘못 계산했다거나, 너무 공간을 많이 차지하는 작물의 경작을 연속으로 계획했다거나, 수요에 비해 두둑 수가 충분하지 않다거나 하는 문제가 발생한다. 이러한 문제가 재발하지 않도록 우리는 기록이라는 단순한 시스템을 도입했다. 다음 해 1월이 되면 작년 6월에 겪은 경험이 분명 기억에서 빠르게 사라지기 때문이다.

우리는 가벼운 공책을 구해 빈 페이지를 작물 각각에 해당하는 칸으로 나눈 뒤 관찰한 내용을 기입하고 있다. 이런 식으로 각 품종별로 파종을 시작한 날짜, 심고 수확한 날짜, 생산량 등을 기록한다. 또한 파종한 두둑의 개수를 기입해 필요한 경우 다음 해에 그 수를 조정하기도 한다. 뿐만 아니라 공책 아래쪽 공간에 여타 유용한 정보를 모두 기록한다. 공책 구성은 아래의 표와 흡사하다.

공책 기록의 예

가지: 45센티미터 간격 1고랑. 비료: 퇴비 5손수레, 계분거름 6리터

날짜와 품종	단위와 양	모종 이식 날짜와 장소	첫 수확 날짜	30미터 두둑당 생산량
4월 7일 : 베아트리스 3두둑	10센티미터 화분 225개	5월 30일, 텃밭에	7월 5~17일	
4월 7일 : 나디아 1두둑	10센티미터 화분 75개	5월 30일, 텃밭에	7월 5~25일	

7월 5일 작업: 장님노린재 개체 수를 줄이기 위해 제충국제 살포

8월 30일 작업: 장님노린재 개체 수를 줄이기 위해 제충국제 살포

비고 : 베아트리스는 장님노린재가 출몰했어도 여름 내내 생산 결과가 좋다.

우리의 기록 '시스템'은 매우 단순하며 별로 시간이 많이 들지 않는다. 이 시스템은 정보가 정기적으로 기록될 때 더 효과적으로 작용한다. 작은 세부사항이 커다란 차이를 낳는 법이다.

생산량 계획표

채소	성숙일 수*	30미터 두둑당 생산량**	비고
마늘	미정	600개	
가지	100	주당 65개	생산이 시작되고 나면 매주 약 한 모종당 1개로 계산
바질	60	주당 150개	생산이 시작되고 나면 2주마다 한 모종당 한 다발(12그램)로 계산
근대와 케일	60	주당 150개	2주마다 두 모종당 한 다발로 계산
비트 한 단	60	160단	
브로콜리	75	120개	
당근 한 단	55	180단	
셀러리악	140	300개	
꽈리	110	ND	두둑 2개면 우리의 연간 수요에 부합함
여름배추	80	150개	
콜리플라워	75	130개	특정 품종은 텃밭에서 머무는 시간이 더 늘어난다는 사실을 예상하기
콜라비	60	420개	위와 동일
하우스 오이	50	주당 115개	매주 한 모종당 1.75개로 계산
호박	50	주당 100개	매주 한 모종당 2개로 계산
애호박	50	주당 100개	매주 한 모종당 2개로 계산
무게를 달아 판매하는 시금치	40	35킬로그램	첫 수확 때 16킬로그램, 두 번째와 세 번째 수확 때 18킬로그램으로 계산

회향	80	400개	
강낭콩	55	주당 30킬로그램	생산 결과가 좋을 때 2주마다 총 60킬로그램 생산으로 계산
상추	50	250개	
멜론	80	100개 미만	한 모종당 1.25개로 계산
무 한 단	40	200단	
양파	120	182킬로그램	
골파	75	350개	
여름파	120	175개	3~4개들이 상자 째로 판매
완두콩	55	주당 12킬로그램 미만	생산 결과가 좋을 때 3주마다 총 35킬로그램 생산으로 계산
파프리카	120	주당 120개	생산이 시작되면 매주 한 모종당 약 1개로 계산
래디시	30	300단	
루콜라	35	200단	
토마토	120	주당 70킬로그램	생산이 시작되면 매주 한 모종당 3개로 계산
아시아 푸른잎채소	60	300개	

* 성숙일 수는 파종 이후 첫 수확에 이르기까지 필요한 날을 의미한다. 이 표현은 여러 종자 관련 카탈로그에서 발견한 영어 표현인 'days to maturity'를 참고했다. 이 표현은 (부록에 실린 경작 노트에서 언급하는) '텃밭에 머무는 일 수'라는 표현과는 의미가 다르다. 성숙일 수는 포트트레이에서 보낸 일 수까지 모두 포함되기 때문이다. 봄에 이르게, 혹은 가을에 늦게 옮겨 심는 모종인 경우 이 일 수를 조정해 성장이 더 늦은 채소를 고려해야 한다.

** 주당 생산량은 어림잡은 수치이며 폭 75센티미터, 길이 30미터의 두둑들 사이의 집약적인 간격을 고려했다. 두둑의 크기가 다른 경우에는 비율을 달리 적용해야 한다.

미래로 회귀하라! -
다시 재래식
친환경 농업으로

맺음말

"전 세계의 수많은 사람처럼, 우리는 행복한 생활을,
즉 단순하면서도 균형 잡혀 있으며 만족스러운
생활을 영위하고 싶다. 그들의 목표와 마찬가지로
우리의 목표는 이 세계가 다음 세대가 살아가는
인간적인 장소가 되도록, 어머니 지구와 이 땅,
이 바다가 품고 있는 수많은 생명체가 살아가기에
좋은 장소가 되도록 일조하는 것이다."

스콧 니어링, 헬렌 니어링, 《조화로운 삶 The good life: sixty years of self-sufficient living》, 1970.

이 책의 결론에서 스콧 니어링과 헬렌 니어링을 언급하게 되어 매우 기쁘다. 두 사람의 공저인 《조화로운 삶》은 내가 가장 좋아하는 책 중 하나이며, 지난 40년 동안 도시를 벗어나 이 땅으로 되돌아오기 위해 노력했던 수많은 미국인이 가장 좋아하는 책 중 하나이기도 하다. 이들은 나처럼 자신의 직업적 삶에 더 깊은 의미를 부여하고자 했으며 일상 속에서 자연과 유대감을 확립하려고 노력했다. 니어링이 전파한 자급자족과 단순함의 가치가 '선구자' 세대는 물론 그다음 세대에도 영향을 미쳤기 때문에 오늘날 사람들이 생태주의자 전업농부가 될 수 있었다.

책을 쓰면서 텃밭농부인 내가 영유하는 삶의 방식을 살짝 언급했는데, 이 생활이 이상적이거나 완벽하다는 식으로 소개하는 실수를 저지르고 싶지 않다. 농부의 일은 고달프며 포기하고 나가떨어진 사람도 부지기수다. 하지만 그와 동시에 나는 시골에서 자리 잡고 살고자 하며 인간적 농업을 실천하고자 하는 모든 이에게 현재 상황은 20년 전과 매우 다르다고 자신있게 말할 수 있다. 오늘날 시민 대다수는 연대 의식을 갖고 있으며 친환경적이고 지역 생산 농업에 일조하는 데에 큰 관심을 갖고 있다. 나는 농식품산업이 우리 건강과 환경에 미치는 악영향에 관한 의식이 높아질수록 이러한 시민의 수가 더욱 늘어날 것이라고 생각한다. 친환경 농업으로 자리를 잡고자 하는 모든 이에게 현 상황은 매우 고무적이다. 또한 이러한 농업적 변화를 촉진시키려는 정부의 지원 정책이 다양한 만큼 더더욱 긍정적인 상황이다.

퀘벡 정부는 조만간 농부들을 현 상황과 같은 궁지로 몰아넣은 농업정책의 근대화를 추구해야 한다. 그렇지만 안타깝게도 현재 퀘벡 정부는 농기업의 농장 진출과 시장 경쟁을 계속 부추기고 있다. 일모작을 근절하거나 독성 물질과 GMO 제품에 노출된 시골의 오염을 막기 위한 조치를 전혀 취하지 않았다. 그렇기 때문에 단기적으로 볼 때 퀘벡 정부가 지속가능하며 진정 이로운 농업으로 방향을 전환하겠다는 정치적 의지를 가진 것처럼 보이지 않는다.

미래의 농업정책을 언급하는 이유는 수많은 사람이 막연히 정책이 제시하는 방향으로 나아갈 것이라는 희망을 품고 있다고 생각하기 때문이다. 과거에는 정치적 투쟁이라는 방식이 효과가 있었을지도 모르지만 이제 우리가 바라는 식의 변혁은 정치적 변화 즉 '위로부터의 변화'를 통해 실현되지 않는다. 정부는 사회적 변화에 유난히 뒤처지는 경향이 있기 때문에 변화를 기대한다면 다른 방향으로 눈을 돌려야 한다.

수십만 달러의 빚을 내야 하는 '공장식 농장' 프로젝트에 젊은이들을 참여시키는 일이 점점 더 어려워지고 있다는 사실은 농식품산업계에서 그나마 반가운 소식이다. 한편 소규모 농장에서 유기농법을 도입해 성공적으로 자리를 잡은 사람들이 점점 늘어나고 있다. 앞으로는 이처럼 교육 수준이 높고 정치의식과 의욕으로 충만한 젊은 세대가 시골에 자리를 잡아 공생이 중요한 가치인 지역 공동체 속에서 가족을 꾸리며 살아갈 것이다. 미국과 프랑스 (그리고 농업이 사회 주요 이슈로 자리 잡은 여러 국가) 전역에서 이러한 '귀농'이 진행되고 있다. 마치 세대 전체가 농업으로 회귀하길 바라기라도 하듯, 퀘벡에서 농업교육은 점점 더 늘어나고 있다. 다른 유기농 생산자들의 성공에 감명을 받은 이 미래의 대안적 농부들이야말로 우리가 바라는 변화를 향해 균형추를 기울게 할 주역이다.

새로운 농업의 바람이 불어올 즈음 우리는 아마도 저렴한 석유의 종말이라는 현실을 목도할 것이다. 이 새로운 현실 앞에서 우리 사회는 농식품산업과 '슈퍼마켓' 개념의 관계를 다시 생각하게 될 것이다. 나는 우리가 지금처럼 전 세계로부터 식품을 계속 저렴하게 수입할 수 있다고 생각하지 않는다. 또한 농화학 생산 요소 가격과 거대 농기계를 굴러가게 하는 연료 가격이 급증하면 관행농업을 하는 농부들이 어쩌면 유기농법이라는 대안적 농법을 도입해야만 하는 상황이 올지도 모른다. 그러니 우리는 어쩌면 내가 '미래로 회귀하라retour en avant'라고 명명한 변혁을 경험하게 될지도 모른다. 농부라는 직업은 그 고귀한 소명을 되찾을 것이며 가족농은 그 가치를 재평가 받고 부흥할 것이다. 이러한 변화가 가능하며 임박해 있다는 믿음은 지극히 합당한 일이다.

어쨌든 우리는 대안적 농업이 현재 시행되고 있으며 융성하고 있다는 사실에 지금 당장이라도 축배를 들 수 있다. 실제로 친환경 농업의 사회적 위치를 다시 생각하려고 투쟁하는 단체와 시민 모임이 점점 더 늘어나고 있다. 나는 이런 변화를 위해 노력하는 이들을 매우 존경하며 그 수가 점점 늘어나길 고대한다. 물론 그들 중 일부는 투쟁뿐만 아니라 농사에도 직접 참여해야 한다. 현 상황에서 대안적 농업에 참여하는 것은 그 자체로 정치적인 행동이다.

　나는 농사가 인간의 근본적인 수요에 부합한다고 생각하는 이들을 위해 이 일을 할 수 있어 행복하다. 또한 나의 노하우를 공유하면서 이런 움직임에 기여하길 바란다. 이제는 여러분이 각자의 길을 걸으며 텃밭농사를 성공적으로 이끌 수 있도록 응원하는 일만 남았다.

　다음에 또 보길 바란다.

장-마르탱 포르티에

퀘벡, 생아르망에서

2012년 4월 그리고 2014년 10월

부록

채소 경작 노트
농기구와 농장비 정보
텃밭 계획표
용어 해설
해설을 곁들인 참고문헌
유용한 웹사이트
찾아보기

채소 경작 노트

지금까지 이 책에서는 일반적인 관점의 원예 방식만 설명했다. 이는 우리가 개발한 경작 시스템과 내가 제안하는 모델 전반을 이해하기 위한 필수 사항이다. 그러나 집약적 채소 재배를 하려면 각 작물에 맞는 노하우가 필요하다. 모든 채소는 각각의 특징이 있으며 그에 적합한 관리를 해 주어야 한다. 다음은 그렐리네트농장에서 선호하는 몇몇 작물에 해당하는 우리만의 경작 노하우를 적은 노트다.

 추위에 강한 작물

 직파하는 작물

 옮겨 심는 작물

 수익성 높은 작물

 특별한 문제가 없는 작물

 브로드포크를 이용하는 작물

> **주의사항**
> - 책에서 권고하는 밀도는 폭 75센티미터 두둑에 가장 적합하다.
> - 비료 양을 결정할 때는 152~153쪽 비료 계획표를 참고하길 바란다.
> - 파종일은 정해져 있지 않고 매년 달라진다. 여기에 나온 파종일은 첫 경작 달력을 계획할 때 참고할 수 있는 예시다. 우리 농장 부지가 퀘벡에서 기후가 가장 온난한 곳에 위치해 있기 때문에 봄철 옮겨심기 날짜가 상대적으로 이른 편이라는 사실을 밝혀 둔다.

가지 가지과

 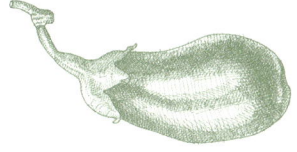

가지는 퀘벡에서 인기가 점점 더 높아지고 있다. 우리 파트너 고객들은 여름 동안 가지를 수차례 즐겨 사 간다. 우리가 장에 내놓은 다양한 형태와 색의 가지는 거부할 수 없는 시각적 유혹의 손길을 뻗는다.

가지는 가지과 식물이며 경작법은 토마토나 파프리카와 비슷하다. 비료를 최대한 많이 주어야 하며 따뜻한 환경에서 계속 물을 주어야 최대로 성장하기 때문에 비닐 멀치 아래에서 경작하는 편이 효과적이다.

우리 농장에서는 원하는 간격에 따라 미리 구멍을 내 놓은 토목섬유 아래에서 가지를 경작한다. 일반적으로 두둑 3개를 할애하며 전 면적에 걸쳐 가지를 빼곡하게 경작하기 때문에 풀을 최소한으로 줄일 수 있었다. 멀치 아래에서 경작하는 다른 모든 작물과 마찬가지로 타이머에 연결된 점적관개장치를 이용해 물을 준다.

가지를 경작할 때 최대의 도전과제는 해충에 맞서 싸우는 일이다. 가지는 감자와 같은 계통의 식물이기 때문에 감자잎벌레에 공격당할 위험이 있다. 이를 예방하기 위해 모종을 옮겨 심은 직후 방충망을 설치하고 아치형 구조물로 지탱한다. 방충망은 바람막이 역할도 하기 때문에 바람에 특히 민감한 어린 가지에게 바람직한 영향을 미친다. 멀치와 방충망을 함께 사용하면 모종 이식 직후 첫 몇 주 동안 최적의 성장환경이 만들어진다. 식물이 꽃을 피울 때쯤 이 방충망을 걷어 내면 감자잎벌레 수가 현저히 감소했다는 사실을 알 수 있다. 그리고 해충 침입원을 찾아내면 유충을 손으로 일일이 걷어 내 해충 개체 수를 조절한다.

장님노린재 역시 경계해야 할 해충이다. 눈에 잘 보이지 않을뿐만 아니라 보통 아무런 결실을 맺지 못하게 만드는 원인이 된다. 이 장님노린재가 식물의 꽃봉오리를 찔러 바닥으로 떨어뜨리기 때문이다. 장님노린재 피해를 예방하기 위해 우리 농장에서는 주 2회 검사를 실시한다. 미리 골라 둔 15~20개 샘플 식물을 하얀 상자 위로 털어내는 식으로 진행한다. 그 과정에서 노린재 유충을 끄집어 내며 샘플 식물 중 5분의 1 이상에서 검출되었을 경우 자연적 살충제로 개입한다.

가지는 어느 성장 단계에나 수확할 수 있는데 그에 따라 열매가 더 단단하기도 덜 단단하기도 하다. 그런데 가지 열매가 너무 크면 고객들이 보통 잘 집어 들지 않기 때문에 작거나 중간 크기일 때 수확하며 이 기준에 맞추어서 가지 품종도 선정한다. 가지는 한낮에도 아무 문제 없이 수확할 수 있으며 재빨리 차게 식혀 두면 판매되기 전에 열매가 단단해진다.

집약적 경작 간격   1고랑 - 포기 간격 45센티미터

선호 품종   베아트리스(둥근 형태), 밀리어네어(아시아 가지, 이른 시기에 수확 가능한 작물), 나디아(커다란 일반적인 가지), 페어리테일(보라색과 흰색이 섞인 모습)

비료 타입   영양분이 많이 필요함

텃밭에 머무는 일 수   농사철 내내

파종 횟수   1회, 마지막 봄 서리가 온 후 옮겨심기

강낭콩 콩과

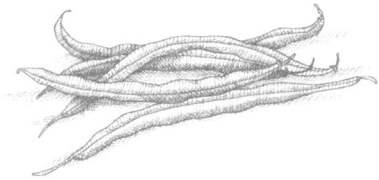

인기는 많지만 정말 고단한 작업을 요하는 작물이다. 신선한 강낭콩은 고객들의 수요가 매우 높지만 수확하는 데 드는 노고 때문에 생

산을 꺼리는 농부들이 많다. 나는 그런 사람들을 이해하지만 강낭콩이 공급이 적은 만큼 비싼 가격에 팔린다는 점을 강조하고 싶다. 이는 텃밭농부가 강낭콩을 기르려고 노력해야 하는 이유이기도 하다.

　서리를 전혀 견디지 못하는 채소이기 때문에 강낭콩의 첫 파종은 절대로 서두르지 않는다. 농사철 중간에 완두콩 생산이 끝나 갈 때 강낭콩 생산에 들어간다. 우리의 목표는 강낭콩을 시장에 지속적으로 공급하고 바구니에 여러 차례 포함시키는 것이다. 이를 위해 우리는 2주 동안 단 하나의 두둑에서만 수확했다가 이후 여기에 새로운 모종(우리는 단기간에 더 많이 생산할 수 있는 왜성강낭콩을 선호한다)을 옮겨 심는다. 강낭콩은 반드시 2주마다 수확해야 하기 때문에 (안 그러면 알이 너무 커지고 풍미를 잃으며 식감이 질겨진다) 모종 이식 날짜를 잘 계산해야 한다. 그래야 2회에 걸쳐 파종한 강낭콩이 한꺼번에 수확 적기에 이르는 경우를 피할 수 있다. 이를 위해 우리는 성숙 시기가 서로 다른 두 가지 품종을 동시에 파종한다.

　파종은 얼스웨이 파종기를 이용하면 매우 간단하게 할 수 있으며, 내 주변에는 이 파종기를 오로지 강낭콩 경작을 위해 구입한 농부들도 많다. 얼스웨이 파종기로는 조밀한 파종이 가능하며 최적의 간격 두기에 필요한 솎아 내기 작업도 금방 할 수 있다. 막 성장하기 시작할 때의 강낭콩은 따뜻한 토양을 좋아하며 매우 이른 시기에 파종할 때는 이랑덮개를 반드시 사용해야 한다.

　수확을 제외하면 왜성강낭콩에 필요한 관리 작업은 김매기밖에 없다. 초기에는 밭 표면을 정기적으로 부드럽게 갈아 주어야 한다.

빨리 자라는 작물이라 두 고랑 사이의 제초가 금방 어려워지기 때문이다. 덧붙여 말하자면 강낭콩은 부차적인 비료 없이도 잘 자라며 해충에도 약하지 않다. 곰팡이병과 노균병 같은 진균병이 강낭콩에 흔히 나타난다고 하는데, 우리 농장에서는 이런 문제를 겪은 적이 단 한 번도 없다. 아마도 한 종자만 너무 오래 생산하는 일을 피했기 때문인 것 같다. 이는 경작을 여러 차례 연속으로 계획해야 하는 이유이기도 하다.

실처럼 늘어나지 않는 질 좋은 강낭콩을 얻으려면 강낭콩 알이 크레파스 두께보다 덜 굵을 때 또는 적어도 씨앗이 콩깍지 안에서 불룩해지기 전에 수확해야 한다. 수확은 3~4일마다 해야 하며 수확한 뒤에는 밀봉한 상자에 넣어 저온저장고에서 차게 식혀야 한다. 습기는 곰팡이의 원인이기 때문에 가능한 한 강낭콩을 물에 젖지 않게 해야 한다. 좋은 조건 아래서 수확한 강낭콩은 약 1주일 정도 보존할 수 있다.

집약적 경작 간격　　2고랑(줄 간격 35센티미터) - 포기 간격 15센티미터

선호 품종　　프로바이더(양질의 품종으로 이른 파종이 가능하며 믿을 만하다), 맥시벨(가늘다), 제이드(여름), 로드코어(노란색), 에다마메(대두)

비료 타입　　전혀 필요하지 않음

텃밭에 머무는 일 수　　수확하는 2~3주 기간을 포함해 70일 전후

파종 횟수　　5회(5월 23일, 6월 6일, 6월 21일, 7월 4일, 7월 20일)

당근 미나리과

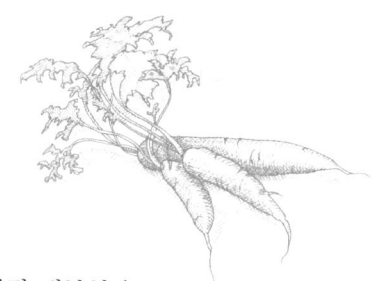

유기농 텃밭에서 난 당근을 맛본 사람 대부분은 관행농업으로 기른 당근과 맛이 다르다는 사실을 즉시 알아차린다. 그렇기 때문에 당근은 유기농업의 장점을 알리기 좋은 채소라고 할 수 있다. 뿐만 아니라 당근은 정성 들여 시장에 내놓을 만한 가치가 있는 채소이기도 하다. 줄기잎 없이 저온저장고에 두어도 충분히 잘 보존되지만 당근을 줄기잎과 함께 단으로 판매하면 높은 가격에 팔리며 판매가 급증하기 때문이다. 또한 당근은 품종이 판매에 중요한 영향을 미치기 때문에 우리는 모든 품종 중에서도 가장 맛있고 달콤한 낭테즈Nantaises 품종을 선택해 기른다.

당근은 시장에서 인기가 많고 추위에 잘 견디기 때문에 농사철 동안 이른 작물 또는 늦작물로 '촉성재배'하기에 알맞은 채소다. 봄에는 터널에서 이른 시기에 파종해 첫 장이 열릴 때 판매를 시작한다. 우리 농장에서는 식스로 파종기를 이용해 두둑당 12줄을 파종한다. 주로 피복종자(종자의 크기나 형태가 파종하기 부적절해 점토 물질을 이용해 일정 크기나 형태로 만든 종자)를 이용해 조기 재배한 어린 당근은 날개 돋친 듯 팔려 나간다. 두 번째 촉성재배용 종자들은 텃밭에 바로 파종하지만 캐터필러 터널과 이랑덮개의 보호를 받는다. 이 단계에서는 더 굵은 당근을 생산하려고 하며 한 두둑당 고랑을 5개로 잡아서 간격을 늘려 준다. 지금까지 관찰해 온 바에 따르면 당근의 크기가 우리 목표인 15~17센티미터에 이르려면 약 3.5제곱센티미터의 면적이 필요하다.

마지막 파종은 10월 마지막 바구니에 들어갈 당근을 고려해 텃밭에서 직접 수확한다는 계획을 세운다. 우리 농장에서는 이랑덮개 1개, 서리가 심하게 내릴 때에는 이랑덮개 2개로 서리로부터 당근을 보호한다. 당근은 기온이 영하 7도 이하로 내려가지 않는 한 밭에서도 보존이 잘 된다. 차가운 밤을 보내며 당근은 더 달콤해지는데 우리 고객들은 이렇게 달콤해진 당근을 무척 좋아한다.

당근은 통풍이 잘 되고 부드러운 토양에서 잘 자라며 반드시 브로드포크로 깊게 갈아 엎어 주어야 한다. 또한 영양분을 그리 많이 필요로 하지 않기 때문에 2년에 1회만 퇴비를 주면 된다. 당근은 질소가 풍부한 비료 혹은 대량의 신선한 퇴비를 그다지 좋아하지 않는다. 사실 그런 상태에서는 털이 많은 뿌리를 형성하는 등의 반응을 보인다. 그래도 우리는 봄에 차가운 토양에 파종할 때 잎사귀가 제대로 자라날 수 있도록 질소를 추가로 첨가한다.

당근을 기를 때 가장 큰 도전과제는 모종 이식과 제초다. 당근은 발아하는 데 시간이 많이 걸리기 때문에 (약 8~15일) 약한 새싹이 올라올 때 땅이 너무 딱딱해지거나 마르지 않도록 지속적으로 물을 대 주는 일이 매우 중요하다. 이를 위해 만약의 경우 사용할 수 있는 미니 노즐을 일관성 있게 설치해야 하고 발아를 돕기 위해 종종 이랑덮개를 설치한다. 당근 두둑 하나의 가치를 고려할 때 단 하나의 종자라도 망치고 싶지 않기 때문이다. 제초의 경우 풀의 번식을 막기 위해 (그리고 너무 오랫동안 앉아서 풀을 뽑는 일을 피하기 위해) 우리가 찾아낸 최상의 전략은 싹틀 준비가 된 풀을 태워 버리는 것이다(9장 참조). 설령 당근 경작에만 쓴다 하더라도 화염제초기는 투자할 만한 가치가 충분한 농기구다.

당근의 방제 작업은 난이도가 높다. 무시무시한 해충인 당근파리와 당근바구미는 몇몇 당근에서 찾아볼 수 있는 갈색 상처의 원인이 된다. 당근파리가 문제를 가장 많이 일으키지만 산란기가 시작되는 8월 중순부터 방충망을 설치해 당근파리를 수월하게 잡을 수 있다. 당근바구미 피해는 상대적으로 미미하며 이 당근바구미에 영향을 받은 당근은 그냥 따로 분류해 놓았다가 당근주스로 만들어 판매한다. 강수량이 많은 시기에는 잎에 영향을 주는 여러 질병이 나타날 수 있는데 우리는 이런 종류의 피해에 대비하고 있다. 당근이 상당히 성숙 단계에 이르렀을 때 보통 알터나리아alternaria(흑반병균)나 서코스포라cercospora(기생성 곰팡이의 대표적 형태로 식물의 무늬병 또는 마름병을 일으킨다) 같은 질병이 나타나는데, 단 아래쪽 잎을 잘라 내기만 하면 된다.

당근은 맛과 색을 동시에 발달시키기 때문에 모양이 예뻐지면 그 즉시 수확한다. 수확할 때는 쇠스랑으로 토양을 경작하기 쉽게 만들어 준 다음, 밭에서 캐낸 당근을 텃밭에서 분리한 뒤 창고로 옮겨서 신선한 상태로 단째 묶는다. 또한 땅에서 당근을 캐내기 직전에 관수를 해 주어서 좀 더 쉽게 수확할 수도 있다. 너무 오래 기다렸다가 수확하는 일은 (특히 여름당근인 경우) 피해야 한다. 맛도 떨어지고 질감도 변해 버리기 때문이다. 당근이 갈라지기 시작하면 너무 늦게 수확했다는 신호다.

일반적으로 8~12개의 당근을 함께 묶는다. 두 갈래로 갈라지거나 너무 못생긴 (자갈투성이 토양이 원인이다) 당근은 당근주스용으로 따로 뺀다. 팔리지 않은 당근은 줄기잎을 제거한 뒤 저온저장고에 보관해 두었다가 CSA 파트너들의 마지막 배송 바구니에 넣어서 제공한다. 이런 식으로 처리한 당근은 6개월까지 보존된다.

집약적 경작 간격   5고랑(줄 간격 15센티미터) - 포기 간격 3센티미터

선호 품종   넬슨(이르게), 야야(여름), 볼레로(가을), 퍼플헤이즈(연보라색), 나폴리(마지막 파종)

비료 타입   영양분이 별로 필요 없음

텃밭에 머무는 일 수   수확하는 2~3주를 포함하여 85일 전후

파종 횟수   8회(4월 10일, 4월 25일, 5월 4일, 5월 25일, 6월 8일, 6월 23일, 7월 5일, 7월 25일)

래디시 십자화과

　래디시는 일반적인 생각과는 달리 우리 가두판매점에서 매우 인기가 높고 잘 팔리는 채소다. 아마 우리가 심는 품종 때문인 것 같다. 우리가 단째 판매하는 래디시의 선명하고 강렬한 색깔이 사람들의 눈길을 끌기 때문이다. 래디시는 별다른 어려움 없이 키워 빠르게 수확할 수 있는 채소이며 가지나 오이, 콩 등과 같이 옮겨 심는 데 오래 걸리는 작물들과 종종 사이짓기로 파종하는 유일한 작물이기도 하다.

　대부분의 십자화과 작물처럼 래디시는 차가운 기후를 좋아하며 여름에는 잘 기르지 않는다. 여름에는 맛이 맵고 너무 이르게 씨를 맺어 뿌리가 질겨진다. 그렇기 때문에 우리는 봄과 여름 말, 가을에 수확하기 위해 파종 계획을 세운다. 또한 '겨울' 래디시 파종도 한 차례 계획한다. 겨울 파종에 사용하는 품종은 잘 알려지지 않았지만 파종할 만한 가치가 있다. 맛있고 색이 선명할 뿐만 아니라 (매우 예쁜 적보라색이다) 약한 서리에도 잘 견디며 이랑덮개로 덮어 주면 마지막 바구니가 나갈 시점까지 텃밭에 오래도록 남아 있다.

　경작할 때 유일한 걱정거리는 배추파리의 습격을 받을 확률이 매우 높다는 점이다. 이 배추파리 유충은 래디시 뿌리에 검은 통로를 뚫어 놓는다. 봄이 건조하고 따뜻했다면 벼룩잎벌레 또한 문제가 될 수 있다. 무와 마찬가지로 래디시도 모종을 옮겨 심은 직후에 언제나 방충망이나 이랑덮개를 덮어 주어야 한다.

우리 농장에서는 래디시 여러 개가 중간 크기, 즉 지름이 약 5센티미터 정도 되는 순간부터 수확을 진행한다. 수확은 2주에 걸쳐 천천히 진행할 수 있지만 크기가 작은 상태에서 수확하는 것이 낫다. 그렇지 않으면 래디시가 물렁물렁해지거나 금이 가거나 질겨지기 때문이다. 수확한 것 중 예쁜 것만 골라 6~12개 정도를 단으로 묶어 판매한다. 또한 더 눈길을 끌기 위해 여러 품종을 묶어서 다양한 색깔이 섞인 단을 만들어 팔기도 한다.

집약적 경작 간격   5고랑(줄 간격 15센티미터) - 포기 간격 3센티미터

선호 품종   랙스(봄철), 핑크뷰티(분홍색), 프렌치브렉퍼스트(기다란 모양, 유럽산), 레드미트(겨울)

비료 타입   영양분이 별로 필요 없음

텃밭에 머무는 일 수   2회 수확을 포함해 45일 전후

파종 횟수   4회(5월 10일, 5월 23일, 7월 11일, 8월 20일)

루콜라 십자화과

루콜라는 더 이상 퀘벡 사람들이 잘 모르는 작물이 아니다. 요즘에는 그 쌉쌀한 맛과 독특한 매콤함을 좋아하는 사람들이 많아졌다. 최근 유행하는 채소인 동시에 아마 우리 가두판매점에서 가장 인기 있는 푸른잎채소 중 하나가 아닐까 싶다. 루콜라는 빨리 자라며 추위에도 (영하 5도까지) 잘 견디기 때문에 이른 수확과 늦은 수확을 할 수 있다. 그러나 여름에는 맛이 너무 강해지므로 너무 더울 때는 경작하지 않는 편이다. 하지만 루콜라의 수요는 계속 많은 편이라 여름 동안에도 텃밭의 더 어둡고 시원한 곳이나 빛을 가려 주는 방수포 아래서 키우는 편이 수익을 올리는 데 도움이 될 것이다.

루콜라는 특히 잎에 구멍을 내 판매에 악영향을 주는 벼룩잎벌레의 습격을 받을 가능성이 높다. 그래서 우리 농장에서는 방충망이나 이랑덮개로 늘 덮어 준다. 샐러드채소처럼 씻어서 탈수한 뒤 무게로 달아서 팔거나 뿌리째 단으로 묶어서 팔기도 한다. 품질 저하를 염려해 루콜라 두둑 하나에서 2회 이상 수확하지 않는다.

집약적 경작 간격   5고랑(줄 간격 15센티미터) - 포기 간격 3센티미터

선호 품종   애르굴라, 애스트로(겨울)

비료 타입   영양분이 별로 필요 없음

텃밭에 머무는 일 수   2회 수확을 포함해 45일 전후
파종 횟수   4회(5월 10일, 5월 20일, 8월 25일, 9월 1일)

마늘 백합과

마늘은 텃밭농부에게 이상적인 저장용 채소다. 대중적이며 수익성이 높고 퀘벡의 북유럽풍 기후에 매우 잘 적응한 작물이다. 식료품점에서는 대부분 중국산 수입 마늘을 판매하기 때문에 텃밭농부에게 마늘은 큰 수익을 가져다줄 수 있다. 슈퍼마켓에서 판매하는 마늘보다 맛과 품질이 뛰어난, 자신의 지역에서 생산된 마늘에 더 많은 돈을 지불할 준비가 된 사람들이 대다수이기 때문이다. 하지만 마늘 경작은 쉽지 않다. 그러니 적절한 경작, 수확, 저장 절차를 반드시 따라야 한다.

그렐리네트농장에서는 줄기가 단단한 마늘을 키우는데 줄기가 부드러운 마늘에 비해 맛이 더 좋고 더 오래 보존할 수 있기 때문이다. 이 마늘은 초겨울 전에 파종해 다음 해 여름인 8~9월에 수확하는데, 이때가 바로 우리가 크게 장을 여는 시기다. 우리 농장에서는

마늘을 대량으로 생산한다. 왜냐하면 농사철에 판매하는 경우 외에도 대부분의 고객과 파트너가 농사철이 끝날 무렵 구입해 겨울 동안 보존해 두기 때문이다. 그래서 우리는 윤작 계획에서 구획 하나를 통째로 이 마늘 경작에 할애했다. 마늘 작물을 1000개 이상 경작하는 일은 쉽지 않다. 그러니 아주 세세한 부분까지 준비해야 한다.

우리는 매년 CSA 파트너와 지인들을 '종자 축제'에 초청해 농장일을 도와 달라고 요청한다. 공동작업에 들어가기에 앞서 알이 굵고 건강한 것만 남기도록 구근을 분류한다. 토양에 바람이 통하게 하고 작업을 한층 쉽게 하려고 우리는 퇴비를 주고 브로드포크로 작업하며 지면을 5센티미터 깊이로 경운해 구획을 준비한다. 마늘을 심을 때에는 마늘쪽이 위를 향하게 해 표면으로부터 3센티미터 이하에 심어야 한다. 미리 선을 그어 두고 그 간격에 따라 심는다. 그다음에는 10~15센티미터 멀치로 두둑을 덮는다. 멀치는 땅이 너무 빨리 얼어 버리는 일을 방지하며 모종이 겨울 동안 제대로 뿌리내리게 해 준다.

봄철에 마늘 새싹이 올라오면 멀치의 일부를 열어 토양이 더 쉽게 따뜻해지도록 해 주는 동시에 습도가 과해서 생기는 질병을 예방한다. 반대로 점토질 토양이나 풀이 창궐한 토양에서는 멀치를 완전히 제거해 자주 경운해 주는 편이 바람직하다. 마늘은 풀과 공생하기 어려운 작물이기 때문에 밭을 늘 깨끗하게 유지해 주어야 한다. 이는 마늘 구근을 크게 키우는 데 가장 큰 영향을 주는 요소 중 하나이기도 하다.

6월 중순이 되면 마늘에서 꽃대가 자라나는데(흔히 마늘꽃이라 불린다) 우리는 이를 잘라 내 마늘 구근이 영양을 충분히 공급받으며 계속 자라날 수 있게 한다. 6월 초에는 매주 2~3회 꽃을 수확해 첫 장터에서 판매하는데 팔 것이 그다지 많지 않은 시기에 판매품목이 좀 더 다양해지는 셈이다. 몇 주 뒤에는 줄기까지 통째로 판매하는 (반건조) 생마늘을 수확하기 시작한다. 마침내 7월 중순부터는 생산하는 마늘의 전체 수확을 시작한다.

그런데 이 마늘의 적절한 수확시기가 언제인지 알아내는 일 자체가 이미 쉽지 않다. 너무 일찍 수확하면 구근의 껍질이 충분히 덮여 있지 않아 운반과 저장 단계에서 손상이 커진다. 너무 늦게 수확하면 구근이 쪼개질 위험이 있다. 우리는 마늘잎 중 약 30퍼센트 정도가 무르익기 시작했을 때 수확을 시작한다. 이는 작물이 잎으로 보내는 영양과 수분의 양을 줄이기 시작했다는 신호이기 때문이다. 잎이 5~6개가 남아 있고 남은 잎이 노랗게 말라 있으면 이 발달 단계에 이르렀다고 볼 수 있다. 다음은 아주 핵심적 단계라 할 수 있는 수확과 작물을 세척하는 일이다. 이 작업을 어떻게 하느냐에 따라 보존할 수 있는 기간이 크게 달라진다.

우리는 여러 방식을 시험해 본 후에 텃밭에서 구근을 수확한 직후에 바로 씻어 내는 방식을 도입했다. 마늘을 땅에서 뽑은 뒤 첫 잎을 따 내고(말라 있을 때 훨씬 더 쉽게 딸 수 있다) 구근의 흙을 털고 깨끗하게 정리한다. 그리고 검은색 토목섬유 위에 마늘을 펼쳐 놓고 햇빛 아래 몇 시간 동안 놓아 둔다. 해 질 무렵이 되면 구근 뿌리를 잘라 낸 뒤 마늘과 그 줄기를 창고에 넣는다. 그리고 습기를 흡수시켜 건조 과정에 악영향을 미치지 않도록 조치한다. 이것을 파종 테이블 위에 줄 지어 놓고 여러 (가정용과 상업용) 환기장치를 이용해 강한 바람을 쏘여 준다. 그렇게 하면 3주 뒤에 마늘이 완전히 건조된다. 건조된 마늘은 목 부분에서 1센티미터 떨어진 곳의 줄기를 잘라 낸 뒤 망에 넣는다. 보관, 건조, 포장 상태가 훌륭하며 구근이 단단한 마늘은 6~8개월 심지어 그 이상도 저장·보관할 수 있다.

이제 방제 문제를 이야기해 보자. 첫 산란 때 작은 피해를 입히는 파좀나방을 제외하면 영양분을 제대로 공급받은 마늘은 적어도 우리 농장에서는 그 어떤 해충도 잘 견뎌 내는 편이다. 마늘에 가장 흔히 나타나는 문제는 썩은 구근에서 생겨나는 진균병과 바이러스성 질병이다. 이런 상황이 발생할 때는 다음의 원인이 가장 유력하다. 구근이 성숙할 때 토양에 습기가 너무 많았거나(너무 두꺼운 멀치를 사용했거나 배수가 잘 되지 않았거나), 수확한 뒤 건조를 제대로 하지 않았거나, 혹은 병든 종자를 사용해서 바이러스성 전염이 이루어진 경우다. 마지막 원인이 가장 흔하기 때문에 늘 조심해서 병에 전혀 걸리지 않은 건강한 소구근을 심도록 해야 한다. 수확한 마늘 중 일부가 썩으면 굳이 위험 부담을 안을 필요 없이 돈이 많이 들더라도 종자를 갱신하는 편이 낫다. 이 경우 반드시 마늘 경작 전문 채소 재배업자가 생산한 양질의 마늘을 구입해야 한다. 물론 구입 전에 종자 검사를 철저히 한다. 이런 이유 때문에 업체 측의 종자 샘플을 받아 볼 수 있는 경우가 아니라면 인터넷 주문은 피하는 편이 낫다.

집약적 경작 간격   3고랑(줄 간격 25센티미터) - 포기 간격 15센티미터

선호 품종   뮤직(가장 예쁘고 맛있는 품종)

비료 타입   영양분이 많이 필요함

텃밭에 머무는 일 수   5월부터 75~90일

파종 횟수   1회(10월 10일)

멜론 박과

텃밭에서 잘 익은 멜론을 맛보면 누구나 한 입 더 달라고 한다. 멜론은 대중적으로 인기가 높은 과일이기 때문에 우리 농장에서도 기르고 있다. 실제로는 텃밭 공간도 많이 차지할 뿐만 아니라 수익성도 높지 않아 우리만의 '규칙'을 위반하는 셈이지만, 멜론을 생산 목록에서 빠뜨리는 일을 고객들이 용납하지 않을 것 같다.

우리는 애호박과 비슷한 방식으로 멜론을 파종한다. 이 두 작물은 여러 가지 면에서 매우 비슷하기 때문에 멜론 모종 이식과 방제 관련 정보는 애호박 경작 노트를 참조하길 바란다. 반면 멜론은 애호박보다 토양 온도에 훨씬 민감하기 때문에 오이처럼 이미 온도가

올라간 토양에 옮겨 심어야 한다. 이 모든 이유 때문에 우리는 멜론을 아주 이른 시기에 파종하지 않으며 검은 비닐 멀치 위에 옮겨 심는다. 멜론은 자라면서 금세 넓은 면적을 차지해 땅 경운 작업이 불가능해진다. 이는 멀치를 이용하는 또 다른 이유이기도 하다.

멜론 경작의 과제는 적절한 때에 수확하는 것이다. 너무 덜 익었을 때는 아무 맛이 나지 않으며 너무 익었을 때는 물이 너무 많고 질이 떨어진다. 수확 적기를 결정하려면 열매에 나타나는 특정한 신호를 감지해야 한다. 허니듀멜론(열매 껍질은 상아색, 과육은 녹색인 멜론의 한 품종)과 캔털루프멜론은 수확할 준비가 되면 색을 바꾸고 노란색으로 변하기 시작한다. 이후 꽃자루에 균열(금이나 얼룩)이 생겨나기 시작하는데 이는 열매가 줄기에서 떨어져 나갈 준비가 되었다는 신호다. 이 시기에는 멜론 향기가 나기 시작해 수확 준비가 되었다는 사실을 정말로 '느낄 수' 있다. 멜론이 스스로 줄기에서 떨어져 나왔다면 대개는 너무 익어 버린 후다. 한편 수박의 경우는 다르다. 잘 익은 수박은 겉을 통통 두드렸을 때 안에 빈 공간이 느껴진다. 수박을 뒤집어 땅에 닿았던 면을 바깥쪽으로 돌렸을 때 하얀 표시 같은 것이 있다면 이는 좋은 신호다. 수박이 익어 가면 이 표시가 점차 노란색으로 변한다. 어떤 경우든 몇 개를 직접 먹어 보는 것이 성장 단계를 알 수 있는 최상의 방법이다.

적절한 시기에 수확한 멜론은 실온의 방에서 기껏해야 1주일 정도 보관할 수 있다. 너무 익은 채로 수확한 멜론은 손상을 막기 위해 저온저장고에 보관하는데 이 경우 향기와 맛을 많이 잃어버린다.

수박은 더 오랫동안 보존할 수 있는데 실온에서 약 2주 동안 가능하다.

집약적 경작 간격　1고랑 - 포기 간격 45센티미터

선호 품종　카바이옹(샤랑테멜론), 핼로나(머스크멜론), 사이반(샤랑테멜론), 허니옐로(허니듀멜론), 스위트뷰티(수박)

비료 타입　영양분이 많이 필요함

텃밭에 머무는 일 수　옮겨심기 후 65~85일

파종 횟수　1회(5월 24일)

무 십자화과

무는 현재에도 그 가치가 여전한 금싸라기 같은 채소다. 일반 농식품기업에서 아직까지 인기가 많은 달콤한 품종을 내놓지 않기 때문이다. '하쿠레이hakurei'라는 일본순무는 우리가 판매한 품종 중 처음부터 가장 잘 팔렸으며 바구니 내용물 중에서도 가장 큰 사랑을 받는 채소다. 프랑스에서는 작은 무를 '라비올'이라 부르는데 어감

이 좋아 우리는 이 이름을 사용하고 있다.

무는 추운 날씨에서 잘 자라며 여름 동안 더 질겨지고 맛이 매워진다. 그렇기 때문에 우리는 여름 내내 팔 수 있어도 봄과 가을에만 파종한다. 추위와 가벼운 서리까지 잘 견디기 때문에 종종 농사철 말미에 터널에서 기르기도 한다.

무는 직파를 하긴 하지만 빠르게 싹을 내며 제초와 관리가 쉽다. 그러나 무를 괴롭히는 무시무시한 해충이 있다. 바로 벼룩잎벌레와 배추파리다. 우리는 이미 이 해충 때문에 수확량 전체를 잃은 적이 있다. 이제는 그 어떤 위험도 감수하지 않기 위해 무 모종에 늘 이랑 덮개와 방충망을 덮어 둔다. 방충망의 경우 벼룩잎벌레가 매우 작은 벌레라 구멍이 아주 작은 망을 선택해야 한다. 0.35밀리미터 정도의 구멍이 적절하다. 방수포에 비해 방충망은 여름철에 온도 상승효과가 생기지 않는다는 장점이 있다.

우리 텃밭에서는 무를 단계적으로 가장 큰 것부터 수확한다. 파종기를 이용해 매우 촘촘하게 심기 때문에 이렇게 심은 무 중 몇 개를 캐내면 다른 것들이 그 자리를 차지할 수 있다. 그러나 3주가 지나면 무가 질겨지며 덜 연해진다. 일반적으로는 너무 오래 있다 수확하는 것보다 연속해서 차례차례 수확하는 편이 낫다. 다른 모든 뿌리채소처럼 무잎 역시 저온저장고에서 약 1주일 동안만 싱싱하게 보존된다. 그러니 최대한 빨리 판매해야 한다.

집약적 경작 간격　　4고랑(줄 간격 20센티미터) - 포기 간격 3센티미터

선호 품종　하쿠레이(날것으로 먹음), 밀란(덜 연하지만 매우 예쁨), 스칼렛퀸(붉은색)

비료 타입　영양분이 별로 필요 없음

텃밭에 머무는 일 수　1주일 이상의 수확기를 포함해 35~50일

파종 횟수　5회(4월 22일, 5월 6일, 5월 23일, 8월 5일, 8월 25일)

브로콜리 십자화과

 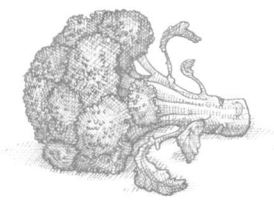

　브로콜리는 대중적이며 기르기도 즐거운 채소지만 나름 해야 할 과제가 있다. 브로콜리는 질소와 가리를 다량으로 요구하기 때문에 다른 채소에 비해 비료를 더 많이 주어야 한다. 윤작을 할 때는 영양분을 많이 필요로 하는 채소들처럼 비료도 공급해 주어야 하고 브로콜리를 기르기에 앞서 콩과 식물 녹비를 심는 것이 좋다. 브로콜리 재배에 성공하려면 비료와 녹비를 결합해야 하는데, 우리가 기른 브로콜리 머리 부분은 늘 컸으며 고운 진초록색이었다.

　브로콜리는 서늘한 날씨에도 잘 자라지만 우리는 이 채소를 필요에 따라 사계절 내내 기르려는 시도를 하고 있다. 봄에 2회 연속 파

종을 시행하며 여름에 1회, 가을에 1회 파종한다. 여름 파종은 가장 성공하기 어렵다. 날씨가 더우면 너무 일찍 꽃을 피우기 때문이다. 하지만 저항력이 강한 몇몇 품종을 이용해 꽤 만족스러운 성과를 내고 있다.

수확을 제때 마치려면 브로콜리는 여러 가지 체계적인 개입이 필요하다. 먼저 동북아메리카 토양 대부분에 부족한 미량원소인 붕소와 몰리브덴을 첨가해야 한다. 잎을 만졌을 때 스티로폼처럼 파삭파삭하게 부스러지면 몰리브덴이 부족하다는 신호이며, 잎에 엽맥이 드러나고 쭈글쭈글해지면 붕소가 부족하다는 신호다. 이 경우 모두 성장하고 있는 잎에 붕소와 몰리브덴을 살포하면 이 유기물 부족 문제를 해결하고 최적의 성장 상태에 이르게 할 수 있다. 이들을 살포할 때 종종 비티균도 첨가하는데, 이 비티균은 '식엽충(식물의 잎에 피해를 입혀 낙엽지게 하는 치교성 곤충)' 애벌레가 작물에 자리 잡았을 때 필요하다. 이 방식은 모종을 이식한지 15일 후, 그리고 브로콜리가 성숙하기 10일 전 사이에 실시한다.

안타깝게도 몇 계절 전부터 이 브로콜리에 또 다른 가공할 만한 새로운 해충이 나타났다. 바로 꽃양배추혹파리다. 꽃양배추혹파리는 브로콜리의 성장을 저해하며 이 혹파리 몇 마리만 텃밭에 나타나도 모든 브로콜리를 판매할 수 없는 지경에 이르게 된다. 우리는 단 한 계절에만 이 해충의 피해를 입은 적이 있는데 그때 너무 막대한 피해를 입어 대처 방법을 찾게 되었다. 꽃양배추혹파리로부터 브로콜리를 보호할 수 있는 유일한 해결책은 아치형 구조물로 지탱하는 방충망이다. 이 조그마한 해충의 크기에 맞추어 망의 구멍 크기를 택해야 한다. 브로콜리과 식물 전체가 꽃양배추혹파리의 공격 대상이며 산란주기가 전 계절에 걸쳐 있기 때문에 우리는 모든 십자화과 식물에 방충망을 치기로 했다. 방충망은 또한 배추파리와 벼룩잎벌레, 흰나비 무리에도 효과적이다. 결국 전화위복이 된 셈이다.

  브로콜리 경작의 성공은 대부분 수확시기에 달려 있다. 브로콜리 머리 부분이 굉장히 빨리 성숙하기 때문이다(우리는 24시간 만에 2배로 커지는 경우도 본 적이 있다). 제 시기에, 즉 브로콜리가 다 성장해 살이 통통하게 올랐을 때 수확하려면 텃밭을 늘 유심히 관찰하며 다발에 난 각각의 작은 싹이 꽃을 피우기 전에 수확해야 한다. 이 단계에서는 브로콜리 머리 부분의 직경이 보통 10~20센티미터에 달한다. 꽃송이가 노란 빛을 띠거나 가운데가 갈라지거나 피어나기 시작한다면 즉시 머리 부분을 잘라야 한다. 작물이 씨를 맺고 있다는 의미이기 때문이다.

  수확기간을 늘리려면 수확할 때 줄기 윗부분에서 브로콜리 머리 부분을 잘라 덧가지를 촉진시킬 수 있다. 그러면 식물의 밑동에서 측면으로 싹이 자라나 또 다른 작은 브로콜리 꽃이 피어 난다. 이 꽃 전체를 단으로 묶어서 브로콜리 머리 부분과 같은 가격으로 파는 경우도 종종 있다.

  수확을 마친 브로콜리는 신선도가 금방 떨어지기 때문에 즉시 냉장해야 한다. 저온저장고에서 차가운 온도(약 2도)로 보존하면 1주일 이상까지도 신선하게 유지된다.

집약적 경작 간격　　2고랑(줄 간격 35센티미터) - 포기 간격 45센티미터

선호 품종　　팩맨(봄에 매우 이르게), 집시(여름), 윈저(가을)

비료 타입　　영양분이 많이 필요함

텃밭에 머무는 일 수　　옮겨심기 후 65일

파종 횟수　　4회(4월 17일, 4월 24일, 5월 28일, 6월 25일)

비트 명아주과

밭에서 기르는 비트는 우리 파트너 고객들이 재발견했다고 종종 말하는 '전통적인' 채소 중 하나다. 일반적인 경우 오래 보관된 후 판매되기 때문에 질이 안 좋은 경우가 많아 평판이 좋지 않지만 요즘 비트는 제맛을 되찾고 있다. 비트는 맛이 좋을 뿐만 아니라 변덕스럽지 않아 기르기 쉬운 채소이기도 하다.

　종자가 서로 붙어 있는 3~4개의 씨앗으로 이루어져 있다는 점이 비트의 특징 중 하나다. 직접 파종하며 원하는 만큼의 밀도로 솎아

내야 하는 작물의 하나이기도 하다. 솎아 내는 작업을 피하기 위해 만든 씨앗이 하나뿐인 교배종도 있으나 비트 품종의 선택은 제한적인 상황이다. 그래서 우리 농장에서는 128구 포트트레이에서 시작하는 것을 선호한다. 덕분에 최적의 간격에 따라 어린 모종을 옮겨 심을 수 있다. 가두판매점을 열 때 동그랗고 커다란 비트를 처음으로 들여 놓는 것은 애쓸 만한 가치가 충분한 일이다.

비트는 그 어떤 방제 작업도 필요하지 않다는 장점을 지닌 흔치 않은 작물이다. 흔한 박테리아성 질병인 일반적인 창가병은 윤작에 감자를 포함시키면 자주 생긴다. 하지만 우리는 감자를 기르지 않기 때문에 이 병을 좀처럼 접한 적이 없다. 농사철 동안 갈색무늬병, 즉 잎을 검은색 혹은 갈색의 반점으로 물들여 결국에는 구멍을 내는 균류가 발생시키는 이 병이 비트의 일부를 덮었지만 잎보다 뿌리에 더 관심이 많은 우리 고객에게는 별다른 영향을 미치지 않았다.

비트는 기온 변화에 잘 적응하기 때문에 농사철 내내 기를 수 있다. 또한 수확시기도 어느 정도 자유롭다. 토양에서 꽤 오랫동안 좋은 맛을 유지하기 때문이다. 하지만 우리는 비트 지름이 소비자가 선호하는 5~6센티미터에 달할 때 수확하는 편이다. 단을 묶을 때에는 죽은 잎을 제거하고 비트 3~5개를 한 단으로 묶는다. 팔리지 않아 남는 단이 있으면 잎을 잘라 내고 뿌리만 남긴 뒤 보존용 비트를 원하는 고객에게 할인 판매한다.

집약적 경작 간격   4고랑(줄 간격 15센티미터) - 포기 간격 5센티미터

선호 품종   얼리원더(이른 파종), 모네타(직접 파종용), 레드에이스(땅 위에서 오랫동안 보존됨), 터치스톤골드(금색), 치오가(매우 예쁨)

비료 타입   영양분이 별로 필요 없음

텃밭에 머무는 일 수   수확하는 2~3주를 포함해 50~60일

파종 횟수   6회(3월 28일, 4월 18일, 4월 20일, 5월 10일, 6월 6일, 6월 30일) 모종으로 시작함

상추 여러 과

상추는 농장에서 키우는 작물 중 가장 인기가 많은 채소다. 우리 판매점을 방문하는 고객의 대다수가 적어도 상추 '한 포기'를 구입하며 CSA 파트너들은 매주 바구니에 상추 한두 포기를 꼭 포함시킨다. 상추는 오이나 토마토처럼 텃밭농부에게 굉장히 많은 수익을 가져다주는 채소다. 퀘벡 가정에서는 대부분 매일 습관처럼 샐러드를 먹으며, 특히 우리 가두판매점 고객 대부분은 올 때마다 상추를 한 포기 이상 사 간다. 상추는 빨리 자라며 경작 면적에 비해 생산성이 높고 기르기도 까다롭지 않은 채소다. 하지만 매주 수확하고 싶다면

관리하는 데 손길이 많이 간다.

우리 농장이 바로 그런 경우인데 우리는 15일 간격으로 파종할 때마다 성장기간이 다른 두 품종(예를 들어 각각 45일, 52일이 걸리는 품종)을 심기로 했다. 이런 식으로 연속 경작이 가져 올 위험도 피하면서 상추 수확이 일정 간격으로 이루어지도록 확실히 하고 있다. 특히 파종을 여름에 시작할 때는 필요량보다 30퍼센트 이상 더 많이 파종해 발아 불량이나 이식했을 때 발생할 수 있는 모종 손상 등 예상치 못한 사태에 대비한다. 상추 씨앗은 보통 가격이 저렴하기 때문에 이런 안전대책은 세울 만한 가치가 있다. 상추 관리는 상당히 단순하다. 가묘상을 한 후에 옮겨 심으며 콜리니어괭이collinear hoe(날이 납작하고 비스듬하며 흙을 통풍시키고 땅을 고르는 데 사용되는 괭이)를 이용해 풀 증식을 억제한다.

우리 농장의 상추는 때때로 괄태충과 장님노린재의 습격을 받기도 했는데 살충제로 직접 개입해야 할 정도로 심각했던 적은 단 한 번도 없다. 어떤 해에는 노균병이 자연적으로 나타나 모종 여러 개를 잃었지만 되풀이되는 문제는 아니었다. 우리는 밭의 태양열소독, 균근 접종, 경작 전에 십자화과 작물 편입시키기 등 여전히 최선의 해결책을 찾고 있다.

상추 두둑을 관리할 때는 상추가 물 부족에 굉장히 민감하며 물이 부족한 경우 맛이 써진다는 사실을 알아야 한다. 우리 고객들은 이러한 일이 발생하는 것을 전혀 좋아하지 않으며 상추의 맛이 써지면 우리에게 알려 준다. 결국 우리 농장에서 이 작물은 밭에 물을 줘야 할지 말지를 결정하는 일종의 바로미터로 자리 잡게 되었다. 우리는 상추 두둑에 우량계를 설치해 1주 동안 비가 충분히 내리지 않았다면 망설임 없이 호스 노즐을 열어 관수한다. 이르게 꽃을 피우는 것 역시 문제일 수 있는데 잘 적응된 품종을 선택하는 것이 확실한 해결책이라 할 수 있다. 게다가 상추는 품종이 매우 다양하기 때문에 매년 새로운 품종을 시도해 보는 일도 굉장히 흥미롭다.

   상추는 언제나 맨 첫 번째로 수확해야 한다. 한낮의 열기에 가장 빠르게 영향을 받는 작물이기 때문이다. 수확할 때는 밑동을 칼로 잘라 낸 다음 차가운 물이 담긴 욕조에 넣어 두었다가 물기를 말린다. 그 후 밀봉한 용기에 넣어 저온저장고에 보관하면 1주일 정도 싱싱하고 아삭아삭한 상태로 유지된다.

집약적 경작 간격   3고랑(줄 간격 25센티미터) - 포기 간격 30센티미터

선호 품종   샐러드볼(붉은색·초록색 떡갈나무 잎 모양), 제리코(여름 상치), 네바다(양상치), 버터크런치(보스턴), 벌칸(붉은 잎), 그랜드래피드(가느다란 잎)

비료 타입   영양분이 별로 필요 없음

텃밭에 머무는 일 수   옮겨심기 후 30~45일

파종 횟수   4월 중순부터 8월 중순까지 15일 간격으로 8회

샐러드채소 여러 과

샐러드채소를 가리키는 프랑스어 '메스클랑mesclun'은 프랑스 남부의 전통언어인 프로방스어 '메스클롱mesclom'에서 나온 것으로, 이 단어는 '잘 섞인'을 의미하는 라틴어 '미스쿨라레misculare'가 어원이다. 프랑스, 특히 남부 프랑스에서 샐러드채소는 어린 상추, 치커리, 루콜라, 수영 등을 잘 섞은 채소 모음을 말한다. 그러나 퀘벡 사람들은 샐러드채소에 어떤 채소가 포함되어야 하는지 그다지 신경 쓰지 않으며, 텃밭에서 자랄 수 있는 그 어떤 푸른잎채소도 여기에 포함될 수 있다. 한입에 먹을 수 있도록 (5~10센티미터 정도로) 길이가 짧아야 하며 접시에 올려 놓았을 때 눈길을 끌 수 있도록 색과 질감이 다양해야 한다는 점이 중요하다. 우리의 '레시피'에서는 봄가을에 아시아 푸른잎채소를, 여름에 상추 모음을 사용하고 있다. 이 기본적인 재료를 바탕으로 해 어린 근대나 치커리, 케일 따위를 돌아가면서 추가한다.

　샐러드채소는 텃밭에 최적화된 작물이다. 성장 속도가 빠르며 한 달 만에 경작 면적에 비해 매우 높은 수익을 가져다준다. 이는 또한 퀘벡의 텃밭농부가 난방을 하지 않고도, 혹은 적어도 최소한의 난방 없이 1년 내내 신선하게 생산해 판매할 수 있는 유일한 작물 중 하나다. 이 모든 이유 때문에 우리는 농장을 샐러드채소 경작에 특화시켜 이를 우리 지역의 여러 레스토랑과 식료품점에 반도매 형식으로 납품하기로 했다. 이 고객들에게 매주 공급한다는 목표를 달성하려면 기후조건과 상관없이 연속 파종을 모두 성공시켜야 한다. 이를 위해 우리는 15일마다 새로운 파종을 계획하며 작물이 성장함에 따라 한 두둑에서 2~3회씩 수확한다. 반다년생 작물이라는 점을 이용한 이런 접근 방식 덕분에 우리는 순차적으로 생산해 매주 다른 두둑에서 수확을 거두어들일 수 있다. 가을에는 파종 기간이 더 짧아진다. 터널 온도가 적절해도 광주기가 줄어들어 푸른 잎의 성장을 제한하기 때문이다.

 우리는 식스로 파종기를 이용해 샐러드채소를 직파한다. 이 파종기로 2회만 오가면 한 두둑에 12줄의 씨를 뿌릴 수 있어 굉장히 집약적인 결과(채소 종류에 따라 30미터 두둑에서 약 20킬로그램)를 얻게 된다. 이 방식은 뛰어난 수익성을 보장하지만 몇 가지 불편한 점이 있다. 먼저 30미터 길이에 70그램(±2온스)의 씨앗을 사용해야 한다는 사실을 고려해야 한다. 이렇게 되면 구입해야 하는 종자의 가격이 올라가기 때문에 우리는 가장 저렴한 품종을 선택해야 한다. 또한 이처럼 좁은 간격에서는 그 어떤 종류의 김매기도 불가능하기 때문에 두둑이 '깨끗한지' 늘 잘 살펴보아야 한다. 최소한의 지피작물을 보존하려고 우리는 한참 전에 파종 준비를 하면서 가묘상을 체계적으로 시행한다. 이러한 방식은 성공적인 작물 경작을 위해 매우 필요하다. 그렇기 때문에 우리는 종종 가묘상에 관수하고 이랑덮개를 덮는 경우가 있다. 이는 샐러드채소를 옮겨 심을 때 최대한 풀을 많이 없애기 위해서다.

  우리가 맞닥뜨린 유일한 병충해 문제는 벼룩잎벌레인데, 보통은 아시아 푸른잎채소와 샐러드채소를 번갈아 심다 보면 이 해충을 피할 수 있다. 또한 우리 농장에서는 파종한 직후에 샐러드채소 두둑을 이랑덮개나 방충망으로 덮어 주기도 한다. 이러한 예방대책 외에도 정기 검사를 시행한다. 벼룩잎벌레는 빠르게 침입해 모든 작물에 영향을 미칠 정도로 푸른잎채소에 심각한 피해를 가져다주기 때문이다. 우리는 방충망 안에 이미 벌레가 들어가 버려 그 안에 살충제를 사용한 적도 있었다. 벼룩잎벌레의 경우 언제나 경계를 게을리하면 안된다.

  수확할 때는 다음에도 계속 잘 자라도록 균일하게 베어 내야 하기 때문에 매우 날카로운 칼을 사용해야 한다. 이는 검증된 방법이지만 수확하는 데만 몇 시간이 걸리는 작업이라 등과 무릎에 굉장히 무리가 간다. 그래서 이제는 아래쪽 잎을 아주 빠르게 잘라 낼 수 있는 샐러드채소 전용 전기수확기를 사용한다. 이 단순한 농기구를 이용하면 수확 작업을 깔끔하게 마무리할 수 있으며 작업시간을 80퍼센트 이상 감축할 수 있다(칼로 잘라 낼 때는 매주 3인이 3시간씩 수확에 매달려야 했으나 이제는 혼자서 2시간도 되지 않아 수확을 마칠 수 있다). 이 수확기가 아주 훌륭한 투자였다는 점은 두말할 필요가 없다.

  이러한 생산성 상승 외에도 샐러드채소에 부피감을 더해 주고 세척과 관리에 가장 잘 견디는 품종을 선별할 수 있게 되었다. 우리가 선호하는 품종은 어린 로메인 상추, 오크리프 상추, 케일, 근대, 치커리다. 또한 어린 상추 포기(3~4회 잘라 낸다)와 십자화꽃, 너무 익은 상추심(상추 가장 속 부분), 어린 배춧잎 같은 잘 쓰지 않는 여타 푸른잎채소 부분도 수확한다. 우리 고객들은 샐러드채소의 다양성과 독창성을 높이 평가하지만 각 채소의 품질이 더 중요하다. 우리는 너무 크거나 맵거나 질긴 것, 구멍 난 것 혹은 못난 채소를 넣지 않는다. 이러한 품질 기준을 적용해 내놓은 우리의 샐러드채소에 대적할 수 있는 경쟁자를 시장에서 찾기란 쉽지 않다.

세척할 때는 찬 물을 채운 욕조에 여러 푸른잎채소를 넣은 뒤 손으로 조심스럽게 섞는다. 그런 후에는 상처 난 잎과 벌레, 풀을 살며시 제거한다. 푸른잎채소들은 샐러드 탈수기에 넣어 탈수하는데 이는 저온저장고에서 샐러드채소를 잘 보존하기 위한 매우 중요한 단계다. 예전에는 식기세척기로 샐러드채소를 탈수했는데 식품부에서 비위생적이라며 식기세척기 탈수를 금지시켰다. 현재는 샐러드 탈수기를 이용해야만 탈수할 수 있기 때문에 어쩔 수 없이 불필요한 지출을 하게 되었다.

우리가 식료품점에 판매하는 샐러드채소는 그렐리네트농장 로고가 붙은 봉투로 포장했으며 선반에 쌓아 올릴 때 내용물이 보호될 수 있도록 공기가 들어가 있다. 이런 작업에는 비용이 들어가지만 우리 샐러드채소는 판매될 때쯤에는 종종 썩어 있기도 한 캘리포니아 수입산 샐러드채소보다 훨씬 더 잘 팔린다. 위에 언급한 방식에 따라 수작업으로 키운 샐러드채소는 1주일 이상 싱싱하게 유지된다. 결국 품질 차이라는 요소 때문에 사람들 대부분이 지역에서 생산한 채소를 선택하게 되는 것 같다.

집약적 경작 간격 12고랑(줄 간격 6센티미터) - 포기 간격 1센티미터

선호 품종 아시아 푸른잎채소(루비스트라이크, 비타민 채소, 미즈나), 상추(탱고, 버터크런치, 롤로로사, 파이어크래커), 루콜라(아르굴라), 케일(레드러시안), 근대(레인보우), 시금치(스페이스), 살라노바(작은 머리)

비료 타입 영양분이 별로 필요 없음

텃밭에 머무는 일 수 2회 수확을 포함해 45일 전후

파종 횟수 외부에서 4월 중순부터 9월 중순까지 15일마다. 터널에서(3월 5일, 3월 10일, 3월 20일, 3월 28일, 9월 25일, 10월 5일, 10월 10일)

시금치 명아주과

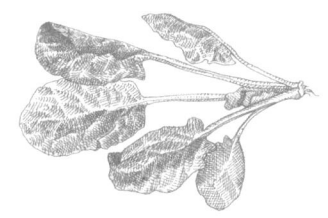

혹독한 겨울과 타협해야 하는 퀘백의 텃밭농부들은 시금치의 가치를 잘 안다. 시금치는 추위에 굉장히 잘 견디는 작물일 뿐만 아니라 (영하 8도에서도 살아남는다) 아시아 푸른잎채소들과는 달리 모두가 잘 알고 좋아하는 채소이기도 하다.

우리는 상추를 심기 전후에 시금치를 생산할 수 있도록 파종일을 잡았다. 시금치는 여름 내내 수요가 매우 많지만 한여름에는 생산하기 어렵다. 광주기光周期(빛에 노출되는 낮의 길이)가 길어지고 날씨가 너무 더울 때는 (7월부터) 너무 이르게 씨를 맺는 경우가 다반사다. 게다가 사람들은 연하고 달콤한 시금치를 좋아하는데 이는 추위를 견디며 자랄 때에 생겨나는 특징이다.

시금치는 일반적으로 텃밭에 직파하는 편이지만 발아율이 굉장히 불안정하기 때문에 우리는 따로 모종을 내는 편을 선호한다. 이 작업에는 추가적인 노고가 들지만 완벽한 간격 두기를 했을 때 생겨나는 높은 생산성을 고려하면 할 만한 가치가 충분하다. 우리는 봄에 첫 파종을 최대한 이르게 시행해 그 위에 이랑덮개를 덮어 준다.

우리는 시금치를 무게로 달아서 판매한다. 수확할 때에는 단째 묶어서 수확하기보다 각 식물의 큰 잎을 따 낸다. 이는 더 많은 노동이 필요한 일이지만 전체적으로 볼 때 각 식물당 최선의 수익을 보장하는 방식이다. 시금치는 진흙투성이일 때처럼 필요한 경우에만 씻어 준다. 씻은 후에는 반드시 물기를 잘 말려야 한다. 밀봉한 자루에 마른 채로 보관해야 하기 때문이다. 이러한 조건을 만족시킨 시금치는 저온저장고 안에서 1주일 이상 싱싱한 상태로 유지된다.

우리가 샐러드믹스에 시금치를 더하고 싶을 때는 생산 방식이 달라진다. 식스로 파종기로 시금치를 옮겨 심지만 호퍼 2개 중 하나(즉, 두둑에 6고랑)만 채운다. 수확과 세척을 하는 방식은 경작 노트 후반부에 나와 있는 샐러드채소의 수확·세척 방식과 동일하다. 늦은 생산을 위한 모종 이식 날짜를 잡을 때는 가을에 광주기가 줄어든다는 사실을 고려해야 한다. 겨울이 오기 전에 한 번 더 수확하려면 우리 땅의 경우 9월 중순이 차가운 터널에 파종할 수 있는 마지막 시기이기 때문에 그 전에 해야 한다.

시금치를 무게로 달아 판매할 때는 항상 대장균 감염 가능성 이야기가 나온다. 이 이야기가 언급될 때는 고객들에게 다음의 사실을 잘 인지시켜야 한다. 대장균은 그 어떤 날채소도 감염시킬 수 있는 치명적인 박테리아지만 시금치는 더 이상 그런 위험이 없다고 말이다.

집약적 경작 간격   4고랑(줄 간격 15센티미터) - 포기 간격 15센티미터

선호 품종   스페이스(부드러운 잎, 봄 파종), 티이(가느다란 잎, 가을과 봄 파종)

비료 타입   영양분이 별로 필요 없음

텃밭에 머무는 일 수   2~3번 잘라 내는 것을 포함해 옮겨심기 후 30~50일

파종 횟수   4회(4월 1일, 4월 25일, 7월 25일, 8월 5일)

아시아 푸른잎채소 십자화과

장터를 처음 열 때부터 우리는 다양한 종류의 아시아 푸른잎채소를 재배해 파트너 고객들이 그 매력을 발견할 수 있게 했다. 이 푸른잎채소들은 매우 맛있고 비타민이 풍부할 뿐만 아니라 빠르게 성장하며 추위에도 강해 대부분은 영하 5도까지 문제없이 견딜 수 있다. 생산의 측면에서 볼 때 굉장히 매력적인 특징을 두루 갖춘 채소라는 의미다. 소비자들 사이에서 인기가 높아지기만 한다면 이보다 완벽할 수는 없다.

우리 경작 달력에서 아시아 푸른잎채소는 매우 중요한 작물이다. 제공할 여타 채소가 별로 없는 처음과 마지막 가두판매점에 다채로운 종류의 채소를 내놓을 수 있게 해 주기 때문이다. 아시아 푸른잎채소는 실내 육묘장에서 이른 시기에 파종을 시작한 뒤, 기온이 영하로 떨어질 경우에도 이랑덮개로 덮어 텃밭으로 옮겨 심는다. 이 작물은 병충해의 피해를 별로 받지 않지만 벼룩잎벌레와 배추흰나비 애벌레가 이 채소의 부드러운 잎을 갉아먹기 좋아한다. 그래서 우리는 봄에는 이랑덮개로 여름에는 방충망으로 늘 덮어 놓는다. 괄태충도 문제를 일으킨다. 그런 경우에는 손으로 직접 잡거나 리튬철인산염 펠렛을 사용한다. 그 외에는 그 어떤 특별한 작업도 할 필요가 없다.

다른 십자화과 작물과 마찬가지로 아시아 푸른잎채소는 추운 날씨에 더 잘 자란다(더울 때는 맛이 맵고 써진다). 그렇지만 어떤 품종은 더운 날씨에 적응이 잘 되어 있다. 겨자잎은 굉장히 아름다운 식용 꽃을 피우기 때문에 우리는 이 꽃으로 맛깔스러운 부케를 만들어 장에 내다 판다. 저온저장고에서 몇 달간 보존할 수 있는 배추를 제외하면 아시아 푸른잎채소 대부분은 저온저장고에서 오래 보존하지 못한다. 이 작물들은 텃밭에 뿌리를 내리고 있을 때 상태 보존이 더 잘 되기 때문에 수확시기도 어느 정도 자유롭게 선택할 수 있다.

집약적 경작 간격   3고랑(줄 간격 25센티미터) - 포기 간격 30센티미터

선호 품종   얼모뉴먼트(배추), 블랙서머(청경채), 혼차이타이(여름 겨자), 탯소이(콜라드 품종)

비료 타입   영양분이 별로 필요 없음

텃밭에 머무는 일 수   옮겨심기 후 40~60일

파종 횟수   4회(4월 1일, 4월 15일, 7월 25일, 8월 25일)

애호박 박과

일반적으로 퀘벡에서는 기다란 모양에 암녹색을 띤 이 채소를 쿠르제트courgette라는 이름보다 주키니zucchini라 부른다. 사실 이 두 용어는 모두 애호박을 가리킨다. 애호박은 모양과 색깔이 매우 다양하며 크기가 비교적 작을 때 수확한다. 애호박은 다양한 품종의 종자가 판매되기 때문에 기르기도 쉽고 수익성도 높다. 이러한 다양성 덕에 우리 가두판매점에서도 애호박은 사람들의 눈길을 끌며 큰 인기를 누리고 있다. 한 번에 대량으로 자라나는 채소라 때로는 필요한 양보다 더 많은 양을 수확하기도 하는데, 그런 때는 파트너들을 초대해 원하는 만큼 가져가게 한다. 단, 바구니에 넣어서 가져가지 못하게 하는데 그러면 양이 너무 많아 처치하기 곤란해 결국 질려 버리기 때문이다.

우리는 농사철 내내 애호박을 정기적으로 공급하려고 하기 때문에 경작 달력에 3회 연속 파종 계획을 표시해 놓았다. 첫 파종은 매우 이른 시기에 터널 안에서 실시해 첫 수확물을 5월 말부터 6월 초 사이에 거둔다. 두 번째 파종은 5월 초에 텃밭에서 이루어지는데 성공하기가 매우 어렵다. 애호박은 차가운 밤과 서리를 잘 견디지 못하는, 따뜻한 기후를 필요로 하는 식물이기 때문이다. 우리는 텃밭 파종에 성공하기 위해 아치형 구조물로 지탱시킨 이랑덮개를 애호박에 덮어 준다. 이때 다 자란 애호박의 크기를 고려하면 아치형 구조물을 어느 정도 높은 곳에 설치해 미니터널 내부의 온실효과를 높여 주어야 한다. 이는 공기와 흙을 데우는 데는 효과적이지만 동시에 아직 취약한 모종에 열을 가하는 결과가 되기도 한다. 이 점을 개선하기 위해 작물을 옮겨 심을 때 포트트레이를 흰 점토가루 용액에 담가 둔다. 물에 잘 녹고 (자연적이며 생분해성 물질인) 고령토를 기반으로 한 이 흰 점토가루는 어린 식물의 증산작용을 줄이고 열 적응을 돕는다. 또한 옮겨 심는 땅에 제대로 관수하면서 햇빛이 비치는 낮 동안 작물을 잘 살펴본다. 우리가 기피하는 방법이긴 하지만 가끔은 어쩔 수 없이 환기를 위해 덮개를 벗겨 내야 할 때도 있다.

어린 애호박은 오이잎벌레의 주요 공격대상이다. 이 잎벌레는 작물 전체에 빠르게 창궐해 상당한 피해를 초래할 수 있다. 때문에 우리는 최대한 오래, 첫 꽃을 피울 때까지 애호박에 이랑덮개를 덮어 두려고 한다. 이 시기가 되면 화분매개곤충이 제 역할을 다해 꽃이 제대로 결실을 맺을 수 있도록 덮개를 완전히 벗겨 내야 한다. 이때의 애호박은 이미 잎벌레의 공격에 무릎을 꿇지 않을 정도로 상당히 자란 상태다. 그렇지만 여전히 잎벌레는 문제로 남아 있다. 전염된 식물을 며칠만에 '고사'시키는 박테리아성 썩음병을 유발하기 때문이다.

덮개를 벗겨 내고 나면 이 병을 예방할 수 있는 유일한 해결책은 잎벌레의 개체 수를 줄이는 것이다. 이를 위해 우리는 (프로판 가스) 토치를 이용해 애호박꽃 안에 숨어 있는 잎벌레를 태워 버리는데 (수확에 영향을 미치지 않는) 수꽃만 태운다. 이 작업은 잎벌레의 활동이 활발하지 않고 애호박꽃의 꿀을 모으기 위해 벌집에서 벌이 아직 나오지 않는 때인 이른 아침에 이루어져야 한다. 이 작업을 1주일에 여러 번 반복하면 효과가 꽤 좋지만 피할 수 없는 일을 늦추는 미봉책일 뿐이다. 바로 이런 이유 때문에 우리는 한여름에 파종을 한 차례 더 계획한다. 어쨌든 이는 괜찮은 방식이다. 4~5주 동안 수확하고 나면 그 이후 생산성이 상당히 줄어들기 때문이다.

  우리는 품종에 따라 애호박의 길이가 15~20센티미터 사이일 때 수확한다. 이 길이일 때 애호박은 더 연하고 좋은 가격에 팔린다. 애호박이 너무 커지지 않게 수확은 2~3일마다 해야 한다. 이렇게 하면 애호박이 둥글어지지 않으면서도 새로운 열매 맺기가 촉진된다. 효과적인 수확을 위해 수확한 열매는 녹화용 자루tree planting bag(묘목을 옮겨 심을 때 쓰는 가방 혹은 자루. 보통 일종의 배낭처럼 자루 2개를 등에 멜 수 있게 만들어져 있다)에 담아 메고 양손을 자유롭게 해서 통로를 돌아다닌다. 애호박꽃은 고급 레스토랑에서 선호할 뿐만 아니라 종종 장터 고객에게도 인기 좋은 식자재이기도 하다. 그래서 애호박 작물 일부는 호박꽃 생산에 할애한다. 애호박꽃은 해가 뜰 때 햇빛을 받아 꽃이 제 잎을 펼치기 시작할 때 수확해야 한다. 이 일로 인해 오전 작업 부담이 더 늘어나지만 애호박꽃의 판매 가격을 고려하면 그만한 가치가 있다. 애호박은 저온저장고에서 약 1주일 동안 단단하게 보존된다. 애호박꽃은 매우 약하기 때문에 수확한 그날 판매해야 한다.

집약적 경작 간격　1고랑 - 포기 간격 60센티미터

선호 품종　플라토, 제피어(매우 예쁨), 선버스트(파티송 호박), 포르토피노(맛있음), 코스타타로마네스코(수꽃 생산 능력이 높음)

비료 타입　영양분이 많이 필요함

텃밭에 머무는 일 수　옮겨심기 후 70일

파종 횟수　3회(4월 4일, 5월 3일, 6월 20일)

양파 백합과

다른 곳과 마찬가지로 퀘벡에서도 가장 많이 소비되는 채소 중 하나가 양파라는 사실을 이야기하려고 통계 수치를 동원할 필요는 없다. 요리 레시피 대부분이 프라이팬에 양파를 투척하는 일로 시작되니 말이다. 신선한 양파는 연중 어느 때나 판매할 수 있으며 건양파는 대부분 동절기 보존용으로 판매된다. 하지만 가장 기본이 되는 식자재인 만큼 양파는 매우 저렴한 가격으로 판매된다. 우리 농장은 다양한 품종의 양파를 제공해 여타 대형업체들과 차별화를 시도했다. 염교나 치폴리니 양파처럼 인기 있는 품종은 일반 식료품점에서 찾아보기 힘든데, 우리 지역의 식도락가들은 이 품종을 우리 농산물을 취급하는 곳에서만 구입할 수 있다는 사실을 잘 알고 있다. 이들의 높은 수요에 부응하기 위해 우리는 제일 먼저 (퀘백에서 '엽교'라 불리는) 샐러드용 녹색양파를, 이후 신선 판매용으로 선정한 다른 품종들을 연속 생산한다. 마지막으로는 보존용 양파를 수확한다.

우리는 이 모든 종의 양파들을 3월 말에 파종하며 씨앗을 열어 놓은 포트트레이에 공중 살포해 공간을 많이 절약한다. 성장하는 동안 10~12센티미터 길이로 잎을 1~2회 잘라 내 생기를 더해 준다. 5월 초가 되면 질소가 풍부한 계분거름을 뿌려 놓은 밭에 모종을 정식定植(온상에서 기른 모종을 밭에 내어다 제대로 심는 일)한다. 이때 양파 새싹이 자리를 잘 잡을 수 있게 하려면 모종의 부엽토와 정식하는 땅의 흙이 잘 젖어 있는지 확인해야 한다. 또한 제대로 고정되기만 할 정도로 너무 깊지 않게 심는 것이 중요하다. 양파 새싹은 지표면에서 멀어져 깊이 묻히는 것을 좋아하지 않기 때문이다.

예전에는 대부분의 생산자들이 하듯이 우리 농장에서도 5~6센티미터 간격으로 어린 양파 모종을 고랑에 옮겨 심었다. 현재는 모종 간격을 늘렸는데 한 번에 모종 하나만 옮겨 심지 않고 모종 3~4개가 달린 흙덩어리째로 옮겨 심는 편이다. 이것은 작물의 간격을 최적화하는 동시에 모종 이식 작업 속도를 훨씬 높이는 방법이기도 하다. 뿐만 아니라 이후 괭이질을 이용한 제초 작업을 훨씬 쉽게 해 준다. 이 간격이 좁아 보일지 모르겠지만 양파가 잘 자라는 데에는 아무런 문제가 없다. 더불어 주기적으로 김을 매 준 부드러운 땅에서 커다란 양질의 구근을 형성하는 데 필요한 공간을 차지하는 것 역시 어렵지 않다. 이른 수확을 위해 우리는 모종을 옮겨 심은 직후 상당 부분을 (아치형 구조물로 지탱시킨) 이랑덮개로 덮어 준다. 이처럼 양파 모종을 기후적 요소로부터 보호해 주면 성장 초기에 많은 차이가 나타난다. 그래서 식물이 빠르게 성장할 수 있다. 모종이 제대로 자리 잡게 하고 잎의 빠른 성장을 촉진시키는 것이야말로 양파 생산 성공의 비밀이다.

양파 경작의 진정한 도전과제 중 하나는 풀을 통제하는 일이다. 나는 종종 양파가 '쉽게 풀이 자라는' 작물이라고 이야기한다. 실제로도 양파는 지피작물地被作物로 풀을 절대 제거할 수 없는 식물 중 하나다. 게다가 어느 시점에 이르면 식물에 상처를 내지 않고 경운하기가 어려우며 이 때문에 수많은 진균병과 박테리아성 질병에 노출된다. 안타깝지만 나로서는 성장 초기에 괭이질을 최대한 자주 해주고 한두 번씩 지나다니며 고랑에 올라온 풀을 일일이 손으로 뽑아 주는 것 외에는 최선의 방법을 모르겠다. 양파를 경작하기 전에 (이전 해에) 미리 해당 두둑의 제초작업을 잘해 놓을수록 다음 해에 풀을 처리하는 일이 한결 쉬워진다는 사실을 반드시 기억해야 한다. 윤작 계획을 구상할 때 이 점을 항상 염두에 두어야 한다. 우리는 양파 두둑을 깨끗하게 보존하는 데 성공했지만 풀(특히 별꽃아재비)이 종종 골치를 썩인다.

양파 방제의 경우 양파파리라는 해충 하나만 관리하면 된다. 우리는 이미 이 해충과 맞닥뜨린 적이 있는데 (해충이 작물에 가장 큰 피해를 주는 시기인) 산란기에 우리 경작물이 이랑덮개로 덮여 있었기 때문에 피해가 그렇게 크지 않았다. 게다가 양파는 수많은 진균병, 특히 노균병과 보트리티스균에 취약하다. 이 병은 우리가 처음 농사를 시작했을 때 수확물 상당량을 잃게 만든 주범이다. 그 이후로 우리는 병을 그때 가서 치료하기보다 사전에 예방해야 한다는 깨달음을 얻었다. 우기가 너무 오랫동안 계속되거나 우박이 오거나 식물의 잎에 상처가 났을 때, 혹은 초기 진균병을 감지해 냈을 때 우리는 매주 구리와 황을 번갈아 식물에 투입한다. 또한 최근 몇 년 동안에는 토양에 접종시키는 친환경살균제, 그리고 원인진균 성장을 저해하는 박테리아(고초균)를 실험해 보았다. 현재까지 결과는 매우 긍정적이다.

양파는 성장 단계 어느 때나 수확할 수 있기 때문에 수확기에 어느 정도 재량권이 생긴다. 해당 주에 판매가 썩 좋지 않을 것 같으면 양파를 말려 놓았다가 나중에 팔기도 한다. 보존용 양파는 손이 좀 더 가는 편인데, 적기에 수확하고 세척해 주어야 하기 때문이다. 이 보존용 양파는 잎이 죽어서 떨어져 내리면 수확 적기에 이르렀다는 신호다. 수확 적기에 이른 양파를 땅에서 뽑아 줄기를 잘라 내고(경령 위에 3센티미터 정도 꼬리를 남긴다) 텃밭에 며칠 동안 놓아두어 햇빛에 말린 뒤 마늘 말릴 때처럼 창고로 옮겨 계속 말린다. 경령이 더 이상 녹색이 아니고 완전히 막혔을 때 잘 마른 양파라 할 수 있다. 그다음 서로 다른 크기의 구근을 섞고 상처 난 구근은 잘 골라낸 뒤 양파 망에 담는다. 양파를 제대로 잘 말렸고 조심스럽게 다루었다면

(양파에 잘못 충격을 가하면 상처 받은 양파뿐만 아니라 그와 닿은 다른 양파까지 모두 썩을 수 있다) 어둡고 차가운 장소에서 4~7개월은 거뜬히 보존할 수 있다.

집약적 경작 간격   3고랑(줄 간격 25센티미터) - 포기 간격 25센티미터

선호 품종   퍼플레트(이른 작물, 샐러드용 푸른 양파), 시에라블랑카(달콤하고 커다란 품종, 건조시키지 않은 생채소로 판다), 알리사크레이그(스페인 품종), 레드윙(붉은색, 보존용), 골드코인(치폴리니 품종), 앰비션(프랑스 염교)

비료 타입   영양분이 많이 필요함

텃밭에 머무는 일 수   옮겨 심은 후 품종에 따라 50~110일

파종 횟수   1회, 5월 초에 옮겨 심음

오이 박과

우리는 텃밭에서 오이를 길러 보려고 했지만 몇 계절 동안 실패한 후 온실 안에서만 키우기로 했다. 터널이라는 환경은 부적절한 기후로부터 작물을 보호해 주기 때문에 사계절 내내 경작할 수 있게 해

주며 습기와 지표면에 접촉해 발생하는 질병의 피해를 줄이다 못해 거의 없애 준다. 또한 터널의 구조상 오이가 수직으로 자랄 수 있도록 지지망을 쳐서 생산 공간을 크게 넓힐 수 있다. 우리 농장에서는 (30센티미터) 두둑 3개를 동시에 운영하며 터널에서 오이를 길러 CSA의 모든 파트너와 생산자 직거래 장터에 충분히 공급하고 있다. 오이는 공간을 별로 차지하지 않으면서도 수익성은 토마토 다음으로 두 번째로 높은 채소다.

하우스 오이는 품종이 매우 다양하지만 우리는 특히 기다란 영국산 오이와 레바논산 오이를 선호한다. 이 두 종류 품종은 안에 씨가 없고 여러 질병에 저항력이 있으며 모기장으로 둘러싸인 온실에서 자랄 때 열매를 맺기 위한 화분 수정이 필요 없다.

우리 농장에서는 포트트레이에 오이를 파종해 전기장판 위에서 발아시킨다. 그렇게 발아한 싹은 포트 안에서 최소 15일 정도 머물다 이식된다. 하지만 봄에 첫 파종을 할 때 터널의 흙이 여전히 차갑기 때문에 땅에 직접 심기보다 커다란 화분에 새싹을 재이식해 육묘장에서 추가적으로 15일을 더 보내고 그동안 터널의 흙이 따뜻해지기를 기다린다. 그러는 동안 우리는 (온실에서 썼던) 반투명한 비닐을 설치해 땅을 데워 준다. 오이가 성장을 제대로 시작하려면 토양 온도가 적어도 18도 이상 되어야 한다.

모종을 내거나 재이식할 때는 굉장히 조심스럽게 작업한다. 오이 모종은 그 자체로 아주 연약하며 다양한 질병에 취약하기 때문이다. 흙덩어리를 떼낼 때 뿌리가 다치지 않도록 조심해야 하며 경령頸領(뿌리와 줄기의 경계부)에 흙이 덮이지 않도록 주의해야 한다. 제대로 옮겨 심은 후에는 터널을 가로지르는 금속 연결대에 줄을 매달아 지주를 세워 준다. 이 작업이 마무리되면 비로소 관리 작업이 시작되며 이는 상당히 까다로운 절차를 요구한다.

초반 몇 주 동안에는 오이가 6마디가 될 때까지 꽃과 작은 오이 열매를 제거한다. 이는 뿌리를 더 잘 자라게 하고 최상의 열매를 맺을 수 있게 하기 위해서다. 이 작업은 작물의 높이가 60센티미터에 이를 때까지 계속된다. 이후 오이가 6마디가 되면 2마디당 열매 하나만 남도록 순을 질러 준다(레바논 같은 품종의 경우 마디당 열매 2개를 남긴다). 순지르기(초목의 곁순을 잘라 내는 작업으로 곁눈따기, 순따주기 등으로 부른다) 작업은 작물에 열매가 너무 많이 달리면 열매의 성장이 상당 부분 중단되기 때문에 매우 중요하다. 열매가 너무 많이 맺히면 기형 오이가 달리거나 변색된 오이가 나타난다. 덩굴이 연결대 높이까지 자라날 때까지 이런 식으로 계속해서 순을 제거한다. 마침내 덩굴이 연결대에 다다르면 연결대 위로 지나가게 한 뒤 마지막에 생긴 가지에서 자식덩굴이 자라게 한다. 이후 어미덩굴은 아래로 계속 자라나는데 마디당 열매 1개만 남겨 놓고 순지르기를 계속한다(하지만 레바논 품종은 순지르기를 중단한다). 어미덩굴이 연결대로부터 6마디까지 자라나면 식물이 성장을 계속하는 데 새로운 에너지를 집중할 수 있도록 6마디의 머리 부분을 잘라 준다.

'우산' 형태라 부르는 이 순지르기 작업은 온실 생산을 할 때 굉장히 흔하게 하는 작업이며, 이론적으로는 농사철 내내 이 작업을 해서 한 작물에 여러 개의 열매가 달리게 할 수 있다. 하지만 우리는 성공하지 못했다. 생산한 지 6~7주가 되었을 때 작물 대부분이 박테리아성 썩음병에 걸려 죽었기 때문이다. 이 병은 잎벌레가 원인인 강력한 질병으로 터널의 열린 부분에 모기장을 쳐서 열심히 막아 보았지만 그 틈으로 잎벌레가 들어와 병을 전염시켰다. 해충 몇 마리를 죽이려고 살충제를 수차례 쓰고 싶지 않았기 때문에 우리는 이 침입자에 맞서 싸우기를 포기하고 또 다른 터널에 새로 오이 파종을 했다. 이상적인 해결책은 아니지만 오이 생산량은 그럭저럭 보장되는 수준이다. 두 번의 파종 기간 사이에는 터널의 남는 공간을 이용해 짧은 기간 동안 녹비를 기른다.

삽주벌레나 점박이응애 같은 또 다른 해충의 피해를 입을 때도 있다. 이런 경우에는 포식성응애(다른 응애류를 잡아먹고 생활하는 응애류를 풀어서 이 두 해충의 유충을 잡아먹게 한다. 포식성응애의 수를 늘리기 위해 터널에 간단한 분무 시스템을 설치해 놓았다. 이 같은 친환경적 해충 박멸 전략에는 추가적인 지출이 필요하지만 이미 확실한 긍정적 결과를 가져다주었다.

오이에 비료를 주는 일은 토마토에 비료를 주는 방식과 비슷하다. 퇴비와 계분거름, 황산가리를 부드럽게 갈아 식물 밑동의 흙에 섞어 준다. 그러나 우리 농장에서는 밭을 준비할 때 1회, 그리고 모종을 이식하고 나서 4주 후에 1회 주는 식으로 딱 2회만 나누어서 준다. 두 번째 줄 때에는 열매가 잘 자라도록 황산가리를 섞어 준다. 점적관개 방식으로 물을 주며 토마토에 하듯이 방수포로 땅을 덮어 준다. 이렇게 하면 외부 기후조건에 따라 매주 오이 1그루에서 2~3개의 열매(레바논 품종은 그 2배)를 얻을 수 있다.

우리는 영국산 오이가 25~35센티미터 길이일 때, 그리고 레바논산 오이가 약 15센티미터 길이일 때 수확한다. 수확은 일반적으로 2일에 1회, 날씨가 흐릴 때는 3일에 1회 한다. 수확한 즉시 오이를 찬물 욕조에 담가 둔 뒤, 배수가 잘 되는 상자에 넣어 뚜껑을 닫고 저온저장고에 보관한다. 이렇게 취급한 오이는 약 1주일 동안 단단하게 유지된다. 또한 얇은 비닐에 각각 따로 포장해 더 오랫동안 사각사각한 식감을 유지할 수 있도록 보관할 수도 있다.

집약적 경작 간격   1고랑 - 포기 간격 45센티미터

선호 품종   스위트석세스(영국산), 자웰(레바논산)

비료 타입   영양분이 많이 필요함

텃밭에 머무는 일 수   다음 파종을 하기 전 55~75일

파종 횟수   2회(4월 10일, 7월 1일)

완두콩 콩과

완두콩은 콩깍지째로 먹는 콩이며 신선함을 즐기기 위해 종종 날로도 먹는 채소다. 우리 가두판매점에 1년 중 맨 처음 도착하는 완두콩은 새로운 농사철이 시작된다는 것을 알리는 신호로, 맛이 좋아 늘 인기가 많다. 그러나 강낭콩과 마찬가지로 수확 작업이 힘들 뿐만 아니라 지주를 설치하고 세워 주는 작업을 해야 하기 때문에 상당한 노고가 필요하다. 그래서 우리는 완두콩과 강낭콩의 순차적 경작을 계획해 둘을 동시에 수확하는 일을 피하고 있다. 또한 완두콩은 주저하지 말고 좋은 가격에 팔아야 한다. 우리 같은 경우 고객이 가격에 토를 달면 우리 완두콩은 중국 수입산이 아니며 이 가격은 우리가 완두콩을 기르기 위한 최소 조건이라고 설명한다.

완두콩은 차가운 땅에서 잘 발아하기 때문에 매우 이른 시기인 4월 초에 파종해 이랑덮개로 덮어 준다. 텃밭에 직파하며 고랑 하나에 손으로 씨를 뿌리되 간격을 매우 좁게 한다. 이러한 간격은 생산 측면에서 보면 최상이 아니지만 수확과 제초를 매우 쉽게 할 수 있게 해 준다.

비록 지지망 작업을 하는 데 손이 더 가기는 하지만 우리는 더 오래 잘 견디며 생산성이 높고 맛도 좋은 왜성 품종을 선호한다. 두둑에서 5미터 간격으로 늘어선 지주에 선을 연결한 뒤 작물을 지탱해 완두콩이 수직으로 자라도록 돕는다. 이 작업을 매주 반복해 작물이 잘 고정되게 한다.

완두콩 경작은 단순하다. 강력한 해충은 딱히 없고, 진균병 발생을 저지하기 위해 잎이 이슬이나 비에 젖었을 때 수확하지 않는다. 맛을 최대한으로 끌어올리려면 콩알이 꼬투리 안에서 팽팽하게 부풀어 오르고 콩알이 둥글 때 수확해야 한다. 이 단계가 지나면 완두콩이 질겨지기 때문에 2~3일마다 수확한다. 수확할 때는 인체에 피로한 자세일 뿐만 아니라 시간도 오래 걸리지만 상당히 집중해 두 손으로 직접 콩을 따야 한다. 이는 우리가 이 일에 참여하는 수확 도우미들에게 끝없이 강조하는 메시지다. 완두콩은 저온저장고에서 약 1주일 동안만 신선하게 보존되기 때문에 최대한 빨리 판매해야 한다.

집약적 경작 간격   1고랑 - 포기 간격 1센티미터

선호 품종   슈퍼슈가스냅(아주 좋은 품종)

비료 타입   전혀 필요하지 않음

텃밭에 머무는 일 수   수확하는 2~3주를 포함해 85일 전후

파종 횟수   2회(4월 19일, 5월 13일)

치커리 국화과

치커리는 안타깝게도 대체로 쓴 맛을 좋아하지 않는 퀘벡 사람들이 그다지 선호하지 않는 채소다. 더 잘 알려지지 않은 적색치커리 radicchio, 꽃상추endive, 풀상치scarole도 마찬가지다. 하지만 이러한 상황은 아마 차차 변할 것이다.

어쨌든 우리는 샐러드채소에 추가시키려고 치커리를 기르고 있다. 치커리는 다른 샐러드채소와 함께 섞였을 때 풍부한 질감과 부피를 자랑하며 병충해에 매우 취약한 다른 푸른잎채소와 달리 경작하기도 매우 쉽다. 치커리는 빨리 자라며 추위에 강할 뿐만 아니라 더위도 잘 견딘다. 뜯어먹는 생물도 없으며 경작 면적에 비해 생산성이 높다. 우리 농장에서는 포트트레이에서 파종을 시작하며 적절한 크기로 자라날 수 있는 간격을 고려해 모종을 이식한다. 뽀얀 빛깔에 매우 부드러우며 삐죽빼죽한 형태의 어린잎으로 이루어져 있는 가운데 부분이 가장 인기 있다. 수확할 때는 한 통을 통째로 잘라 낸 뒤 (하나의 치커리 두둑에서 여러 번 수확하기 위해) 다시 반으로 갈라 가운데 부분만 남긴다. 깨끗하게 자르기 위해 날이 긴 나이프(우리는 오피넬 나이프를 선호한다)를 사용하며 수확 상자를 도마로 삼는다.

잘리고 나면 치커리는 새 잎을 내는데 약 15일 후면 다음 번 수확이 가능하다. 또한 가운데 부분을 더 크게 키우려고 일부러 치커리를 더 오랫동안 놓아두는 경우도 있다. 치커리 통이 커지면 커질수록 어린잎은 더 뽀얗고 길이도 길다. 이 효과를 배가시키려면 바깥잎 주변에 1~2주 정도 고무줄을 묶어 더 뽀얗게 만들어 줄 수도 있다. 세척은 기존에 샐러드채소를 세척하는 방식으로 진행한다.

집약적 경작 간격   4고랑(줄 간격 15센티미터) - 포기 간격 15센티미터
선호 품종   매우 가느다란 것(프리제 치커리), 로도스
비료 타입   영양분이 별로 필요 없음
텃밭에 머무는 일 수   3회 정도 잘라 내는 데 필요한 시간인 75일 전후
파종 횟수   2회(5월 11일, 7월 11일)

케일과 근대 십자화과, 명아주과

케일과 근대는 각기 다른 과 작물이지만 우리는 이 둘을 거의 같은 방식으로 경작하기 때문에 편의상 묶어서 이야기하겠다. 이 두 작물은 시금치와 다른 아시아 푸른잎채소들과 함께 우리 바구니 내용물을 다채롭게 하려고 기르는 주요한 푸른잎채소다. 둘 중 케일이 더

대중적이며 특히 생식을 좋아하는 사람에게 인기가 많다. 비타민과 미네랄, 게다가 단백질까지 풍부하기로 유명한 채소이기 때문이다.

케일과 근대는 반다년생 작물이다. 즉, 농사철 중에 하나의 작물에서 잎을 몇 차례 수확할 수 있다는 뜻이다. 봄에 케일의 첫 파종을 실시하고 여름에 근대를 파종한다. 그리고 가을에 케일을 한 번 더 파종한다. 모두 포트트레이에 파종하고 이후 모종을 옮겨 심는다. 이러한 순차적 경작은 두 작물이 지닌 각각의 장점을 이용하는 방법이다. 케일은 찬 기후에서 잘 자라는 만큼 이른 봄에 옮겨 심는다. 농사철이 끝날 무렵의 케일은 더욱 매력적이다. 서리에도 잘 견디며 (영하 10도까지 견딘다) 농사철이 끝날 때까지 밭에 머문다. 이 2회 파종 사이에 근대는 농장에 필요한 녹색 채소가 되어 주는데, 아주 더운 시기에도 씨를 맺지 않는 식물이기 때문에 여름 내내 수확할 수 있다.

케일과 근대는 평소에 그다지 많은 관리를 해 줄 필요가 없으며 영양분도 많이 필요 없는 작물이다. 그렇지만 벼룩잎벌레는 문제가 될 수 있으며 특히 여름이 건조하고 뜨거울 때는 상당한 피해를 야기할 수 있다. 우리는 위험을 감수하기보다 방충망을 이용해 이 두 작물을 보호한다. 특히 근대는 비트에서도 찾아볼 수 있는 진균병인 서코스포라 고사병에 시달릴 수 있기 때문에 질병에 걸리지 않도록 섬세한 주의의 손길이 필요하다. 진균을 빠르게 검출해 내면 병에 걸린 잎만 제거해 고사병이 전체로 퍼져 나가는 일을 막을 수 있다. 그러나 식물 전체에 병균이 퍼져 나갔다면 경작이 끝날 때까지 살진균제를 가지고 일시적으로 개입한다.

  수확할 때는 케일이나 근대 모두 바깥 잎을 잘라 내 단으로 만든다. 그러면 작물이 자라면서 안쪽에서 새로운 잎이 나 수확이 몇 주 동안 이어진다. 얼마 지나면 잎이 너무 질겨지는데 이때가 되면 새로이 파종을 해서 기존 작물을 대체해야 한다. 일반적으로 잎채소는 수확한 뒤 바로 차게 식혀 저온저장고에 넣으면 1주일 이상 보존할 수 있다. 케일과 근대도 마찬가지다.

집약적 경작 간격   3고랑(줄 간격 25센티미터) - 포기 간격 30센티미터

선호 품종   레드러시안(봄 케일), 다이노소어(가을 케일), 브라이트라이트(근대)

비료 타입   영양분이 별로 필요 없음

텃밭에 머무는 일 수   수확하는 5~6주 기간을 포함해 90일 전후

파종 횟수   3회(4월 9일, 6월 10일, 7월 5일)

콜라비 십자화과

콜라비는 잘 알려지지 않은 채소다. 신기한 생김새 때문에 가두판매점에 내놓으면 사람들이 관심을 보이고 쑥덕거리기도 한다. 콜라비는 모양새만 호감을 느끼게 하는 것이 아니라 맛있고 영양가가 높은 채소이기도 하다. 그렇기 때문에 우리는 장터에서 판매를 촉진하기 위해 콜라비를 날것으로 잘라 시식용으로 내 놓는다.

  콜라비를 경작하는 일은 상당히 매력적이다. 빨리 자라고 추위에 강하며 이식한 지 몇 주 만에 곧바로 수확할 수 있는 채소이기 때문이다. 따뜻하고 건조한 날씨에 구근이 영향을 받아서 래디시처럼 단단해지거나 매콤해질 수 있기 때문에, 우리 농장에서는 봄에 1회, 가을에 1회만 파종한다. 처음 파종한 작물은 낮 기온이 23도에 이를 때까지 이랑덮개 아래에 놓아둔다. 이랑덮개는 봄에 문제를 야기할 수 있는 벼룩잎벌레로부터 작물을 보호해 주는 역할도 한다. 꽃양배추혹파리의 공격을 받을 수도 있기 때문에 두 번째 파종한 작물은 방충망 아래에서 기른다. 브로콜리나 꽃양배추 옆에 파종해 하나의 방충망으로 이중의 효과를 볼 수 있게 한다.

  일반적으로는 덩이줄기의 직경이 6~8센티미터에 달할 때 수확한다. 우리는 먹을 수 있는 잎 일부를 남긴 채 콜라비를 3개씩 묶어서

한 단으로 판다. 잎을 제거한 콜라비를 밀폐된 상자에 넣어 저온저장고에 보관하면 몇 달간 보존할 수 있다.

집약적 경작 간격　　3고랑(줄 간격 25센티미터) - 포기 간격 20센티미터

선호 품종　　코리도어(스탠더드), 콜리브리(연보라색), 코삭(가을, 커다랗고 서리가 내려도 잘 견딤)

비료 타입　　영양분이 별로 필요 없음

텃밭에 머무는 일 수　　옮겨심기 후 40일 전후

파종 횟수　　2회(4월 10일, 7월 1일)

콜리플라워 십자화과

콜리플라워 경작은 대부분 브로콜리와 비슷하다. 비료가 얼마나 필요한지, 방제를 위해 어떤 대책을 세워야 하는지, 수확할 때 유의점은 무엇인지, 브로콜리 경작법을 참조할 수 있다. 하지만 콜리플라워만의 특징이 존재하는데, 이는 추가적인 도전과제다. 콜리플라워는 경작할 때 많은 관리가 필요하며 처음 시도할 때는 성공하기 어려울

수도 있다.

콜리플라워는 추운 날씨에도 잘 자라지만 브로콜리에 비해 기후 변화에 잘 적응하지 못하는 편이다. 땅에 내리는 약한 서리만 견딜 수 있으며 15도 전후의 기온이어야 한다. 스트레스를 받으면 꽃망울이 너무 일찍 맺혀서 갑자기 작고 변덕스러운 작물이 되어 버린다. 이렇게 된 콜리플라워를 가리켜 우리는 '삐졌다'고 이야기한다. 작물이 성숙에 이르기 전 이런 상황이 발생하면 콜리플라워 경작은 거의 망쳤다고 보아야 한다. 콜리플라워를 제대로 키우는 일은 각 계절의 기온에 달려 있으며 성공적인 수확이 절대 보장되어 있지 않다.

최적의 기후조건에서 콜리플라워를 경작하기 위해 우리는 콜리플라워 파종을 단 2회만 계획한다. 첫 번째는 봄에 이르게 파종하는데, 자라는 동안 대부분 이랑덮개를 덮어 준다. 두 번째는 여름 늦게 파종하는데, 보통 날씨가 너무 추워지기 전에 열매가 성숙한다. 이 두 경우 모두 혹파리 피해를 막기 위해 작물에 방충망을 덮어 주어야 한다.

고객들이 바라는 깨끗하고 하얀 콜리플라워를 성공적으로 재배하려면 열매를 햇빛과 (썩지 않도록) 비로부터 보호해야 하며 수확할 때까지 빛을 잘 차단해 주어야 한다. 이를 위해서는 콜리플라워가 여물기 시작하자마자, 즉 수확하기 5~10일 전부터 머리 부분을 측면의 잎으로 덮어 주어야 한다. 잎 전체를 고무줄로 묶어 놓을 수도 있고 그냥 부러뜨려서 열매를 덮어 놓을 수도 있다. 우리는 콜리플라워가 수확해도 되는 상태가 되었는지 재빨리 확인할 수 있기 때문에 후자를 선호한다. 브로콜리와 마찬가지로 콜리플라워를 제때 수확하려면 꽃송이를 피우기 전에 열매가 단단하고 실해지기를 기다려야 한다. 이 상태는 꽃송이의 머리 직경이 15~20센티미터에 달할 때 나타난다. 머리가 너무 작더라도 이미 꽃을 맺기 시작했다면 더 자라지 않기 때문에 즉시 수확해야 한다. 수확하고 나면 재빨리 차게 식혀서 저온저장고에 보관해 두었다가 판매한다.

집약적 경작 간격　　2고랑(줄 간격 35센티미터) - 포기 간격 45센티미터

선호 품종　　미뉴트맨(봄), 비숍(가을)

비료 타입　　영양분이 많이 필요함

텃밭에 머무는 일 수　　옮겨심기 후 80일 전후

파종 횟수　　2회(4월 24일, 6월 15일)

토마토 가지과

식료품점에서 판매되는 토마토는 대체로 평이 좋지 않다. 모양 자체는 예쁘고 동그랄지 모르나 맛은 보통

밍밍하고 실망스럽기 그지없다. 텃밭농부는 바로 그러한 상황을 이용해 득을 볼 수 있다. 직접 판매의 가장 커다란 이점 중 하나는 대형 식료품 유통업을 통해 판매되는 채소와 다르게 가지에 달린 채 충분히 익은 토마토를 수확해 판매할 수 있다는 점이다. 이런 토마토는 보존 기간이 더 짧을지는 모르나 제대로 익은 맛을 경험할 수 있게 해 준다. 그리고 대부분의 사람들 대부분이 '진짜' 토마토에 값을 지불할 준비가 되어 있다. 그렇기 때문에 토마토는 수익성이 가장 높은 작물 중 하나라고 할 수 있다.

    우리는 몇 년 전부터 모든 토마토를 더 이상 텃밭에서 직접 경작하지 않고 토마토 전용 온실에서 기르고 있다. 이러한 경작 방식 덕분에 텃밭에서 기를 때 토마토를 자주 습격하던 병충해 대부분이 사라졌고 농사철을 약 2개월 정도 연장할 수 있었다. 우리는 토마토 가격이 제일 높은 6월 중순에 첫 생산을 할 수 있도록 파종 날짜를 계산해 놓았다. 통제된 환경에서 토마토를 경작하면 수확물의 질이 향상될 뿐만 아니라 수확량이 훨씬 늘어난다. 온실 경작방식을 준수해 토마토를 기르면 생산량이 10배까지 높아질 수 있다. 물론 이는 시간과 돈의 투자를 필요로 하지만 충분히 그럴 만한 가치가 있다. 물론 여기서 내가 이야기하는 것은 용기 안에서 키우거나 수경재배하는 토마토가 아니라 살아 숨 쉬는 땅에서 키우는 하우스 토마토다. 그렇게 용기나 수경재배 등으로 키우면 토마토의 풍미가 곧잘 사라져 버린다.

    토마토 생산 과정을 자세히 논하는 일은 너무 할 이야기 많기 때문에 이런 종류의 가이드북에서 다루기에 적합하지 않다. 다양한 기술적 요인과 관련이 있는 토마토 생산은 별도의 전문성을 요하는 일이기 때문에 이 주제에 관심이 있다면 더 상세한 내용이 담긴 책을 읽어 보기를 바란다. 특히 2000년대에 퀘벡 생물병충해 방제 알림 네트워크RAP가 만든 보고서 〈톰푸스Tom' Pousse〉를 추천하며 이 책의 정보를 참고문헌에 실어 놓았다. 그렇지만 참고삼아 우리가 진행하는 방식의 대략적인 가이드라인을 이야기해 보겠다.

6월의 첫 장터에 내놓을 토마토를 생산하기 위해 우리는 첫 파종을 2월 말에 파종실 내부에서 시작하며 4월 첫 주에 옮겨 심는다. 토마토 생산성을 높이려면 모종의 품질을 확보해야 하며 이 품질 향상을 위해 우리 농장에서는 최선을 다한다. (최소한 일부라도) 육묘장을 (6장 참조) 최적의 온도로 (밤에는 18도에서 낮에는 25도) 세팅해 성장을 촉진한다. 새싹들은 15센티미터 직경의 화분에 재이식한다. 그러면 뿌리가 공간을 최대로 차지하고 영양분을 최대한 흡수하면서 성장을 계속해 나갈 수 있다. 우리는 새싹이 튼튼해져서 진한 초록색을 띠며 길이가 2.5~3센티미터 사이에 이르면 옮겨 심을 준비를 한다.

우리는 하우스 토마토의 접목도 시행한다. 이 단순하고도 구체적인 과정은 특성이 서로 다른 두 작물을 잘라 (하나는 다양한 질병에 저항력이 있는 커다란 근계根系를 지닌 대목臺木(접을 붙일 때 그 바탕이 되는 나무), 다른 하나는 원하는 품종의 열매를 얻게 해 주는 접수椄穗(접을 붙일 때 바탕이 되는 나무에 나뭇가지를 꽂음)) 작은 핀셋을 이용해 서로 붙이는 작업으로 이루어진다. 접목이 성공하면 두 작물은 서로 융합해 서로에게서 나올 수 있는 최상의 결과물을 제공한다. 접목은 주로 대부분의 뿌리병, 특히 윤작을 하지 않아 발생하는 코르크뿌리병corky root, Inoculum Pyrenochaeta을 피하려고 실시한다. 또한 접목은 작물의 생산성을 상당히 향상시켜 주기 때문에 뿌리병 유무와는 관계없이 상당히 수익성이 높은 방식이다. 구체적인 접목 과정을 설명한 참고도서는 쉽게 찾을 수 있지만 접목법을 배우는 최고의 방법은 경험 많은 온실재배업자 밑에서 접목 실습을 해 보는 것이다.

온실의 경우 통로의 폭보다 두둑의 폭이 더 좁도록 (두둑은 60센티미터, 통로는 1미터) 수정했다. 이러한 간격 덕분에 수확이 매우 쉬워지며 작물이 두둑 가운데에서부터 양옆 통로를 향해 V자 형태로 자라나도록 지주를 세울 수 있다. 우리는 1제곱미터당 모종 2.5개 밀도를 목표로 하는데 이는 각 작물 사이에 약 22센티미터의 간격을 두는 결과로 나타난다. 이러한 집약적 간격 때문에 굉장히 튼튼한 구조물이 필요하다(작물 하나가 약 4.5~5.5킬로그램의 열매를 맺으며 두둑 하나당 100개 이상의 작물이 자란다). 우리 농장에서는 세로 방향으로 각 두둑을 가로지르는 금속 연결대 2개 중 하나에 매달린 줄을 이용해 모종에 지주를 세워 준다. 이 금속 연결대는 간격 75센티미터 높이 약 2.5미터에 달한다. 이 연결대가 튼튼해야 하며 (적어도 9번 와이어로) 토마토의 무게를 감당할 정도로 팽팽해야 한다는 점이 중요하다. 작물은 두둑 중심에서 양측 통로를 향해 V자 형태로 자라난다.

토마토는 높이가 정해져 있지 않은 작물이기 때문에 줄로 감싸 주면 이를 타고 올라가면서 더 높이 자라난다. 매주 순지르기 작업을 해 주며 2주마다 잎을 따 준다. 각 열매의 크기와 작물의 균형을 극대화하기 위해 토마토 송이를 잘라 준다. 토마토 작물이 줄에 닿으면 작물을 옆으로 기울여서 높이를 30센티미터 정도 낮춰 준 후 그쪽 방향으로 다시 지주를 세운다. 수확이 끝나기 8주 전 토마토 작물의 머리 부분을 잘라 마지막 열매들이 성숙할 수 있게 해 준다. 이 모든 작업은 외부 기온을 고려해 진행하며 엄밀한 관리를 해 주어야 한다. 모든 변수의 관리를 최적화하기 위해 우리는 온실 생산에 특화된 동호회에 가입했다. 정기적으로 만나 전문가에게 도움을 요청하면서 올바른 온실 생산 방식이 무엇인지 많은 것을 배울 수 있었다.

온실에서 사용하는 생산 방식 자체는 복잡하지만 우리 온실의 구조까지 복잡한 것은 아니다. 이는 매우 중요하게 짚고 넘어가야 하는 사항이다. 사실 온실재배업자들은 섣부르게 생산을 조절하고 개선해 주는 온갖 종류의 설비에 돈을 쏟아 붓기 쉽다. 우리 온실은 수동으로 환기시키며 우리가 갖춘 자동화 장비는 온도조절장치와 점적관개 자동 조절 타이머뿐이다. 어느 정도의 노하우를 갖추면 수수한 온실에서도 얼마든지 토마토를 성공적으로 생산할 수 있다.

생산이 집약적이기 때문에 우리의 토마토 생산에는 상당량의 비료가 필요하다. 비료 양이 적절한지 확인하기 위해 매달 곤충퇴비, 계분거름과 황산가리 혼합물을 나누어서 작물의 발치에 뿌린 뒤 땅을 가볍게 갈아서 이를 잘 섞어 준다. 이 비료 물질들이 적절히 무기물화되려면 토양의 습기 유지가 중요하다. 그러기 위해 우리는 땅에 자외선 차단 처리를 한 1.2미터 길이 방수포를 덮어 통로와 두둑 절반(작물 아래쪽까지)을 가려 준다. 방수포는 앞뒤 면이 색깔이 서로 다른데, 흰색 면을 위쪽에 위치시켜 햇빛이 작물에 전달될 수 있도록 하고 지렁이가 좋아하는 검은색 면은 바닥을 향하게 한다. 지렁이는 토마토 작물 근처 땅속을 돌아다니며 토양을 부드럽게 만드는 데 핵심적인 역할을 한다. 매달 퇴비를 뿌리려고 방수포를 걷을 때마다 우리는 지렁이가 토질 향상에 얼마나 큰 기여를 했는지 보고 기분 좋게 놀라곤 한다.

토마토 관련 질병 대부분은 습기, 혹은 너무 오랫동안 젖어 있는 잎 때문에 발생한다. 이 문제 해결에 우리는 큰 성과를 거두었다. 날씨가 좋건 나쁘건 매일 아침 양쪽 끝을 반쯤 열어 둔 채 온실을 1시간 정도 난방한다. 이러면 밤에 생긴 습기가 빠져 나가며 식물의 잎을 마르게 할 수 있다. 이 방법을 도입한 이후로 우리 온실은 농사철이 끝날 때까지 건강하게 유지되었다.

우리 하우스 토마토는 해충 문제로 골머리를 앓은 적이 없는데, 간혹 송충이가 나타나기는 하지만 비티균을 적용해 쉽게 제거하고 있다.

일단 생산이 시작되면 농사철 상당 기간 동안 2~3일마다 토마토를 수확한다. 비프스테이크 품종은 꽃받침이 달린 상태로 열매를 수확한다. 송이토마토의 경우 송이의 큰 줄기를 잘라서 수확한다. 이 송이의 줄기와 꽃받침이 토마토에 독특한 풍미를 더해 주기 때문이다. 우리는 통로 이동에 적합한 크기인 수확용 손수레를 이용하는데, 여기에 하우스 토마토가 담긴 상자들을 쌓아 올린다. 이렇게 수확한 토마토는 실온에서 약 1주일간 보관할 수 있다. 토마토는 질감과 맛이 상당 부분 손실되기 때문에 절대로 저온저장고에 보존하면 안된다.

집약적 경작 간격 1고랑 - 포기 간격 23센티미터

선호 품종 마카레나(커다랗고 맛이 좋음), 트러스트(신뢰할 만한 품종), 레드딜라이트(칵테일용), 파보리타(방울토마토)

비료 타입 영양분이 많이 필요함

텃밭에 머무는 일 수 전 계절

파종 횟수 2회, 데워 놓은 온실에 4월 중순, 5월 중순에 옮겨 심음

파 백합과

 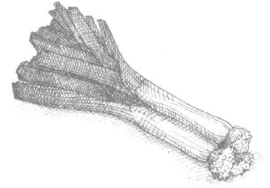

우리는 몇 계절을 보낸 후에야 질 좋은 파를 재배하는 법을 이해하게 되었다. 기르기 어렵거나 신경 쓸 부분이 많은 채소라서 그런 게 아니라 우리 고객 대부분이 파의 하얀 밑동 부분밖에 먹지 않기 때

문이다. 이러한 현실을 인식한 후에야 우리는 흰 밑동 부분이 긴 파를 생산하는 법을 익혔다.

우리는 아주 이른 봄에 파를 파종한다. 파는 토마토와 함께 가장 먼저 씨를 뿌리는 작물이다. 이는 빨리 수확하기 위해서가 아니라 (파는 가을이 오고 나서야 잘 팔린다) 파를 최대한 길게 기른 후에 옮겨 심기 위해서다. 옮겨심기는 양파와 거의 비슷한 방식으로 진행하지만 파가 화분 안에 머무를 때 잘라 내지 않는다. 또한 새싹의 뿌리가 최대한 자랄 수 있도록 매우 깊은 용기를 사용한다. 우리 농장에서는 파를 단 1회만 파종해 (하지만 성장주기가 다른 여러 품종을 사용한다) 5월 초 텃밭에 정식한다. 우리가 바라는 길이인 25센티미터 이상, 굵기는 크레파스와 비슷할 정도로 자라나기까지 약 10주가 걸린다.

앞서도 언급했듯이 땅 아래 줄기가 깊이 내려가 있을 수록 하얀 밑동이 긴 파를 얻을 수 있다. 그렇기 때문에 오래전부터 파는 자라는 도중에 두둑을 만들어 주었고, 북주기(흙으로 작물의 뿌리나 밑줄기를 두둑하게 덮어 주는 일)에 필요한 밭고랑을 고려해 간격을 두었다. 75센티미터 폭이라면 두둑당 2개의 고랑을 의미한다. 우리가 사용한 경작 방식을 이용하면 두둑당 3개의 고랑을 경작할 수 있으며 흙을 더 넣어 주는 작업을 하지 않아도 된다.

우리는 다음과 같이 작업한다. 모종을 옮겨 심을 때 둥근 끝을 사용해 땅에 직경 25밀리미터, 깊이 20센티미터 구멍을 판다. 그다음 어린 파의 뿌리를 약 2센티미터 길이로 잘라 준 후, 이 묘목을 구멍 안에 넣어 준다. 이때 구멍을 꽉 채우지 않아야 한다. 관개용 호스로 파에 물을 주어서 뿌리 위에 흙이 어느 정도 덮이게 한다. 이 구멍은 이후 몇 주 동안 괭이질을 해 주면 자연스레 흙과 물로 차오르게 된다.

처음 이 방식을 시도했을 때 우리는 구멍에서 나온 잎의 길이가 5센티미터밖에 안 되어서 어린 묘목이 빛을 충분히 받지 못할지도 모른다고 생각했다. 하지만 전혀 걱정할 필요가 없었다. 이 작업은 이후 20센티미터 길이의 새하얀 밑동이라는 결실을 맺었다. 파가 아주 굵은 편은 아니었지만 2고랑 대신 3고랑으로 경작하면서 1제곱미터당 생산성이 확연히 증가했다. 가을파의 경우 계절 중간에 파 묘목 주변에 짚을 덮어 주어서 이 효과를 급증시켰다. 이런 방식 덕분에 우리는 하얀 밑동 부분이 30센티미터 길이에 달하는 파를 생산할 수 있었다. 고객이 새하얀 밑동이 긴 파를 대단히 만족스러워 했기 때문에 그렇게 키우는 노하우를 알게 된 셈이다.

파는 양파보다 질병에 덜 취약하며 파좀나방을 제외하면 강력한 해충도 없는 편이다. 파좀나방 같은 경우 파좀나방 유충이 파의 밑동 속에 긴 통로를 만들기 때문에 결국 파를 못 쓰게 만든다. 이 해충은 언제나 우리 텃밭에 오기 때문에 우리는 8월 말에서 9월 초, 가장 강력한 산란기에 방충망으로 파를 덮어 둔다. 방충망 외에 파를 기르기 위해 필요한 유일한 관리는 괭이를 이용한 주기적인 제초 작업이다. 왜냐하면 작물 간 경작 간격이 가까운 경우 반드시 풀의 증식을 막아야 하기 때문이다.

파는 수확시기가 가장 자유로운 작물 중 하나다. 어느 성장 단계에서나 수확할 수 있으며 농사철이 끝날 때까지 밭에 머무를 수 있을 정도로 추위를 잘 견디기 때문이다. 여름파나 가을파는 크기가 어느 정도 커지거나 (직경이 약 3센티미터) 혹은 주문이 들어오면 수확한다. 다발로 묶어서 판매하며 크기에 따라 묶어 놓은 개수가 달라진다. 외관상 좋아 보이도록 뿌리를 베어 내고 위쪽 잎을 V 형태로 잘라 낸다. 파는 저온저장고에서 아무런 문제없이 몇 달 동안 보존된다.

집약적 경작 간격　　3고랑(줄 간격 25센티미터) - 포기 간격 15센티미터

선호 품종　　바르나(여름), 킹리처드(여름), 메가톤(가을)

비료 타입　　영양분이 많이 필요함

텃밭에 머무는 일 수　　옮겨 심은 후 75~130일

파종 횟수　　1회, 5월 초에 옮겨 심음

파프리카 가지과

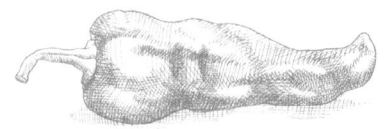

파프리카는 뜨거운 날씨를 좋아하고 토마토처럼 가지에 달린 채 익어 가며 맛의 질을 높이는 채소다. 그렇게 달콤해진 파프리카는 모두가 좋아하는데, 특히 아이들은 사과나 멜론을 먹듯이 파프리카를 날로 먹으며 열광적으로 좋아한다. 붉은색 파프리카는 가격 또한 높은 편이라 우리 농장에서는 이를 터널에서 매우 이른 시기에 생산하며, 역시 높은 가격으로 판매하기 위해 중간 크기 열매를 맺는 품종을 택한다. 내 경험상 대부분의 사람들은 파프리카 1개를 3달러에 사는 것은 부담스러워 하지만 작은 파프리카 2개를 4달러에 사는 것은 개의치 않는다.

우리는 파프리카를 대부분 오이를 생산하는 터널에서 경작해 생산시기를 앞당긴다. 파종은 토마토와 마찬가지 방식으로 약 8주 정도 기다렸다가 따뜻해진 밭에 옮겨 심는다(오이 항목 참조). 일단 옮겨 심은 모종은 (열매가 달렸을 때 똑바로 서도록) 1.5미터 길이의 기둥으로 지주를 세워 주고 성장 초기에 몇 차례 순지르기를 해 뿌리가 잘 자라게 해 준다. 매일 점적관개장치로 관수하며 강우량 2센티미터에 해당하는 양의 물을 매주 준다. 파프리카는 토마토나 오이보다 영양분을 덜 필요로 하는 작물로 초기에 한 번만 비료를 투입하면 필요한 영양분을 충족시킬 수 있다.

8월 중순이 되면 식물의 머리 부분을 잘라 내 (각 주요 줄기 상단을 마지막 열매 위쪽에서 잘라 낸다) 새로운 열매의 생산을 멈추고 이미 맺은 열매를 더 잘 익게 하는 데 에너지를 집중시킨다.

파프리카를 경작하며 종종 맞닥뜨리는 문제 중 하나는 배꼽썩음병이다. 이 병에 걸리면 열매 아래쪽에 검은색 (혹은 베이지색) 얼룩이 생겨 판매를 할 수 없다. 배꼽썩음병은 그 자체로 하나의 질병이 아니라 오히려 칼슘 부족으로 인한 생리학적 이상이라 할 수 있다. 이 같은 칼슘 부족은 강한 성장 자극을 받는 동안 받는 수분 스트레스 때문에 생긴다. 타이머로 조절하는 관개장치를 이용하면 토양의 수분 부족을 대부분 예방할 수 있다. 어쨌든 이는 우리가 사전에 예방해야 하는 종종 만나게 되는 문제다. 열매를 맺는 달 (7월에서 8월 중순) 동안에는 파프리카가 빠르게 커지므로 매주 점적관개장치를 이용해 칼슘을 추가로 주입한다. 이러한 적하시비법fertigation(관수 장치의 물에 비료분을 섞는 것) 기술은 매우 단순하다. 식물에 용해성 칼슘을 천천히 공급할 인젝터injector를 일반용 외부 밸브에 연결만 하면 된다.

파프리카는 가지와 마찬가지로 장님노린재의 습격을 받을 수 있다. 작물 상태가 매우 좋음에도 불구하고 전혀 열매를 맺지 않는다면 장님노린재 습격을 의심해 보아야 한다. 그래서 개입하기 전에 제대로 진단하는 일이 무엇보다 중요하다. 이 문제에 다른 원인이 있을 수 있기 때문이다. 밖에서 기르는 가지만큼 해충이 널리 퍼지지 않은 것을 보면 우리의 파프리카 터널에 모기장을 설치한 덕분에 해충의 침입을 막을 수 있었던 것 같다. 어떤 해에는 진디 또한 상당한 피해를 야기하며 식물의 성장을 저해하곤 했다. 진디의 침입이 (특히 경작 초기에) 심각한 문제가 되는 일을 예방하려면 침입원을 발견하고 재빨리 개입해야 한다. 만약 해충이 늘어나기 전에 이를 발견한 경우 (진디를 아주 좋아하는) 무당벌레 몇 마리를 터널에 넣어 주면 문제가 종종 해결되기도 한다. 무당벌레가 배송되기를 기다리며 (1주일 이상이 걸리기도 한다) 우리는 진디가 있는 작물 각각에 제충국제를 살포한다. 이 같은 진디 방제 방식은 온실에서 키우는 모든 작물과 모종에 동일하게 적용할 수 있다.

잘 익은 파프리카는 저온저장고에서 (약 10일 정도로) 그리 오래 보존되지 않는다. 이를 고려해 수확한 파프리카는 최대한 빨리 판매한다. 일단 생산이 시작되면 잘 익은 열매를 매주 2번 수확한다. 우리는 달콤한 파프리카 외에도 특정 고객의 수요에 부합하기 위해 (그리고 우리가 좋아하기 때문에) 고추도 키우고 있다.

집약적 경작 간격　　1고랑 - 포기 간격 23센티미터

선호 품종　　오리온(매우 이른 시기에 재배하는 품종, 그렇게 크지 않음), 카르멘(이탈리아 품종이며 맛있음), 라운드오브헝가리(줄무늬가 있음), 만다린(노란색), 헝가리안핫왁스(아주 매움)

비료 타입　　영양분이 많이 필요함

텃밭에 머무는 일 수　　계절 내내

파종 횟수　　1회, 터널에서 5월 초에 옮겨 심음

제외한 채소들

이 책에서 몇 차례 언급했는데, 우리가 기르지 않기로 결정한 몇몇 주요 작물이 있다. 왜 경작을 포기했는지 자세히 언급할 수는 없지만 그 과정을 설명하는 일은 중요하다는 생각이 든다.

생산의 측면에 있어 다양한 이점을 지닌 **감자**부터 시작하겠다. 감자는 대중적인 채소이며 경작 면적에 비해 수익성이 높은 작물이다. 그러나 수확기를 이용해 수확해야 훨씬 더 효과적이다. 그렇기 때문에 유기농 텃밭농부가 감자를 생산할 때 '기계적' 방식을 이용하는 농부만큼 생산성을 높이기란 거의 불가능하다. 또한 감자 판매 가격 역시 경작에 들어가는 노력을 적절히 반영하지 못하는 편이다. 하지만 **애기감자**를 이른 시기에 생산하는 일은 해볼 만하다. 애기감자를 매우 이른 봄에 터널에서 길러 시장에 제일 먼저 내놓는 것은 괜찮은 방법이다.

옥수수는 또 다른 대중적이며 인기가 많은 작물이다. 하지만 텃밭 공간을 많이 차지하는 것에 반해 생산성이 낮다. 경작 공간이 한정적이지 않다면 유기농 비GMO 옥수수 생산은 좋은 사업이 될 수 있다.

겨울가지는 가을 메뉴에서 빼놓을 수 없는 채소지만 공간을 많이 차지하고 텃밭에 머무는 기간이 긴 작물이다. 가지치기를 많이 해 주어야 한다는 점을 고려하면 폭이 75센티미터 이상인 두둑에서 기르는 편이 경작하기 쉬울 것이다.

셀러리는 (우리를 포함해) 수많은 소비자들이 선호하는 채소지만, 우리는 이 셀러리를 만족스럽게 생산해 내지 못했다. 사람들이 흔히 떠올리는 바삭바삭하고 기다란 셀러리를 기르는 노하우를 아직 습득하지 못했기 때문이다. 우리가 훗날 도전해야 할 과제 중 하나다.

아스파라거스는 우리가 매우 좋아하는 또 다른 녹색 채소지만 수확하고 나서 판매할 시장이 전혀 없는 상황이다.

마지막으로 우리가 생산하는 **꽈리, 방울토마토, 바질, 셀러리악, 회향, 방울양배추, 스웨덴순무**는 작은 텃밭에서 상업적으로 생산하기에 충분한 가능성을 갖춘 채소다.

농기구와 농장비 정보

그렐리네트농장에서 사용하는 농기구와 농장비 대부분은 전통적인 농기구상에서 판매하는 제품이 아니고 주로 미국에서 수입한 것이다. 우리 농가가 미국 국경으로부터 10킬로미터 이내에 자리하고 있기 때문에 버몬트 주소로 물건을 받을 수 있으며 통관할 때 늘어나는 어마어마한 배송료를 지불하지 않아도 된다. 2011년부터는 사용하던 농기구와 농장비를 수입하기 위해 퀘벡이나 캐나다 업체를 찾아보았다. 이 책을 쓸 때도 여전히 업체를 찾는 중이었기 때문에 인쇄 매체보다 훨씬 더 쉽게 수정할 수 있는 매체를 통해 정보를 전달하는 편이 낫겠다고 생각했다.

독자 여러분은 그렐리네트농장 홈페이지www.lejardiniermaraicher.com에 가면 우리 농장에서 사용하는 농장비와 농기구 대부분의 상호, 그리고 이를 공급하는 업체목록을 찾아 볼 수 있다. 이 홈페이지 안에 블로그 메뉴가 있는데, 내가 직접 운영하는 이 블로그는 그렐리네트농장에서 시행하는 소규모 집약적 채소 재배를 다루고 있다. 그러니 괜찮다면 사이트를 방문해 이 책을 읽고 난 후 여러분의 감상을 댓글로 남겨 주면 좋겠다. 모든 댓글에 답을 달지는 못하겠지만 큰 관심을 갖고 여러분의 댓글을 읽도록 하겠다.

텃밭 계획표

정확한 파종 위치를 사전에 결정하는 텃밭 계획표 작성은 제대로 된 생산 계획을 위해 매우 중요한 단계다(생산 계획을 다루는 13장 참조). 우리 농장이 같은 과의 채소로 구성된 구획 10개와 두둑 16개로 구분되어 있다는 점을 떠올리며 예로 제시하는 우리 계획표를 참고하기를 바란다.

SD = 직파, T = 모종 이식, R = 수확

텃밭 1 : 박과 윤작과 이른 십자화과 작물

브로콜리	T : 5월 15일	
브로콜리	T : 5월 15일	
브로콜리	T : 5월 15일	
아시아 푸른잎채소	T : 5월 9일	
콜라비	T : 5월 9일	
케일	T : 5월 9일	8월 초에 파종한 콩과 귀리의 녹비는 10월 말에 베어 내 땅에 흡수시킨다.
브로콜리	T : 5월 20일	
브로콜리	T : 5월 20일	
브로콜리	T : 5월 20일	
브로콜리	T : 5월 20일	
브로콜리	T : 5월 20일	
애호박	T : 5월 18일	

애호박	T : 5월 18일	
애호박	T : 5월 18일	
콜리플라워	T : 6월 1일	
콜리플라워	T : 6월 1일	

텃밭 2 : 푸른잎채소 - 뿌리채소 윤작

샐러드채소	SD : 4월 15일 - 6월 10일	비트	SD : 6월 30일 - 농사철 끝까지
샐러드채소	SD : 4월 15일 - 6월 10일	비트	SD : 6월 30일 - 농사철 끝까지
콩	SD : 4월 19일 - 7월 15일	샐러드채소	SD : 7월 27일 - 9월 10일
콩	SD : 4월 19일 - 7월 15일	샐러드채소	SD : 7월 27일 - 9월 10일
콩	SD : 4월 19일 - 7월 15일	샐러드채소	SD : 7월 27일 - 9월 10일
콩	SD : 4월 19일 - 7월 15일	샐러드채소	SD : 7월 27일 - 9월 10일
당근	SD : 4월 20일 - 8월 1일	샐러드채소	SD : 8월 10일 - 9월 25일
당근	SD : 4월 20일 - 8월 1일	샐러드채소	SD : 8월 10일 - 9월 25일
비트	SD : 4월 20일 - 8월 1일	샐러드채소	SD : 8월 10일 - 9월 25일
무	SD : 4월 22일 - 6월 20일	샐러드채소	SD : 8월 10일 - 9월 25일
시금치	T : 4월 22일 - 6월 22일	당근	SD : 6월 23일 - 농사철 끝까지
샐러드채소	SD : 4월 22일 - 6월 20일	당근	SD : 6월 23일 - 농사철 끝까지
샐러드채소	SD : 4월 22일 - 6월 20일	당근	SD : 6월 23일 - 농사철 끝까지
시금치	T : 5월 16일 - 7월 10일	샐러드채소	SD : 7월 13일 - 9월 1일
시금치	T : 5월 16일 - 7월 10일	샐러드채소	SD : 7월 13일 - 9월 1일
시금치	T : 5월 16일 - 7월 10일	샐러드채소	SD : 7월 13일 - 9월 1일

텃밭 3 : 마늘 윤작

마늘	T : 10월 R : 다음 해 7월
마늘	
마늘	
마늘	
마늘	
마늘	
마늘	
마늘	
마늘	
마늘	
마늘	
마늘	
마늘	
마늘	
마늘	
마늘	
마늘	

8월 초에 파종한 콩과 귀리의 녹비는 10월 말에 베어 내 땅에 흡수시킨다.

텃밭 4 : 푸른잎채소 - 뿌리채소 윤작

	샐러드채소	SD : 6월 29일 - 8월 15일	마늘	T : 10월 15일
	샐러드채소	SD : 6월 29일 - 8월 15일	마늘	T : 10월 15일
	샐러드채소	SD : 6월 29일 - 8월 15일	마늘	T : 10월 15일
	샐러드채소	SD : 6월 29일 - 8월 15일	마늘	T : 10월 15일
	강낭콩	SD : 6월 21일 - 9월 1일	마늘	T : 10월 15일
	강낭콩	SD : 6월 21일 - 9월 1일	마늘	T : 10월 15일
4월 15일에 파종한 살갈퀴와 귀리 녹비는 6월 초에 땅에 흡수시킨다.	강낭콩	SD : 6월 21일 - 9월 1일	마늘	T : 10월 15일
	강낭콩	SD : 6월 21일 - 9월 1일	마늘	T : 10월 15일
	당근	SD : 6월 8일 - 10월 1일	마늘	T : 10월 15일
	당근	SD : 6월 8일 - 10월 1일	마늘	T : 10월 15일
	당근	SD : 6월 8일 - 10월 1일	마늘	T : 10월 15일
	당근	SD : 6월 8일 - 10월 1일	마늘	T : 10월 15일
	상추	T : 6월 15일 - 7월 15일	마늘	T : 10월 15일
	상추	T : 6월 15일 - 7월 15일	마늘	T : 10월 15일
	상추	T : 6월 28일 - 8월 15일	마늘	T : 10월 15일
	상추	T : 6월 28일 - 8월 15일	마늘	T : 10월 15일

텃밭 5 : 가지과 윤작

가지	T : 5월 30일 - 농사철 끝까지
가지	T : 5월 30일 - 농사철 끝까지
가지	T : 5월 30일 - 농사철 끝까지
가지	T : 5월 30일 - 농사철 끝까지
가지	T : 5월 30일 - 농사철 끝까지
꽈리	T : 5월 30일 - 농사철 끝까지
꽈리	T : 5월 30일 - 농사철 끝까지
고추	T : 5월 30일 - 농사철 끝까지
파프리카	T : 5월 30일 - 농사철 끝까지
파프리카	T : 5월 30일 - 농사철 끝까지
멜론	T : 6월 6일 - 농사철 끝까지
멜론	T : 6월 6일 - 농사철 끝까지
멜론	T : 6월 6일 - 농사철 끝까지
멜론	T : 6월 6일 - 농사철 끝까지
멜론	T : 6월 6일 - 농사철 끝까지
멜론	T : 6월 6일 - 농사철 끝까지

텃밭 6 : 푸른잎채소 - 뿌리채소 윤작

강낭콩	SD : 5월 23일 - 8월 10일	시금치	T : 8월 15일 - 10월
강낭콩	SD : 5월 23일 - 8월 10일	시금치	T : 8월 15일 - 10월
래디시	SD : 5월 23일 - 7월 1일	상추	T : 7월 12일 - 8월 12일
무	SD : 5월 23일 - 7월 10일	상추	T : 7월 12일 - 8월 12일
당근	SD : 5월 25일 - 8월 20일	루콜라	SD : 8월 25일 - 10월
당근	SD : 5월 25일 - 8월 20일	겨자	SD : 8월 25일 - 10월
루콜라	SD : 5월 20일 - 7월 5일	비트	T : 7월 10일 - 10월
루콜라	SD : 5월 20일 - 7월 5일	비트	T : 7월 10일 - 10월
상추	T : 5월 31일 - 7월 1일	강낭콩	SD : 7월 20일 - 9월 중순
상추	T : 5월 31일 - 7월 1일	강낭콩	SD : 7월 20일 - 9월 중순
비트	SD : 6월 6일 - 8월 25일	루콜라	SD : 9월 1일 - 끝까지
비트	SD : 6월 6일 - 8월 25일	루콜라	SD : 9월 1일 - 끝까지
강낭콩	SD : 6월 6일 - 8월 20일	시금치	T : 8월 25일 - 끝까지
강낭콩	SD : 6월 6일 - 8월 20일	시금치	T : 8월 25일 - 끝까지
강낭콩	SD : 6월 6일 - 8월 20일	시금치	T : 8월 25일 - 끝까지
강낭콩	SD : 6월 6일 - 8월 20일	시금치	T : 8월 25일 - 끝까지

텃밭 7 : 박과와 여름 십자화과 윤작

	브로콜리	T : 6월 25일
	브로콜리	T : 6월 25일
	브로콜리	T : 6월 25일
	브로콜리	T : 6월 25일
	여름배추	T : 6월 25일
	여름배추	T : 6월 25일
	방울양배추	T : 6월 25일
4월 15일에 파종한 살갈퀴와 귀리 녹비는 6월 초에 땅에 흡수시킨다.	애호박	T : 7월 5일
	콜리플라워	T : 7월 14일
	콜리플라워	T : 7월 14일
	브로콜리	T : 7월 14일
	브로콜리	T : 7월 14일
	브로콜리	T : 7월 14일
	브로콜리	T : 7월 14일
	콜라비	T : 7월 27일
	콜라비	T : 7월 27일

텃밭 8 : 푸른잎채소 - 뿌리채소 윤작

당근	SD : 5월 4일 - 7월 25일	상추	T : 7월 27일 - 8월 27일
당근	SD : 5월 4일 - 8월 4일	상추	T : 7월 27일 - 8월 27일
당근	SD : 5월 4일 - 8월 4일	상추	T : 8월 12일 - 9월 12일
당근	SD : 5월 4일 - 8월 4일	상추	T : 8월 12일 - 9월 12일
고수 / 딜	SD : 5월 15일 - 8월 4일	샐러드채소	SD : 8월 24일 - 10월
무	SD : 5월 6일 - 7월 1일	샐러드채소	SD : 8월 24일 - 10월
래디시	SD : 5월 10일 - 7월 1일	샐러드채소	SD : 8월 24일 - 10월
루콜라	SD : 5월 10일 - 7월 1일	샐러드채소	SD : 8월 24일 - 10월
비트	SD : 5월 16일 - 8월 10일	샐러드채소	SD : 9월 7일 - 농사철 끝까지
비트	T : 5월 10일 - 8월 10일	샐러드채소	SD : 9월 7일 - 농사철 끝까지
치커리	T : 5월 11일 - 8월 10일	샐러드채소	SD : 9월 7일 - 농사철 끝까지
콩	SD : 5월 13일 - 8월 10일	샐러드채소	SD : 9월 7일 - 농사철 끝까지
콩	SD : 5월 13일 - 8월 10일	샐러드채소	SD : 9월 7일 - 농사철 끝까지
콩	SD : 5월 13일 - 8월 10일	배추	T : 8월 15일 - 농사철 끝까지
콩	SD : 5월 13일 - 8월 10일	콜라드	T : 8월 15일 - 농사철 끝까지
상추	T : 5월 16일 - 6월 25일	회향	T : 7월 28일 농사철 끝까지

텃밭 9 : 백합과

푸른 양파	T : 5월 1일
푸른 양파	T : 5월 1일
푸른 양파	T : 5월 1일
푸른 양파	T : 5월 1일
푸른 양파	T : 5월 1일
푸른 양파	T : 5월 1일
파	T : 5월 5일
파	T : 5월 5일
파	T : 5월 5일
파	T : 5월 5일
보존용 양파	T : 5월 8일
보존용 양파	T : 5월 8일
보존용 양파	T : 5월 8일
보존용 양파	T : 5월 8일
보존용 양파	T : 5월 8일
보존용 양파	T : 5월 8일

9월 초에 파종한 콩과 귀리 녹비는 겨울을 위한 지피작물로 놔둔다.

텃밭 10 : 푸른잎채소 - 뿌리채소

샐러드채소	SD : 5월 4일 - 6월 20일	당근	SD : 7월 5일 - 농사철 끝까지
샐러드채소	SD : 5월 4일 - 6월 20일	당근	SD : 7월 5일 - 농사철 끝까지
샐러드채소	SD : 5월 4일 - 6월 20일	강낭콩	SD : 7월 4일 - 농사철 끝까지
샐러드채소	SD : 5월 4일 - 6월 20일	강낭콩	SD : 7월 4일 - 농사철 끝까지
샐러드채소	SD : 5월 18일 - 7월 5일	겨울래디시	SD : 7월 11일 - 농사철 끝까지
샐러드채소	SD : 5월 18일 - 7월 5일	겨울래디시	SD : 7월 11일 - 농사철 끝까지
샐러드채소	SD : 5월 18일 - 7월 5일	겨울래디시	SD : 7월 11일 - 농사철 끝까지
샐러드채소	SD : 5월 18일 - 7월 5일	치커리	T : 7월 11일 - 농사철 끝까지
샐러드채소	SD : 6월 1일 - 7월 15일	케일	T : 8월 5일 - 농사철 끝까지
샐러드채소	SD : 6월 1일 - 7월 15일	케일	T : 8월 5일 - 농사철 끝까지
샐러드채소	SD : 6월 1일 - 7월 15일	배추	T : 8월 5일 - 농사철 끝까지
샐러드채소	SD : 6월 1일 - 7월 15일	배추	T : 8월 5일 - 농사철 끝까지
샐러드채소	SD : 6월 15일 - 8월 1일	파슬리	T : 8월 5일 - 농사철 끝까지
샐러드채소	SD : 6월 15일 - 8월 1일	무	SD : 8월 5일 - 10월
샐러드채소	SD : 6월 15일 - 8월 1일	래디시	SD : 8월 20일 - 10월
샐러드채소	SD : 6월 15일 - 8월 1일	무	SD : 8월 25일 - 농사철 끝까지

터널 1

샐러드채소	SD : 3월 5일 - 4월 10일
샐러드채소	SD : 3월 5일 - 4월 10일
샐러드채소	SD : 3월 5일 - 4월 10일
샐러드채소	SD : 3월 10일 - 4월 20일
샐러드채소	SD : 3월 10일 - 4월 20일
비트	T : 4월 20일 - 7월 1일
당근	SD : 4월 20일 - 7월 1일
애호박	T : 4월 24일 - 7월 15일
오이	T : 4월 25일
오이	T : 4월 25일
오이	T : 7월 25일
오이	T : 7월 25일
샐러드채소	SD : 9월 25일
샐러드채소	SD : 9월 25일
샐러드채소	SD : 9월 25일

터널 2

샐러드채소	SD : 3월 20일 - 4월 27일
샐러드채소	SD : 3월 20일 - 4월 27일
샐러드채소	SD : 3월 20일 - 4월 27일
샐러드채소	SD : 3월 28일 - 5월 5일
샐러드채소	SD : 3월 28일 - 5월 5일
파프리카	T : 5월 1일
파프리카	T : 5월 1일
파프리카	T : 5월 1일
오이	T : 6월 15일
오이	T : 6월 15일
샐러드채소	SD : 10월 5일
샐러드채소	SD : 10월 5일
샐러드채소	SD : 10월 5일
샐러드채소	SD : 10월 10일
샐러드채소	SD : 10월 10일

온실

	토마토	T : 4월 16일
	토마토	T : 4월 16일
	토마토	T : 4월 16일
육묘장	토마토	T : 5월 20일
	토마토	T : 5월 20일
	토마토	T : 5월 20일
	바질	T : 5월 20일

용어 해설

가지과
감자, 토마토, 파프리카, 가지, 꽈리 등을 포함하는 식물 과.

개밀
화본과에 속하는 생명력 강한 풀. 개밀은 재빨리 퍼져 나가며 괭이질이나 회전식 농기구에 잘려 나갔을 때 증식하는 뿌리 줄기 때문에 제거하기 어렵다.

결핍 증세
식물이 성장하는데 반드시 필요한 특정 물질이 부족할 때 나타나는 증세로 토양 속 영양소가 부족하거나 이를 사용할 수 없는 상황이 원인이 될 수 있다. 결핍은 다양한 증세로 나타나는데 특히 잎의 변색으로 나타난다. 식물 관련 질병(예를 들어 원인진균, 박테리아, 해충, 바이러스 등)과 혼동해서는 안 된다.

경작 시스템
채소 재배업자가 채소를 생산하기 위해 도입한 과정 전체를 가리키는 단어. 영구 두둑의 이용이나 윤작, 순차적 경작 등 경작 시스템을 구성하는 다양한 방식이 존재한다.

괭이질
땅을 부드럽게 만들고 작물 주변의 표면 흙에 바람을 통하게 하는 일.

꼭대기 자르기
식물의 주요 줄기 윗부분 끝을 잘라 잎의 성장을 막고 열매가 성장하는데 에너지를 집중시키는 일. 이 기술은 열매(토마토, 파프리카, 오이, 방울양배추 등)가 예정보다 더 빠르게 성숙할 수 있게 해 준다.

꽃송이
꽃꼭지 위로 붙은 꽃 전부를 일컫는 말로, 브로콜리나 콜리플라워 중심부에서 찾아볼 수 있는 형태를 생각하면 쉽다.

꽃자루
식물의 열매(꽃)와 줄기 사이에 붙어 있는 부분.

끌쟁기 chisel
트랙터의 힘을 이용해 끌어당기며 깊게 경운할 수 있는 농기구의 일종이다. 흙을 부수고 이를 휘젓지 않은 채 부드럽게 만들 수 있는 고정 톱니가 달려 있다. 끌쟁기는 침식으로부터 토양을 보호하고 지표면에 작물 잔여물을 덮어 주기 위해 쟁기 대체용으로 발명되었다. 끌쟁기의 발명은 1930년대에 미국을 덮친 일련의 황진(모래폭풍) 시기로 거슬러 올라간다.

김매기
괭이나 다른 농기구를 이용해 표면 흙을 긁어 내 풀을 제거하는 일. 괭이질하기, 김매기 등은 동의어처럼 종종 사용되는데 이 두 기술에 동일한 농기구를 사용하기 때문이다. 그러나 괭이질의 목표는 토양 통풍이지 제초가 아니다.

내한성 구역
내한도耐寒度는 식물이 추위에 견딜 수 있는 정도를 의미한다. 일정한 장소에서 식물의 내한성에 영향을 주는 여러 기상학적 요인을 고려한 공식에 따라 내한성 구역이 나뉜다. 견딜 수 있는 겨울 최저 기온은 식물이 생존하는데 가장 중요한 요소다.

녹비
비료를 공급하고 침식 또는 영양소 용탈로부터 토양을 보호하며 숨 죽이기 또는 타감작용(가까이에 있는 식물체에서 나오는 이산화탄소, 에틸렌 같은 휘발성 물질의 영향을 받는 것 등 다른 개체가 느끼거나 영향을 받는 작용을 의미한다)을 이용해 풀에 맞서 싸우기 위해 기르는 작물로 판매용이 아니다.

녹색혁명 Green Revolution
1960년대부터 1990년대까지 농업 분야에서 실현된 기술적 진보를 가리키는 용어. 녹색혁명은 작물의 화학적 비료와 합성살충제 사용과 결합되어 혁신적인 농업 생산성 향상을 이끌어 낸 전문화를 특징으로 한다.

단련시키기
모종을 가혹한 기후조건에 노출시켜 텃밭에 심었을 때 저항력을 높이는 방식. '환경 적응'이라는 용어도 사용한다.

덤핑
상품을 팔아치우거나 경쟁에서 이기기 위해 원가보다 낮은 가격으로 제품을 판매하는 상업적 행태를 의미한다. 일반적으로는 비열한 방식으로 간주된다.

떡잎
씨앗에서 새싹이 날 때 맨 처음에 나오는 잎. 쌍떡잎식물(예를 들어 콩과)은 떡잎이 2개인 반면 외떡잎식물(예를 들어 화본과)은 하나뿐이다.

두둑
두둑 경작은 텃밭을 통로에서 분리한 올림텃밭으로 구성하는 것에서 시작된다. 두둑 하나의 폭은 사전에 결정하는데, 하나의 통로 중심부터 다른 통로의 중심까지 측정해 계산한다.

로테논
콩과 식물의 뿌리에서 추출한 살충제. 오래 전부터 유기농업 분야에서 사용되어 왔지만 오늘날 정말 해가 없는지 다시 의문이 제기되고 있다.

마디
주요 가지에서 새로운 잎을 내는 식물의 일부분.

모세관 현상
모세관 현상은 일반적으로 액체와 좁고 기다란 관 사이에 상호작용이 일어나 액체가 관을 타고 수직 방향으로 올라가는 것을 말한다. 농업에서 모세관 현상은 토양의 내벽면을 타고 올라오는 액체의 반응과 관계된 현상을 의미한다. 지표면의 압밀壓密(흙의 압축력이 높아져 물과 공기를 방출하게 되어 체적이 감소하고 밀도가 증가되는 현상)로 생긴 미세공 내부에서 모세관 현상이 발생하며, 식물이 성장하는 구역 깊숙한 곳까지 수분을 전달한다.

모잘록병
줄기 아랫부분이 말라비틀어지고 실처럼 늘어지는 증상이 나타나는 병이다. 식물이 힘을 잃고 말라죽을 수도 있다. 육묘장에서 흔히 볼 수 있지만 이에 대처할 수 있는 방법이 별로 없다. 그렇기 때문에 적절한 예방책을 취하는 것이 중요하다.

무기물화
토양이 생물작용을 하고 있을 때 유기물질이 지니고 있는 무기요소(질소, 가리, 인산 등)를 방출하는 현상을 말한다. 무기물화는 식물이 성장에 필요한 영양분을 사용할 수 있게 해 주는 효과가 있다.

물수지
정해진 기간 동안 토양에 강수로 축적되는 수분과 증발로 손실되는 수분의 관계를 의미한다. 물이 필요한 식물이 사용할 수 있는 토양 내 수분 저장량을 측정하게 해 준다.

미기후
(어느 골짜기, 어느 농장 부지, 어느 개척지 등) 제한된 구역을 지배하는 특정한 기후조건으로 나머지 지역의 기후조건과 다르다. 그렇기 때문에 특정 미기후가 (습기, 온도, 채광 등의 요인 때문에) 경작에 이롭거나 그렇지 않다고 이야기하는 것이다.

미니관리기
수평축 위로 올라온 구부러진 톱니가 움직이면서 흙을 뒤저어 섞으며 경운하는 농기구.

바구니
CSA가 지원하는 농업 사업에서 말하는 바구니는 농장의 파트너 고객에게 매주 배달되는 수확물을 뜻한다. 바구니 하나는 일반적으로 8~12가지 채소와 다양한 허브로 구성된다.

박과
보통 다즙질 덩굴줄기를 지니며 열매가 큰 식물과를 의미한다. 호박, 애호박, 오이, 멜론 등이 속한다.

방제
생산성을 고려해 해로운 생물체로부터 작물을 보호하는 것을 목표로 하는 모든 예방적·치료적 전략을 말한다.

배꼽썩음병
파프리카와 토마토에 흔히 나타나는 생리학적 질병으로 일반적으로 건조한 기후와 습한 기후가 번갈아 나타날 때 발생한다. 토양 속 칼슘 부족이나 식물의 가능성을 제한하는 불규칙적인 관수 때문에 발생하며 열매 아래쪽에 둥근 검은 점 형태로 나타난다. 약해진 부분을 균류가 점령하는 경우도 흔히 볼 수 있다.

벼룩잎벌레
빛나는 검은색 등껍질을 지닌 초시류 Coleoptera의 일종이며 놀라면 펄쩍 뛰어오른다. 성충 벼룩잎벌레는 지나간 자리에 작고 동그란 구멍을 남기며 잎을 구멍투성이로 만든다.

부식토
실내 파종에 사용하는 경작용 하층토. 부식토는 무기물질과 분해된 동식물성 물질(이탄, 펄라이트, 질석, 퇴비 등)을 섞어 만든 혼합토다.

북주기
식물의 발치에 작은 흙무더기(북)를 만드는 일이다.

브로드포크
여러 개의 톱니가 장착된 U자형 긴 갈퀴로 땅속에 수직으로 깊게 박혀 들어간다. (인체공학적인) 이 농기구는 몸의 방향을 바꾸지 않고도 지렛대의 원리를 이용해 경운할 수 있게 해 준다.

비료
지력을 유지하거나 개선하기 위해 토양에 주입하는 유기물질 또는 무기물질.

비옥화
화학적 요소로 토양을 개선시키는 화학적 비료와 달리, 토양에 유기물, 점토, 석회 등의 물질을 섞어 물리적·생물학적 지력을 개선시키는 과정을 의미한다.

비티균 Bacillus thuringiensis var. kurstaki, Btk
박테리아의 일종인 비티균은 토양 속에 자연적으로 존재하며 농작물과 삼림에 피해를 주는 해충을 박멸하는 유기농 살충제로 사용된다. 채소 재배에서는 주로 인시류(나비)를 박멸하기 위해 이용한다.

빛을 가려 주는 방수포
식물을 햇빛 또는 더 나아가서 열로부터 보호하기 위해 덮어 주는 방수포나 촘촘한 그물망. 온도가 올라가면 차가운 기후에 잘 맞는 작물에게 좋은 기후조건을 유지해 준다.

살갈퀴
녹비처럼 재배하는 콩과 식물. 살갈퀴는 1년생 식물이지만 같은 콩과에 속하는 헤어리베치는 2년생 식물이다. 잡초 취급 받는 등갈퀴와 혼동해서는 안 된다.

새싹 plantule
잎이 몇 개밖에 나지 않은 어린 식물. 육묘장에서는 '실내 파종'을 '새싹'(퀘벡 특유의 은어적 표현)이라고 곧잘 부른다.

생물계절학
(잎이 돋아나고 꽃이 피고 열매를 맺는 등) 채소의 성장과 동물의 성장에 기후가 미치는 영향을 연구하는 학문이다.

생명역동농법
인지학자 루돌프 슈타이너(1861~1925)가 1924년에 토대를 마련한 농법이다. 생명역동농법의 주요 특징은 생명역동농법상의 첨가물(예를 들어 소뿔퇴비 horn manure)을 퇴비나 식물에 첨가해 이로운 상호작용(예를 들어 미생물 활동)을 촉진시키고, 달과 성좌의 주기에 따른 경작 계획 달력을 사용하며, 작물 경작과 가축 사육을 포함한 농장의 주기를 자연의 주기에 맞추어 확립한다.

생물적 방제원
식물에 유해한 생물체에 맞서 싸우기 위해 사용하는 생물체로 일반적으로 곤충이 대부분이다. 예를 들어 알벌류는 옥수수의 해충인 명충나방 유충(애벌레)에 기생하는 작은 말벌로 옥수수 해충을 없앨 때 이용된다.

생물활성제
토양 속에 존재하는 사용할 수 있는 영양소의 양을 끌어올려 지력을 증가시키는 미생물(균근, 박테리아 등)을 다양하게 가공한 것이다. 특히 토양 내에 이미 존재하는 영양분의 사용 가능성을 최대로 강화한다. '생물촉진제 biostimulant'라는 단어도 같은 의미로 사용된다.

서코스포라
당근과 비트에서 자주 발생하는 잎 관련

진균병. 원인진균은 짙은 갈색 얼룩을 발생시키며 이는 부분 괴사(조직이 죽거나 말라 버리는 현상)로 우연히 변형될 수 있다. 심각한 경우 이 얼룩이 늘어나며 작물의 잎 전체가 죽음에 이를 수도 있다.

석회 섞기
석회나 또 다른 칼슘 물질로 토양을 비옥하게 만드는 일. 이 방법은 심각한 산성 토양이나 칼슘이 부족한 토양 개선에 종종 필요하다.

솎아 내기
다른 식물들이 더 잘 자라도록 새싹 일부를 제거하는 것을 의미한다. (일반적으로 무릎을 꿇고 앉아서 손으로 하는) 이 작업의 목적은 직파 후 최적의 밀도에 도달하는 것이다.

수로
배수에 사용되는 경사진 작은 관.

씨 맺기
식물이 종자를 생산해 씨앗을 맺는 과정. 이 과정이 때 이르게 이루어지면 수확을 망칠 수 있다. 극단적인 기후조건이 일반적으로 이러한 생리학적 이상의 원인이 된다.

알터나리아
잎에 창궐하는 균류로 발생하며 식물의 고사를 야기할 수 있는 질병이다. 동심원 모양의 흑반으로 식별할 수 있으며 토마토에 흔히 나타난다.

압축 compaction
상층부의 압축으로 토양 밀도가 올라가는 현상. 채소 재배의 경우 농기구의 무게와 지나친 사용, 집약적 경운이 원인이 된다. 동의어로 (토양의) '압밀'이라는 단어가 있다.

양토
진흙, 사질, 점토질 입자가 비교적 균형 잡힌 방식으로 섞여 있는 토양의 종류. 이 입자들의 구체적인 비율에 따라 진흙 양토, 사질 양토, 점토질 양토로 부른다.

어린 푸른잎채소
샐러드용 채소의 어린 식물을 가리키는 말.

영속농업
1970년대에 호주 출신 빌 몰리슨 Bill Mollison과 데이비드 홈그렌 David Holmgren이 개발한 농업 시스템 개념. 생태학과 디자인 원칙에 의거한 영속농업은 자주적으로 관리되며 생산성과 에너지 효율성이 높은 농업 시스템 만들기가 목표다. 오늘날 영속농업은 '트랜지션 타운(지역의 생태 회복 능력을 보존하고 지속적 삶을 추구하는 마을 운동)' 같은 계획initiative 등을 통해 인간 활동의 모든 측면에 적용되고 있다.

에너지 효율
다양한 방식으로 에너지 절약을 도모하는 전략. 온실의 경우 건물의 단열을 개선하고, 공기 침입을 막으며, 열 차폐물과 전기장판 이용이 중요하다.

오이잎벌레
박과에 생기는 주요 해충 중 하나. 성충 단계에 들어서면 검은 띠 3개를 두른, 노란색과 주홍색의 몸통과 검은색 머리를 지니게 된다.

온실재배업자
온실재배에 특화된 채소 재배업자.

우드칩 Ramial Chipped Wood
우드칩은 종려나무 가지를 빻아서 만든 가루를 퇴비화하지 않고 모은 혼합물이다. 넓은 의미로는 숲의 토양처럼 부식토가 풍부한 토양을 다시 만드는 경작 기술을 의미하기도 한다. 이 기술은 토양에 (적어도 직경 7센티미터가 되는) 잘게 자른 생 종려나무 조각을 토양에 심는 것이다.

원예 기술
채소 생산에 사용하는 기술. 가묘상, 화염제초, 토마토 가지치기 등이 그 예다. '경작 기술'이라 부르기도 한다.

유기농 살충제
식물 추출물(예를 들어 제충국제), 미생물 또는 그 부산물(예를 들어 비티균)로 이루어진 식물 보호 제품류. 이 제품들은 일반적으로 액체나 습윤성 가루 형태로 되어 있다.

유기물질
토양 속에 존재하며 동식물에서 유래한 살아 있거나 죽어 있는 모든 물질을 가리킨다. 대부분 토양의 경우 유기물질은 (일반적으로는 0.5~10퍼센트) 다양한 비율로 존재한다. 신선한 유기물질은 잎, 잔가지, 작물 잔여물, 뿌리, 미생물 등으로 이루어져 있다. 부패된 유기물질의 일부는 토양의 부식토를 구성하기도 한다.

유전자변형유기체 GMO
원래 없는 성질을 부여하기 위해 유전공학으로 유전자를 변형시킨 유기체. 많은 사람들이 식품과 환경 분야에 유전자 변형 생물이 존재하는 상황을 우려하고 있다.

십자화과
브로콜리, 배추, 무, 래디시 같은 채소를

포함하는 식물의 한 과. 십자 형태로 된 꽃을 보고(여기서 '십자화'라는 이름이 나왔다) 십자화과라는 것을 알아볼 수 있다.

유출
토양에 흡수되거나 공기 중에 증발되지 않은 강수가 흘러가는 과정. 유출은 토양 침식의 원인 중 하나이기도 하다. 물의 유량이나 경사의 기울기에 따라 물이 흐르며 지나간 자리로 상당히 커다란 토양 입자를 끌어들이기 때문이다.

육묘장
일반적으로 온실 형태를 취하며 추후 이식할 어린 식물들을 재배하는 장소.

윤작
동일한 구획에서 여러 채소 집단을 연속해 경작하는 일.

응애
친환경적 방제에 사용하는 작은 포식성 곤충. 주로 온실재배에 이용한다.

이른 작물
채소의 본래 계절성을 벗어나 첫 번째로 수확된 작물을 가리킨다. 이른 시기에 작물을 생산하면 시장 경쟁력이 높아지기 때문에 (이랑덮개나 터널, 온실 등) 다양한 방식을 이용해 이른 시기에 생산하는 일은 농부들에게 부여된 일종의 도전 과제다.

이식
부식토에 실내 파종을 시작하고 이후 새싹 단계에 들어서면 텃밭에 옮겨 심는 원예 기술.

이탄
부패와 분해가 완전히 되지 않은 식물의 잔해가 진흙과 함께 늪이나 못의 물 밑에 퇴적한 지층을 이탄층이라 한다. 이탄은 습하고 산성이며 산소가 적은 이탄층에서 식물(물이끼)의 느린 분해로 생겨난 물렁물렁한 유기물질을 의미한다.

임관
원예학 용어로 식물 상층부에 잎이 있는 층을 가리킨다. 작물이 조밀하게 식재되어 있으면 이 식물 '우산'은 미기후를 형성하고 풀 성장을 방해한다.

잔류 비료
인간의 활동으로 발생하며 비료 물질을 포함한 모든 유기물질 혹은 무기물질을 가리킨다. 특히 정화공장의 폐수(하수처리 부산물)와 비료가 여기에 포함된다. 잔류 비료 처리(예를 들어 창고 저장, 살포)는 정부 규정으로 제재를 받고 있다.

재이식
파종 용기에 담겨 있는 새싹을 좀 더 큰 용기에 옮겨 심어 성장에 필요한 공간을 제공해 주는 일.

적하시비법
관수 시설을 이용해 용해성 비료요소를 물에 섞는 방법.

점적관개장치
영어로 '드리퍼'라 부르는 여러 개의 점적기에서 물이 천천히 흘러 나와 식물의 발치에 흐르게 하는 플라스틱 튜브. 점적관개법은 노즐을 이용하는 시스템보다 훨씬 정확하고 물을 절약할 수 있는 방식이다. '미량관개'라고도 한다.

제충국제
말린 국화 추출물을 이용해 만든 살충용 가루. 인체에 큰 해를 미치지 않는다.

착과着果
식물이 열매를 맺는 일.

천막집
몽골 같은 중앙아시아 유목민들이 전통적으로 집으로 이용했던 둥근 형태의 천막. 천이나 아크릴 소재로 만든 이 천막집은 온건한 기후에서는 꽤 훌륭한 임시 바람막이가 되어 준다.

촉성재배
촉성재배의 불어 표현인 'forcer une culture(경작을 강요하다)'는 19세기 파리의 채소 재배업자들로부터 나왔다. 현재는 훨씬 흔히 볼 수 있는 기술로, 정상적인 성장 주기가 끝나기 전에 작물을 수확하려고 사용하는 다양한 원예 기술을 가리킨다. 촉성재배를 통해 이른 시기에 작물을 수확할 수 있다.

침식
주로 바람과 물 같은 대기 요소의 작용으로 토양이 악화되는 현상을 말한다. 채소 재배의 경우 침식 때문에 가장 생산성이 높은 토양 상층부가 손실된다. 퀘벡에서 침식의 주요 요인은 토양이 식물 뿌리로 고정되어 있지 않을 때 지표면을 흐르는 강수다. 용탈은 수직적 움직임에 동반되는 반면 침식은 수평적 움직임에 동반된다.

텃밭농부
작은 면적의 온실 혹은 텃밭에서 농사를 짓는 사람. 다양한 채소를 생산해 소비자들에게 직접 판매한다.

퇴색
빛을 받지 못해 높게만 자라 버린 식물. 퇴색한 새싹은 비정상적으로 길이가 길지만 색깔이 연하고 생기도 부족하다.

파종
작물의 종자를 밭이나 묘상에 뿌리는 일. 텃밭에 직접 심거나 (직파) 모종을 길러 옮겨 심을 수 (실내 파종) 있다.

파트너
CSA 프로그램에 참여하는 농장의 '고객'. 일반 고객과 달리 파트너는 수확량 일부를 미리 구매하며 농사 관련 리스크 일부를 농가와 공유한다. 농가의 '회원'이라 불리기도 한다.

품종
미적 완성도나 생산성, 성장 속도, 특정 질병에 대한 저항력 등 몇몇 특징을 개선하기 위해 유전학적 선별을 통해 인간의 손으로 개발한 다양한 채소 종류. 업계에서 흔히 사용하는 용어다.

현무암
가루 형태의 비료로 사용되는 검은색 화산석.

화염제초기
불이 나오는 농기구로, 완전히 태우지 않고 열 충격으로 풀을 제거한다.

황산가리
유기농업에서 천연비료처럼 사용하는 가루.

회전쇄토기
(톱니가 가로축을 따라 도는 미니관리기와 달리) 세로축을 따라 도는 톱니가 장착되어 있어 표면 흙을 경운할 수 있는 농기구. 주로 묘상을 준비할 때 사용한다.

흰가루병
미세진균 때문에 발생하는 질병으로 솜털 같은 흰 가루 형태 반점으로 나타난다. 보통 농사철 말미에 박과 잎에 창궐한다. 감자와 토마토를 덮치는 '진짜' 노균병과 혼동해서는 안 된다.

해충
작물에 해로운 생물체. 주로 곤충을 이르는 말이다.

해설을 곁들인 참고문헌

아래는 내가 이 책을 쓰며 많이 의지한 저서들, 그리고 소규모 채소 재배에 뛰어드는 데 크게 도움이 될 만한 책을 정리해 놓은 목록이다. 이 저서 대부분은 대규모 채소 재배 혹은 유기농 채소 재배를 다루고 있는데, 이처럼 서로 다른 생산규모의 농사법을 다룬 책을 읽으며 다양한 아이디어를 얻을 수 있다.

〈Guide de l'autoconstruction. Outils pour le maraîchage biologique〉, ADABio-ITAB, 2012.
자신들의 농기계 전략을 공유하는 프랑스 유기농생산업자 단체 아다바이오ADABio의 매뉴얼이다. 트랙터에 연결해 사용할 수 있도록 고안된 농기구를 소개하는 수준 높은 매뉴얼이라 한 번쯤 살펴볼 만하다.

Miguel A. ALTIERI, Clara I. NICHOLLS, Marlene A. FRITZ, 《농장 병충해 관리: 친환경적 전략 가이드Manage insects on your farm: A guide to ecological strategies》, Belstville, Sustainable Agriculture Handbook Series, 2005.
저자인 미구엘 알티에리는 미국 유기농 방제 전략 연구소장이다. 이 책은 특정 해충이 미치는 영향을 최소화할 수 있도록 농장을 정비하는 법을 설명한다. 이런 책이 퀘벡에서도 나왔으면 좋겠다.

Eléa ASSELINEAU, Gilles DOMENECH, 《우드칩 기술: 나무에서 토양으로Les bois raméaux fragmentés: De l'arbre au sol》, Arles, Éditions du Rouergue, 2007.
우드칩 기술은 퀘벡에서 발명되고 개발된 토양 재생 기술이다. 이 책은 채소 재배를 하는 동시에 산림을 활성화시키는 일이 토양 속 미생물의 양을 어떻게, 얼마나 늘려 줄 수 있는지를 설명한다.

Claude BOURGUIGNON, Lydia BOURGUIGNON, 《토양, 대지, 밭: 건강한 농업을 되찾기 위하여Le sol, la terre et les champs: Pour retrouver une agriculture saine》, Paris, Éditions Sang de la Terre, 2008.
흔치 않은 토양 미생물학 전문가인 두 저자는 관행농업이 지하 생물계에 미치는 영향에 관심을 가지고 있다. 매우 전문적인 농학 개념으로 가득한 책이지만 접근하기 쉽다. 프랑스 생태농학의 주요 저서 중 하나다.

Lynn BYCZYNSKI, 《상업농의 성공Market farming success》, Lawrence, Fairplain Publications, 2006.
미국 근교농업의 현 상황을 요약해 보여 주는 이 책은 농사로 먹고살려는 독자층을 대상으로 저술되었다. 생산량에 따른 수익 기대치를 다루는 장이 있다.

Brian CALDWELL, Emily BROWN ROSEN, Eric SIDEMAN, M. Anthony SHELTON, Christine D. SMART, 《유기농법적으로

병충해에 접근하기 위한 가이드북Resource guide for drganic insect and disease management》, Ithaca, Cornell University Press, 2005.
현재로서는 다양한 유기농 살충제와 그 재료, 영향, 식물 병충해를 다룬 유일한 가이드북 중 하나다. 책을 소개하는 웹사이트http://web.pppmb.cals.cornell.edu/resourceguide/ 역시 풍부한 정보로 가득하다.

Eliot COLEMAN,《새로운 유기농부: 자급자족과 상업농을 위한 농기구·농사법 안내서The new organic grower: A master's manual of tools and techniques for the home and market gardener》, White River Junction, Chelsea Green Publishing, 1995[1989].
미국 근교농업의 탄생 배경에 있어 가장 중요한 출판물 중 하나로, 일종의 고전으로 추앙받고 있다. 또한 내가 처음으로 읽은 채소 재배 관련 책자이며 가장 큰 영향을 받은 책이기도 하다. 여기에 소개된 정보는 때때로 불완전하기도 하지만 소규모 채소 재배의 개념을 익히는 데 여전히 좋은 입문서다. 생산자가 생산자를 위해 직접 쓴 책이다.

Eliot COLEMAN,《겨울 수확 핸드북: 유기농법과 비난방 온실을 이용한 사계절 채소 재배The winter harvest handbook: Year-round vegetable production using deep-organic techniques and unheated green-houses》, White River Junction, Chelsea Green Publishing, 2009.
내가 굉장히 좋아하는 책으로, 콜먼의 40년 경험과 혁신적 원예 방식이 담겨 있다. 농사 지을 수 있는 기간을 늘리는 데 관심이 있다면 어느 것에도 비할 수 없는 자료다.

Collectif du CRAAQ, 〈비료 참조 가이드Guide de référence en fertilisation〉, 2e édition, Québec, Centre de référence en agriculture et agroalimentaire du Québec(CRAAQ), 2010.
이 기술문서는 특히 경작 관련 요구사항을 알고 이를 계산하는 데 쓰는 참고용 표를 제공한다. 관행농업식 비옥화에 기반하고 있지만 유기농업에도 적용할 수 있다.

Jean DUVAL, Anne WEIL, 《집약적 유기농업 채소 재배: 전반적 관리 가이드Le maraîchage biologique diversifié: Guide de gestion globale》, Montréal, Équiterre et le Club Bio-Action, 2010.
이 가이드북은 유기농 바구니 형식으로 판매하는 퀘벡 채소 재배업자의 경작 방식을 상당히 상세하고 충실하게 보여 준다. 퀘벡 유기농학의 최고 전문가인 두 저자에 의해 쓰인 이 책은 굉장히 충실한 참고문헌이다.

Anna EDEY, 《솔비바: 1에이커에서 50만 달러와 지구 평화를 얻는 법 Solviva: How to grow $500,000 on one acre, and peace on earth》, Vineyard Haven, Trailblazer Press, 1998.
잘 알려져 있지 않지만 매우 흥미로운 책이다.

Barbara W. ELLIS, Fern Marshall BRADLEY, , 《유기농업 재배자를

위한 친환경적 병충해 대처법 핸드북: 당신의 정원과 농장을 화학제품 없이 건강하게 유지하기 위한 완벽한 문제 해결법The organic gardener's handbook of natural insect and disease control: A complete problem-solving guide to keeping your garden and yard healthy without chemicals》, Emmaus, Rodale Books, 1996.

유기농업 방식으로 병충해에 대처하는 법이 담긴 책이 퀘벡에서 나올 때까지는 이 책을 추천한다. 굉장히 충실한 책이다.

ÉQUITERRE, 《공동체지원농업L'Agriculture soutenue par la communauté》, Austin, Éditions Berger, 2011.

퀘벡에서 실시하는 CSA 시스템이 무엇인지 상세히 설명해 놓은 자료료, 유기농 장바구니를 구성하고 계획하는 데 필요한 정보로 가득 차 있다.

J. André FORTIN, Christian PLENCHETTE, Yves PICHET, 《균근: 새로운 녹색 혁명Les mycorhizes: La nouvelle révolution verte》, Québec, Éditions MultiMondes, 2008.

이 책은 원예에서 균근과 미생물이 하는 역할을 완벽하게 설명하고 있다. 책의 결론은 단순하다. 균근의 역할을 생각하면 농업 방식 전체를 재고해야 한다는 것이다.

Masanobu FUKUOKA, 《자연농업: 녹색 철학을 위한 이론과 실제

L'agriculture naturelle: Théorie et pratique pour une philosophie verte》, Dornecy, Éditions Trédaniel, 1989.

후쿠오카의 저서들은 영속농업에 관심 있는 사람들에게 일종의 바이블이나 다름없다. 후쿠오카의 접근법은 상당히 근원적이다.

Yves GAGNON,《생태농업 입문Introduction au jardinage écologique》, Québec, Ed. Auteur, 1984.

나는 유명 저자인 가뇽의 첫 번째 작품인 이 책을 가장 좋아한다. 짧고 명료하며 설명적인 이 책은 생태농업 방식을 상세히 알려 준다. 안타깝게도 오래 전에 절판되었다.

Yves GAGNON,《생태적 농원Le jardin écologique》, Saint-Didace, Éditions Colloïdales, 2008.

이 책은 텃밭을 다시 한 번 둘러보게 해 주며 유기농 채소 재배에 필요한 거의 모든 정보를 소개한다.

Yves GAGNON,《생태적 채소 경작La culture écologique des plantes légumières》, Saint-Didace, Éditions Colloïdales, 1998.

각 채소에 대한 다양한 정보를 발견할 수 있는 좋은 참고서적이다.

Jean-Jacques GERST,《방수포 아래의 채소들: 실천 가이드Légumes sous bâches: Guide pratique》, Paris, Centre technique interprofessionnel des fruits et légumes, 1993.

채소 재배에 필요한 이랑덮개, 방충망, 멀치, 바람막이 등 경작 기술과 관련한 정보를 다루는 책이다.

Elizabeth HENDERSON, Karl NORTH, 《농장 계획 세우기: 환경적 필요성Whole farm planning: Ecological imperatives》, Personal Values and Economics, Barre, Northeast Organic Farming Association, 2004.

이 책은 전체론적 이론에 기대어 이를 집약적 채소 농가의 현실에 적용하고 있다. 특히 경작 계획 초기에 재정 목표 수립의 중요성을 이해하는 데에 유용한 책이다.

Sepp HOLZER, 《셉 홀저의 영속농업: 소규모 통합적 농법의 실제 가이드Sepp Holzer's permaculture: A practical guide to small-scale, integrative farming and gardening》, White River Junction, Chelsea Green Publishing, 2011.

셉 홀저는 영속농업의 살아 있는 전설이다. 그가 제시한 아이디어들은 영속농업을 논하는 다른 이들과는 다르게 직접 겪은 경험에 기반하고 있다.

Rob HOPKINS, 《변화 매뉴얼: 석유 의존에서 공동체적 탄성으로 Manuel de transition: De la dépendance au pétrole à la résilience locale》, Montréal, Éditions Écosociété, 2010.

마침내 불어로 번역된 이 책은 저렴한 석유의 시대가 끝날 것을 대비해 우리 공동체가 어떤 준비를 해야 하는지 설명한다. 닥쳐올 재난을 옹호한다기보다 지역적 차원에서 실시될 긍정적 변화를 제시하고 있다. 읽어볼 만한 책이다.

Marjorie HUNT, Brenda BORTZ,《다수확 재배: 정해진 계절, 정해진 공간에서 더 많이 수확하는 법High-yield gardening: How to get more from your garden space and more from your gardening Season》, Emmaus, Rodale Books, 1986.

우리가 유기집약적 방식을 공부하며 처음으로 참고했던 책 중 하나다. 비상업적 차원에서 질문을 던져 볼 수 있다.

John JEAVONS,《생각했던 것보다 훨씬 작은 땅에서 어떻게 믿을 수 없을 만큼 많이 수확할 수 있을까Comment faire pousser plus de légumes que vous ne l'auriez cru possible sur moins de terrain que vous puissiez l'imaginer》, Palo Alto, Ecology Action of the Mid-Peninsula, 1982.

유명한 책이지만 내 경우 유기집약적 방식을 사용하기 때문에 책에 나오는 방법을 그리 선호하지 않는다. 내가 그다지 중요하다고 생각하지 않는 이중 가래질을 굉장히 강조하기 때문이다. 영어로 된 이 책의 더 '현대적인' 버전이 있는데, 여기서는 좋은 아이디어를 많이 참조할 수 있다.

Ghislain JUTRAS, 〈토양 분석 해석 가이드 Guide pour l'interprétation d'une analyse de sol〉, '유기농업의 토양 비옥화' 수업에서 소개된 자료, Victoriaville, Cégep de Victoria-ville, 2011.

토양 분석의 각 지표를 설명하는 간단한 참고자료다. 그렐리네트농장 홈페이지 www.lejardiniermaraicher.com 에서도 볼 수 있다.

Kristin KIMBALL, 《온전한 삶: 한 사람과 한 농장의 사랑 이야기 Une vie pleine: Mon histoire d'amour avec un homme et une ferme》, Paris, Éditions Fleuve noir, 2011.

에섹스에 있는 농장은 내가 최근에 방문한 곳 중 가장 흥미로운 농가다. 그 농가의 소유주인 이 책의 저자는 CSA 프로젝트가 어떻게 만들어졌는지 설명한다. 초기의 힘들었던 과정이 잘 그려져 있으며 거기서 여러 교훈을 얻을 수 있다.

Tatsuo KURODA, 《EM: 정원에 효과적인 미생물 EM: Les micro-organismes efficaces pour le jardin》, Paris, le Courrier du Livre, 2010.

이 책은 농업 분야 최고의 책이라 할 수는 없지만 현재로서는 내가 흥미 있어 하는 EM(유효미생물군)관련 조언을 들을 수 있는 유일한 책 중 하나다.

Denis LA FRANCE, 《유기농 채소 재배 La culture biologique des légumes》, Austin, Éditions Berger, 2010.

이 두꺼운 책은 유기농 채소 재배를 다루는 최고의 참고서적 중 하나다.

기계식 채소 재배에 관해서도 많은 것을 다루고 있지만 여러 가지 특정 채소에 관한 기술과 경작 방식을 매우 상세하게 소개하고 있어 한 권씩 가지고 있어야 하는 책이다.

Robert LAPALME, 《어떻게 호수나 연못을 만들까 Comment créer un lac ou un étang》, Boucherville, Éditions de Mortagne, 1999.
제목에서 알 수 있듯이 저수조를 정비해 친환경적 서식지로 만드는 데 필요한 모든 요소와 절차를 소개하는 가이드북이다. 저자는 퀘벡에서 이 주제를 대표하는 인물로 꼽히고 있으며 굉장히 잘 쓴 책이다.

Blaise LECLERC, 《그늘 속의 정원사: 땅을 비옥하게 하는 지렁이와 그 밖의 생물들 Les jardiniers de l'ombre: Vers de terre et autres artisans de la fertilité》, Mens, Éditions Terre vivante, 2002.
이 책은 토양의 삶을 구성하는 생명체를 자세히 기술해 토양의 매혹적인 세계를 발견하게 해 준다. 박테리아, 균근, 원생동물, 선충류, 지렁이 등이 그러한 생명체이며, 이 책은 충분히 읽을 만한 가치가 있다.

Jeff LOWENFELS, Wayne LEWIS, 《박테리아와 기타 미생물과 공생하기: 농부를 위한 토양 영양 네트워크에 관한 안내서 Collaborer avec les bactéries et autres micro-organismes: Guide du réseau alimentaire du sol à destination des jardiniers》, Arles, Éditions du Rouergue, 2008.
이 책은 왜 우리가 채소 재배를 할 때 생태학에 관심을 갖는지, 밭을 경운할 때 (더 이상 땅을 휘젓지 않고) 어떻게 친환경적 방식을 사용할 수 있는지 설명한다. 다들 한 번 읽어 보았으면 좋겠다.

《생트안드라포카티에르 농업전문학교 교수들이 구상한 농업 안내서Manuel d'agriculture par les professeurs de l'École supérieure d'agriculture de Sainte-Anne-de-La-Pocatière》, Sainte-Anne-de-la-Pocatière, 1947.
녹색혁명 이전에 집필된 퀘벡 농업의 위대한 고전으로, 우리 선조들의 노하우를 그대로 담은 책이다. 배울 점이 많은 책인데, 특히 당대의 원예 기술이 오늘날에도 여전히 유효하다는 점이 놀랍다. 절판되었지만 구글북스books.google.com에서 이용할 수 있다.

Bill MOLLISON, David HOLMGREN,《영속농업 1: 규모를 막론한 자급자족 운영을 위한 영속농업Permaculture 1: Une agriculture pérenne pour l'autosuffisance et les exploitations de toutes tailles》, Paris, Éditions Debard, 1986.
이 책은 영속농업의 진정한 백과사전이다. 여기에 소개된 아이디어들은 아열대 기후에 더 유효하지만 개념 자체는 보편적이다.

J. G. MOREAU, J. J. DAVERNE,《파리에서 해 보는 채소 재배 안내서Manuel pratique de la culture maraîchère de Paris》, Paris, Imprimerie Bouchard-Huzard, 1845.
19세기 채소 재배업자들의 농사법을 설명해 놓은 훌륭한 참고문헌이다. 아마도 역사상 가장 집약적인 농법일 것이다. 절판되었지만 구글북스에서 이용할 수 있다.

Helen et Scott NEARING, 《조화로운 삶: 자기충족적인 60년 동안의 삶 The good life: Sixty years of self-sufficient living》, White River Junction, Chelsea Green Publishing, 1989.

1970년 초판 발행된 이 책은 귀농을 꿈꾸는 미국인들에게 일종의 고전으로 꼽히고 있다. 저명한 공산주의자 교수와 그의 아내인 젊은 신지학자神智學者(우주와 자연의 불가사의한 비밀, 특히 인생의 근원이나 목적에 관한 여러 가지 의문을 신神에게 맡기지 않고 깊이 파고들어 가 학문적 지식이 아닌 직관으로 신과 신비적 합일을 이루고 그 본질을 인식하려고 하는 종교적 학문)가 펼친 모험 이야기로, 1930년대에 깊은 전원으로 들어가 자급자족 생활을 한 그들의 경험이 담겨 있다. 당대 상황에서 그들이 보여 준 삶의 철학이 담겨 있어 이 책은 더더욱 특별해졌다.

Denis PEPIN, Georges CHAUVIN, 《무당벌레, 앵초, 박새… 경작을 돕는 자연의 일부 Coccinelles, primevères, mésanges… La nature au service du jardin》, Mens, Éditions Terre Vivante, 2008.

이 책은 텃밭에서 원시 동물상과 생물상 간에 이루어지는 상호작용을 서술하고 있다. 또한 몇몇 해충에 맞서 싸우기 위해 특정 생물을 도입하는 방법을 제안한다.

Hélène RAYMOND, Jacques MATHE, 《색다른 맛의 농업: 북미에서 유럽까지, 지역 생산 이야기 Une agriculture qui goûte autrement: Histoires de productions locales de l'Amérique du Nord à l'Europe》, Québec, Éditions MultiMondes, 2011.

영감을 주는 다양한 농사 이야기가 담긴 모음집. 유럽과 북미에서 최근 떠오르는 소규모 농업의 현재를 보여 주며 농가 이야기를 강조한다는 점이 인상적이다.

Dominique SOLTNER, 《기초 채소 재배 1권: 토양과 토질 개선 Les bases de la production végétale. Tome 1: Le sol et son amélioration》, 24e édition, Bressuire, Sciences et techniques agricoles, 2005.

이 책은 아마도 토양의 생태와 작물의 유기농 비료법을 설명하는 가장 충실한 책일 것이다. 기술적이고 복잡한 참고서적이지만 일반 독자들의 이해를 돕기 위해 다양한 도식을 활용했다.

Sustainable Agriculture Network(SAN) Outreach, 〈피복작물 수익성 높게 관리하기 Managing cover crop profitably〉, 3e édition, San Jose, SAN, 2007.

녹비에 관한 가장 충실하고 실용적인 자료 중 하나다. 지속가능한농업 네트워크SAN 기관 홈페이지 www.sare.org에 정기적으로 업데이트되며 무료로 이용할 수 있다.

Frédéric THÉRIAULT, Daniel BRISEBOIS,《유기농 채소 재배업자를 위한 경작 계획: 실용적 기술 안내서Crop planning for organic vegetable growers: COG practical skills handbook》, Ottawa, Canadian Organic Growers, 2010.

경작 계획 방법을 설명해 주는 책 중 최고가 아닐까 싶다. 농사일을 막 시작한 젊은 커플의 예를 들어 경작 방식을 소개한다. 덕분에 실제로 쉽게 적용할 수 있다.

Joshua THICKELL,《튀김기에서 연료 탱크까지: 식물성 기름을 대안적 연료로 사용하는 법에 관한 완벽 안내서From the fryer to the fuel tank: The complete guide to using vegetable oil as an alternative fuel》, Kalamazoo, TEC Publishing, 2000.

10년 전부터 우리 농장에서는 재활용 식용유로 차를 움직이고 있는데, 그것이 바로 이 책이 다루는 내용이다. 재활용 식용유를 어떻게 디젤유로 바꿀 수 있는지 단계별로 설명한다.

Peter TOMPKINS, Christopher BIRD,《토양의 비밀: 지구를 회복시키는 새로운 방법Secret of the soil: New solutions for restoring our planet》, Anchorage, Earthpulse Press, 1998.

내가 좋아하는 책 중 하나다. 살짝 난해하지만 농학이 어떠한 방향으로 발전해 나갈지 보여 준다. 굉장한 책이다.

Claude VALLÉE, Gilbert BILODEAU, 《포트트레이 경작법Les techniques de culture en multicellules》, Québec, Presses de l'Université Laval, 1999.

엄정하며 충실한 참고자료다. '포트트레이 경작법'이라는 제목이 모든 것을 설명해 준다.

Charles WALTERS, 《에코팜: USA 에이커 입문서Eco-farm: An acres U.S.A. primer》, Austin, Acres U.S.A, 2003.

저자는 학문적 관점에서 유기농업 방식을 옹호하는 최초의 단체 중 하나인 'USA 에이커'라는 단체의 창립자다. 읽기 쉬운 책은 아니지만 토양과 비옥화의 관계를 이해하는 데 도움을 줄 것이다.

Laure WARIDEL, 《접시의 뒷면, 그리고 이를 뒤집을 수 있는 몇 가지 생각L'envers de l'assiette: Et quelques idées pour la remettre à l'endroit》, Montréal, Éditions Écosociété, 2010.

근교농업과 유기농업을 설득력 있게 옹호하며 가족농가의 삶에 높은 가치를 부여하는 책이다.

Richard WISWALL, 《유기농부의 비즈니스 핸드북: 재정, 경작, 인력 관리 그리고 수익 달성에 관한 완벽 가이드북The organic farmer's business handbook: A complete guide to managing finances, crop, and staff – and making a profit》, White River Junction, Chelsea Green Publishing, 2009.

CSA 프로젝트로 재정적 성공을 거둔 미국 채소 재배업자가 쓴 이 책은 소규모 채소 재배로 어떻게 최대 수익을 내는지 설명한다. 퇴직 계획에 관한 장은 굉장히 유용한 정보로 가득하다.

유용한 웹사이트

Agri-Réseau

퀘벡 농업생산 관련 일체의 정보가 보존된 가상공간. 이 사이트에 가면 생물병충해 방제 알림 네트워크RAP에 가입할 수 있다.

www.agrireseau.qc.ca

ACORN Atlantic Canadian Organic Regional Network

캐나다 동부의 에키테르와 비슷한, 회원에게 다양한 이벤트를 제공하는 활기찬 단체다. 이 사이트에는 소규모 유기농부에게 흥미로운 정보로 가득하다. 또한 한 번 들러볼 만한 콘퍼런스를 매년 진행하고 있다.

www.acornorganic.org

COG Canadian Organic Growers

소규모 생산자가 작성한 기사로 가득한 분기별 전문지를 발간하는 캐나다 단체다. 이들이 만드는 기사들은 언제나 충실하고 흥미로운 자료이며 COG 회원이 되면 회원지를 무료로 받아볼 수 있다. 홈페이지도 방문해 보자.

www.cog.ca

CRAAQCentre de référence en agriculture et agroalimentaire du Québec

퀘벡의 관행농업과 유기농업의 혁신을 주제로 조사를 진행하고 관련 자료를 펴내는 기관. CRAAQ은 콘퍼런스와 학회를 매년 개최하며 소책자를 정기적으로 발간한다.

www.craaq.qc.ca

CETAB+Centre d'expertise et de transfert en agriculture biologique et de proximité

유기농업과 근교농업을 주제로 한 다양한 실용적 연구 프로젝트를 실시하는 단체다. 퀘벡 최고의 유기농업 전문가로 구성된 이 단체는 조언과 교육 서비스, 조언가와 생산자를 이어 주는 네트워크 활동 등을 제공한다. 각종 정보로 가득한 CETAB+의 홈페이지에서는 유기농업의 기술적·학문적 진보 전체를 훑어 볼 수 있는 데이터베이스를 무료로 공개하고 있다. 그야말로 정보의 보고다.

www.cetab.org

〈Growing for Market〉

이 월간지는 텃밭농부에게 매우 유용한 정보의 원천이다. 텃밭농부들이 직접 월간지 기사를 작성하며 자신의 농사 방식과 노하우, 생산 관련 조언 등을 그대로 공개한다. 인터넷에서 전자책 버전을 구독할 수 있다.

www.growingformarket.com

Équiterre

퀘벡에서 가장 큰 규모의 공동체지원농업CSA 네트워크를 책임지고 있다. 정보지를 발간하며 농장 방문 등 다양한 활동을 수행한다. 이 단체의 소규모 농가 지원 사업은 실질적으로 매우 도움이 된다.

www.equiterre.org

L'Avis Bio

〈Bio-bulle〉이라는 전문지를 발간하는 기관으로 인간적 면모의 농업과 식료품, 건강을 다루고 있다. 퀘벡에 없어서는 안 될 곳이다.

www.lavisbio.org

〈La Terre de Chez Nous〉

살충제 광고가 너무 많은 신문이라 구독하지는 않지만 농장 부지를 구입할 때 반드시 필요한 정보가 있다.

www.laterre.ca

RJMERéseau des jeunes maraîchers écologiques

누구나 가입할 수 있는 최고의 토론 게시판으로 매우 유용한 논의가 이루어진다. 생산자들이 직접적으로 교류하며 진행하는 토론은 주제에 따라 분류되며 중요한 정보의 원천이 된다. 게시판에 가입하려면 원하는 주제와 이름을 써서 이메일listserv@listes.ulaval.ca을 보내면 된다.

찾아보기

가두판매점 59, 60, 66, 78, 96, 334
가리(칼륨) 156, 162~163, 379, 448
가묘상 175, 191, 197, 267~270, 340
가을호밀 188, 194, 275
가지 27, 65, 231, 234, 236, 274, 300, 336~337, 341, 345, 347, 359~361, 438
가지과 27, 152, 176~182, 198, 234, 288, 304, 438, 446
갈색무늬병 383
갈퀴 55, 126, 141, 170, 234, 248~249, 449
감자 27, 66, 161, 337, 338, 360, 383, 430, 446, 455
감자잎벌레 294, 360
강낭콩 64, 153, 184, 187, 244, 252, 254, 316, 335~337, 348, 361~363, 437, 439, 443
개 111~112
거름 163, 166~168, 184~185, 190, 201
겨울호박 337~338
경운(기술) 37~38, 48, 50, 80, 84, 123~125, 128, 130, 132~133, 137, 139, 141~145, 159, 192~193, 446, 448, 449, 451, 455, 468
경작 달력 170, 195~196, 231, 248, 267, 333, 339~344
경작 전 퇴비로 땅 덮어 주기 142~144
경협종 완두콩 185
계분(거름) 152~153, 161, 172~173, 185, 345
고객의 단골화 57, 60
곡물 184, 191
곤충(해충 혹은 익충) 113, 280~294, 449, 450, 452, 453, 455, 458, 460
공동체 11~12, 35~36, 58, 78, 352
공동체지원농업CSA 11, 26~28, 57~58, 65, 68, 74, 460, 474
관개(시스템) 84, 91, 116~118, 120, 164, 175, 233, 248, 343, 454
관리기 38, 55, 123, 125, 128, 130, 132~139, 142, 146, 160, 185, 192~194, 260, 275, 448, 455
관행농업 36, 40, 45, 75, 98~99, 124, 133, 149, 156, 264, 275, 353, 457, 459, 473
괄태충(민달팽이) 272, 294
괭이(콜리니어, 진동날 등) 9, 55, 116, 192, 246, 248~249, 260~264, 267, 272, 275, 446, 447
귀리 184, 186, 189, 191, 194, 198, 434, 436, 437, 440, 442
균근 200, 450, 460, 465

그렐리네트농장(자르댕 드 라 그렐리네트) 15, 18, 26~27, 30, 32, 36, 39, 45, 52, 57, 63, 64, 78, 83, 116, 124, 133, 142, 152, 194, 205, 257, 334, 337
근대 65, 236, 336, 337, 347, 411~413
글레이저 파종기 244~247, 252
기록하기 250~252, 267, 271, 333, 340, 344~346
기생충의 침입 281
기후와 미기후 47, 72~74, 76, 112, 115, 127, 165, 223, 242, 288, 290, 299, 447, 448, 450, 451, 453, 454
꽃양배추 180
꽃양배추혹파리 294, 380, 381, 414

나뭇재 159
난방기 55, 222, 224~226, 228
노균병 289, 363, 385, 402
노즐 105, 116~118, 343, 454
녹비 84, 125, 136, 137, 139, 149, 150, 152, 153, 159, 162, 180, 184~198, 201, 434, 436, 437, 440, 442, 447, 450, 469
농기계와 기계화 36~38, 353, 456
농번기의 외부 인력 56
농사를 위한 투자 30, 36, 39, 45, 50~52, 54, 68, 71, 74, 75, 83, 95, 113, 169, 205, 218, 306~308, 325
농사철의 연장 76, 110, 297, 304
농업기후도 72~73, 76
농학자 12, 154~156, 173
높은 가격을 요구하기 위한 전략 62~63, 66~67

다니엘 브리즈부아 62
당근 62, 64, 195, 247, 248, 252, 254, 270, 304, 335, 336~338, 347, 364~367, 435, 437, 439, 441, 443, 444, 450
당근바구미/당근파리 286, 294, 366
도로 75, 78, 95
동력인출장치 132, 139
두둑 48, 65, 83, 85, 86, 88, 107, 108, 117, 123~143, 152~153, 168~170, 182, 192, 197, 233, 242, 244~246, 248~249, 265, 267, 268, 274, 300, 306, 309, 339, 340, 343, 344, 345, 447
떡잎 상태 248, 259, 262, 269

로테논 291, 292, 294, 448
롤러 125, 137, 246, 254

롬 토양   130
루콜라   177, 252, 254, 336~337, 348, 370~371, 439, 441
린 빅진스키   56, 457

마그네슘   154, 164
마늘   64, 153, 179, 180~182, 198, 275, 336, 337, 347, 371~375
멀치   10, 48, 53, 116, 191, 192, 233, 272~276, 462
메밀   190, 195, 197
멜론   65, 236, 272, 313, 317, 337, 348, 375~377, 438, 449
모종을 위한 관수량 관리   91, 116, 228~229, 233, 235
모종을 위한 채광   216, 217, 235
모종을 위한 훈련   232, 233
몰리브덴   164, 340
묘상 준비   123, 124, 127, 136, 205, 455
무   64, 244, 252, 254, 336, 337, 348, 377~379
무기물 결핍/균형   154~155, 201, 281
무기물화   154, 158~162, 172, 448
무당벌레   290, 429, 467
무동력 농기구(파종기)   37, 38, 45, 142, 243~247, 257, 262, 298
미니관리기   123, 125, 135, 137~139, 142, 160, 185, 192~194, 260, 448, 455

미량원소   158, 164~166, 169, 201
미생물   124, 129, 136, 141, 144, 149, 154, 169, 171, 172, 184, 188, 190, 192, 200, 269, 272, 281, 290, 450, 452, 457, 460, 464, 465
밀도(파종, 작물 등)   190, 194, 206, 237, 241, 242, 246, 250, 268, 451

바구니(CSA에서 사용하는 모델)   27, 51, 57, 68, 74, 79, 332~339, 449, 459, 460
바람막이   99, 112~115, 282, 297, 455, 462
바이러스성   288, 376
바질   65, 236, 318, 336, 337, 347, 431, 445
바퀴괭이   55, 192, 260, 275
박과   152, 176~182, 198, 231, 288, 289, 434, 440, 449, 452, 455
박테리아성   288, 289
발아율   242
발전기   133, 226
방수포   55, 125, 126 132, 136, 142~144, 170, 189, 190, 192, 197, 264~266, 268, 298, 450, 462

방충망 55, 251, 283, 294, 464
방향(기후, 부지, 경사, 두둑 등) 71, 74, 85
  86, 88, 108, 110, 112
배꼽썩음병 164, 165, 428, 449
배수 75, 82~86, 88~90, 105, 108,
  123, 124, 128, 137, 151, 159,
  207, 209, 210, 218, 309, 451
배추 27, 337, 347, 440, 441, 443,
  452
배추속과 152
백합과 176~182, 198, 237, 442
베르타 회전쟁기 133
벼룩잎벌레 294, 368, 370, 378,
  389, 394, 412, 449
별꽃아재비 259, 401
병원균 168, 287
병충해 방제(예방, 징후) 286~294, 449,
  456, 458, 460, 472
병충해 예방 282~291, 448, 449
병충해 징후 287
보카시(EM 유기질 비료) 171
부가가치 62
부엽토 209~219, 228~229, 231,
  233, 400
부지 내 동선 103
부지 평가표 74~75
부지의 경사 74, 85, 87~90, 108
붕소 164, 340, 380
브로드포크 10, 15, 48, 55, 83, 125,
  140~142, 449
브로콜리 64, 180, 236, 300, 314,
  316, 335~337, 340, 347,
  379~382, 434, 440, 446, 452
비산납 98
비트 64, 236, 244, 252, 254, 270,
  304, 335~337, 347, 382~384,
  435, 439, 441, 444, 450
뿌리채소 66, 153, 175, 176, 197,
  315, 335, 338, 435, 437, 439,
  441, 443
뿌리혹박테리아 186~187

사슴 쫓아내기 111~112
사질 74, 81, 82, 84, 130, 163
살갈퀴 186, 191, 194, 198, 437,
  440, 450
살진균제 99, 286, 290
살충제 32, 35, 56, 98, 99, 281,
  284~286, 291~293, 346, 447,
  448, 452, 458
살포기 55, 170
삶의 방식 10, 12, 32, 42, 334, 351
삽주벌레 290, 294
상추 62, 64, 153, 236, 315,
  335~338, 348, 384~386,
  387~391, 437, 439, 441
새싹 84, 116, 206, 207, 209, 216,
  217, 226, 228, 229, 231, 233,
  248, 270, 447, 450, 451, 453,
  454

샐러드채소 65, 66, 153, 180, 246,
  247, 252, 267, 268, 317,
  387~391, 435, 437, 441,
  443~445
생물기상학적 지대 구분도 72, 73, 76
생물다양성 282
생물병충해 방제 알림RAP 네트워크
  288, 419, 472
생산(비용, 목표 등) 54~56, 332, 333
생산계획표 339, 347
생산자 직거래 장터 11, 35, 334
서리 55, 74, 85, 86, 189, 223, 226,
  232, 297, 299, 300, 307
석회 130, 152, 159, 160, 164, 201,
  209, 211, 451
세척 방식 314~318
세척장 96, 103, 105, 319
셀러리/셀러리악 236, 237, 335~338,
  347, 431
솎아 내기 242, 250, 252, 451
송충이 294, 422
수수-수단그라스 교잡종 188
수익/수익성 26, 28~30, 36~40, 44,
  45, 51, 52, 54, 56, 62~66, 68, 80,
  82, 100, 106~107, 110, 116,
  145, 169, 191, 199, 241, 251,
  252, 331, 332, 334, 457, 468,
  471
수확 51, 57, 78, 79, 85, 127, 165,
  194, 195, 205~207, 218, 223,
  241, 242, 257, 275, 289, 297,

298, 307, 313~327, 335, 339,
  343~345, 458, 463
수확용 손수레 55, 108, 207, 233
순무/스웨덴순무/겨울순무/일본순무
  66, 237, 254
스콧 니어링, 헬렌 니어링 350, 351
스피노사드 286, 291, 294
시금치 64, 161, 236, 247, 252,
  254, 302, 307, 336~338, 341,
  347, 391~393, 435, 439
시장 접근성 77~78
씨앗 57, 91, 124, 189, 192, 206,
  214, 243, 244, 246, 250, 267,
  270, 288

아시아 푸른잎채소 237, 348,
  394~395
애호박 64, 180, 236, 272, 281,
  314, 318, 335~337, 341, 347,
  396~399, 435, 440, 444, 449
양파 64, 153, 176, 182, 216, 237,
  388, 318, 336, 337, 348,
  399~403, 442
얼스웨이 파종기 243~245, 251, 252
에키테르 11, 19, 26, 35, 56, 58, 474
엘리어트 콜먼 37, 38, 123, 124,
  145, 146, 206, 256, 261, 297, 459
연못 91, 93, 282, 465
연속 경작 177, 185, 206, 335, 343,

344
연수(생)　10, 41, 58, 67~68, 79, 170, 320, 322
열 차폐물　224, 227, 452
엽면살포　166
영구 두둑　86, 126~132, 134~136, 200, 343, 446
영구 터널　307~310
영양을 많이 필요로 함　176, 177, 179, 180, 210(부록 '채소 경작 노트' 각 채소별 정보 참조)
영양을 별로 필요로 하지 않음　176(부록 '채소 경작 노트' 각 채소별 정보 참조)
오염원　98
오이잎벌레　397~398, 452
오이(하우스 오이)　62, 64, 110, 153, 231, 236, 290, 310, 314, 316, 335~337, 347, 403~407, 445, 446
옥수수　76, 98, 236, 338, 430, 450
온도계　223, 226, 227
온실/온실재배업자　26, 55, 56, 78, 92, 103, 107, 110, 111, 116, 146, 161, 163, 205, 216, 218, 221~226, 228, 229, 232, 284, 290, 297, 298, 307, 309, 445, 452~454(부록 '채소 경작 노트' 오이, 토마토 참조)
완두콩　64, 184, 335~337, 348, 362, 408~409
외부 노동력　54, 56, 322

용수 접근성　91~93
용탈　84, 162, 189, 201, 210, 453, 447, 454
우드칩 기술RCW　200, 452, 457
우물　89, 91
울타리　55, 111, 112
위험요소의 공동 부담　57, 456
유기농 살충제　291~293
유기농 인증 제도　98, 99, 186, 209, 213
유기농 채소 재배업자를 위한 경작 계획 (다니엘 브리즈부아와 프레데릭 테리올트의 책)　62, 471
유기집약적 방식　46, 48, 51, 463
유출　90, 162, 185, 452
육(6)조식 파종기　246, 247
육묘장　205, 207, 214, 217~227, 229, 232, 241, 445, 448, 453
육묘장 난방　223~227
윤작(계획)　98, 163, 164, 173~183, 197, 198, 201, 343
이랑덮개　3, 55, 76, 107, 132, 217, 227, 235, 242, 267, 268, 283, 284, 298~303, 309, 343, 453, 462
이익률　40, 56
이탄　83, 130, 159, 449, 453
인산　156, 158, 161, 162, 185, 200
인프라　13, 40, 71, 95, 103, 104, 218
일모작　173, 284, 352
임시용 거처　35, 96

잎채소 176, 315, 327

작물 간 간격 두기 127, 174, 234, 236, 242~243, 250~254, 257~258, 262, 276
작물의 잔여물 84, 123~125, 136, 137, 142, 159, 167, 171, 184, 188, 189, 192, 245, 246, 248
작물에 필요한 영양소 152~153, 156~171, 175, 177
작업공간 105, 324
잔류농약 25
장 JP1 파종기 253, 254
장님노린재 285, 294, 345, 346, 360, 385, 428
재이식 207, 209, 231, 453
재정 목표(재정 계획) 332, 334, 462
쟁기 128, 130, 135, 446
저수지 88, 91, 92, 97, 103, 117, 118
저온저장고 51, 55, 103, 314~318, 324~327, 335
저장 용기 315~318, 325~327
전략 10, 36, 45, 48, 63, 66, 76, 96, 107, 145, 149, 152, 188, 191, 257, 258, 260, 269, 283, 308, 449, 452, 456
점적관개 116, 118, 233, 454
점토질 74, 81~83, 210, 451

접목 419, 420
정밀 파종기 243~247
정부 지원금 30, 52
제초매트 144, 264~266
제초제 98~100, 144, 257, 275, 281
제충국제 291, 294, 345, 346, 429, 452, 454
조류 113
종자 공중 살포 192, 194, 237
종자의 준비 241~243
증산작용 233, 397
지렁이 124, 136, 141, 144, 169, 465
지층의 역전 현상 137, 138, 141
지하(배수) 89, 105, 128
지하수 75, 89
지형 76, 85~88, 92, 128, 276
직원 27, 289, 322
직접 판매 11, 15, 37, 45, 58~61
진공파종기 216
진균병(진균성) 216, 226, 228, 229, 288, 289, 450
진단(병충해) 286, 287
진디 290, 294
진흙질 74, 82
질병 165, 229, 286, 288~290, 446, 449, 451, 455
질산염 161
질소 156, 158, 160~162, 167, 170, 172, 184~186, 188, 191, 194, 201, 210, 448

질소-인산-가리N·P·K 156, 162, 169, 172
짚 167, 175, 272

채소밭 정비 242, 264, 267, 290
촉성재배 66, 76, 297, 298, 304, 454
총매출 39, 54, 56, 64, 65
치커리 338, 387, 410~411
침전필터 118

칼날 130, 260
칼슘 154, 164, 165, 452
캐터필러 터널 304~306
캔털루프 멜론 313, 398
케일 65, 177, 236, 336~337, 347, 411~413
콜라비 65, 177, 236, 336~338, 341, 347, 414~415
콩-귀리 혼합물 189, 194, 198

태양열소독 269, 385
터널/미니터널 51, 55, 76, 78, 110, 111, 124, 218, 247, 269, 284, 299, 301, 302, 316

텃밭 분할 106, 108~109
토마토 27, 64, 66, 107, 110, 153, 164, 216, 218, 223, 231, 237, 272, 288, 290, 310, 317, 335~337, 340, 348, 417~423
토목섬유(지피용) 90, 218, 272, 274
토양 구조 83, 84, 125, 136, 137, 140, 141, 144, 158, 160, 175, 188, 192
토양 분석 98, 150, 152, 154~156, 158, 160, 163, 201, 464
토양 비옥도 48, 50, 71, 82, 84, 124, 129, 149, 154~156, 158(6장 참조)
토양 샘플 채취 82
토양 속 유기물질 48, 82, 124, 128, 130, 136, 151, 154, 158~160, 188, 201, 452
토양 압축 현상 83, 84, 123, 127, 136, 137, 215, 451
토양(질) 개량 83, 130(6장 '유기적 비옥화' 참조)
토양의 생태 151, 199~202
토지 구획 74, 85, 106~109, 117, 130, 141, 175~177(6장 '윤작 계획 세우기' 참조)
토지 임대(료) 35, 36, 51, 111, 123, 178
토질 81~84, 130, 468
통로 107, 108, 110, 119, 127, 130, 132, 192, 260, 274, 275, 447
통풍 83~85, 110, 124, 141, 201,

209, 210, 216, 263, 304, 447
퇴비 48, 130, 136, 142, 149, 150, 160~164, 166~173, 175, 176, 184~198, 200, 201, 210, 231, 258, 276
퇴비살포기 55, 170
트랙터 37, 38, 49, 78, 80, 98, 107, 128, 132, 133, 139, 168, 170, 446, 456

파 65, 237, 423~426, 442
파좀나방 286, 294
파종 52, 83, 91, 124, 126, 127, 136, 138, 141, 189, 190~192, 194~197
파종 테이블 219, 221, 225, 374
파종실 217, 218, 220, 419
파프리카 27, 64, 110, 164~165, 216, 231, 234, 237, 272, 285, 310, 322, 336~337, 348, 427~429
판매 11, 26, 35, 37, 40, 45, 57, 58~60, 63, 65~67, 77, 78
판매용 부엽토 209~213
펄라이트 209, 210, 449
펌프 116~118, 229
포트트레이 206~210, 214~217, 219, 225, 228, 231, 232, 234, 236, 238, 348, 470

포트트레이에 쓰는 부엽토 209~213
푸른잎채소 153, 161, 177, 315, 317, 338
푸른잎-뿌리채소 178, 180~182
풀 제거 31, 38, 123, 142~143, 175, 262, 264, 267, 269~273, 446, 447
프랑스 채소 재배업자 37, 46, 144, 299
프레데릭 테리올트 62
플레일모어 125, 137, 139, 192, 193
피복작물 185, 189, 196, 197, 468
피에이치pH 82, 130, 151, 152, 154, 159, 160, 201, 209, 211

한 번만 수확하는 채소 335
해초(해조류) 166, 169, 229
허가 75, 92, 95
혈분 161, 209, 210
화석연료 11, 30, 37, 238
화염제초(기) 51, 55, 267, 269~271, 366, 455
환기 85, 218, 223, 225, 305, 309, 325
황 164, 289
회전쇄토기 51, 125, 133, 135, 137~139, 170, 267, 455
휴경지 80, 176, 185
흰토끼풀 191, 194

작지만 알차게 키우는
소규모 유기농을 위한 안내서

장-마르탱 포르티에 지음   마리 빌로도 그림

박나리 옮김

1판 1쇄 펴낸날 2018년 1월 10일
1판 2쇄 펴낸날 2021년 11월 15일

펴낸이 전은정
펴낸곳 목수책방
출판신고 제25100-2013-000021호
대표전화 070 8151 4255
팩시밀리 0303 3440 7277
스마트스토어 smartstore.naver.com/moksubooks

이메일 moonlittree@naver.com
블로그 post.naver.com/moonlittree
페이스북 moksubooks
인스타그램 moksubooks

디자인 studio fttg
인쇄 한영문화사

LE JARDINIER-MARAÎCHER :
MANUEL D'AGRICULTURE BIOLOGIQUE SUR PETITE SURFACE by Jean-Martin FORTIER

First published by Les Éditions Écosociété, Montréal, Québec, Canada
Copyright © 2012, 2015 by Les Éditions Écosociété
Korean Translation Copyright © 2018 by MOKSU Publishing Company
All rights reserved.
This Korean edition was published by arrangement with Les Éditions Écosociété(Montréal) through Bestun Korea Agency Co., Seoul

이 책의 한국어판 저작권은 베스툰 코리아 에이전시를 통해 저작권자와 독점 계약한 목수책방에 있습니다. 저작권법에 의해 한국 내에서 보호를 받는 저작물이므로 어떠한 형태로든 무단 전재와 무단 복제를 금합니다.

ISBN 979-11-88806-00-3 03520
가격 25,000원